C++程序开发案例课堂

刘春茂　李　琪　编著

清华大学出版社

北　京

内 容 简 介

本书以零基础讲解为宗旨,用实例引导读者深入学习,采取【基础入门→核心技术→高级应用→项目开发实战】的讲解模式,深入浅出地讲解C++的各项技术及实战技能。

本书第1篇【基础入门】主要讲解C++基本概念、C++的程序结构、数据类型、灵活使用运算符、程序流程控制等;第2篇【核心技术】主要讲解函数的应用、数组与字符串、指针、结构体、共用体和枚举类型、面向对象编程、构造函数和析构函数等;第 3 篇【高级应用】主要讲解运算符的重载、类的继承、虚函数和抽象类、C++操作文件、异常处理、模板与类型转换、容器和迭代器等;第4篇【项目开发实战】主要讲解开发计算器助手、开发汽车信息管理系统、开发银行交易系统、开发学校职工信息管理系统。

本书适合任何想学习C++编程语言的人员,无论您是否从事计算机相关行业,无论您是否接触过C++语言,通过本书学习均可快速掌握C++在项目开发中的知识和技巧。

图书在版编目(CIP)数据

C++程序开发案例课堂/刘春茂,李琪编著. —北京:清华大学出版社,2019
ISBN 978-7-302-51521-0

Ⅰ. ①C… Ⅱ. ①刘… ②李… Ⅲ. ①C 语言—程序设计 Ⅳ. ①TP312.8

中国版本图书馆 CIP 数据核字(2018)第 254793 号

责任编辑:张彦青
装帧设计:李　坤
责任校对:吴春华
责任印制:杨　艳

出版发行:清华大学出版社

　　　　网　　　址:http://www.tup.com.cn, http://www.wqbook.com
　　　　地　　　址:北京清华大学学研大厦 A 座　　　邮　　编:100084
　　　　社 总 机:010-62770175　　　　　　　　　　邮　　购:010-62786544
　　　　投稿与读者服务:010-62776969, c-service@tup.tsinghua.edu.cn
　　　　质量反馈:010-62772015, zhiliang@tup.tsinghua.edu.cn

印 装 者:清华大学印刷厂
经　　销:全国新华书店
开　　本:190mm×260mm　　印　张:27.75　　字　数:674 千字
版　　次:2019 年 1 月第 1 版　　　　印　次:2019 年 1 月第 1 次印刷
定　　价:78.00 元

产品编号:076444-01

前　　言

为什么要写这样一本书

C++语言是在 C 语言基础上发展起来的，它在 C 语言基础上融入了许多新的编程理念，这些理念有利于程序的开发。从语言角度来说，C++语言是个规范，它规范程序员如何进行面向对象的程序开发。C++具有 C 语言操作底层的能力，同时还具有提高代码复用率的面向对象编程技术，是一种语句更加灵活、使用更加简捷、技术更加全面的编程利器。目前学习和关注 C++的人越来越多，而很多 C++的初学者都苦于找不到一本通俗易懂、容易入门和案例实用的参考书。通过本书的案例实训，读者可以很快地上手流行的工具，提高职业化能力，从而帮助解决公司与求职者的双重需求问题。

本书特色

■　零基础、入门级的讲解

无论您是否从事计算机相关行业，无论您是否接触过 C++编程语言，都能从本书中找到最佳起点。

■　超多、实用、专业的范例和项目

本书在编排上紧密结合深入学习 C++编程技术的先后过程，从 C++的基本语法开始，逐步带领大家深入地学习各种应用技巧，侧重实战技能，使用简单易懂的实际案例进行分析和操作指导，让读者读起来简明轻松，操作起来有章可循。

■　随时检测自己的学习成果

每章首页中，均提供了本章要点，以指导读者重点学习及学后检查。

大部分章节最后的"跟我学上机"板块，均根据本章内容精选而成，读者可以随时检测自己的学习成果和实战能力，做到融会贯通。

■　细致入微、贴心提示

本书在讲解过程中，在各章中使用了"注意"和"提示"等小贴士，使读者在学习过程中更清楚地了解相关操作、理解相关概念，并轻松掌握各种操作技巧。

■　专业创作团队和技术支持

您在学习过程中遇到任何问题，均可加入 QQ 群(案例课堂 VIP)451102631 进行提问，专家人员会在线答疑。

超值赠送资源

■ 全程同步教学录像

涵盖本书所有知识点，详细讲解每个实例及项目的过程及技术关键点，比看书更轻松地掌握书中所有的 C++编程语言知识，而且扩展的讲解部分使您得到比书中更多的收获。

■ 超多容量王牌资源大放送

赠送大量王牌资源，包括本书实例源文件、精美教学幻灯片、精选本书教学视频、Visual Studio 2017 常用快捷键、C++库函数查询手册、MFC查询手册、C++程序员面试技巧、C++常见面试题、C++常见错误代码及解决方案、C++开发经验及技巧大汇总等。读者可以通过 QQ 群(案例课堂 VIP)451102631 获取赠送资源，还可以进入 http://www.apecoding.com/下载赠送资源，也可以扫描二维码，下载本书资源。

读者对象

● 没有任何 C++编程基础的初学者。
● 有一定的 C++编程基础，想精通 C++开发的人员。
● 有一定的 C++基础，没有项目经验的人员。
● 正在进行毕业设计的学生。
● 大专院校及培训学校的老师和学生。

创作团队

本书由刘春茂和李琪编著，参加编写的人员还有张金伟、蒲娟、刘玉萍、裴雨龙、展娜娜、周佳、付红、李园、郭广新、侯永岗、王攀登、刘海松、孙若淞、王月娇、包慧利、陈伟光、胡同夫、王伟、梁云梁和周浩浩。在编写过程中，我们力尽所能地将最好的讲解呈现给读者，但也难免有疏漏和不妥之处，敬请不吝指正。若您在学习中遇到困难或疑问，或有何建议，可写信至邮箱 357975357@qq.com。

编　者

目　　录

第1篇　基础入门

第 II 篇　核 心 技 术

第 III 篇　高级应用

第 IV 篇 项目开发实战

第1篇

基础入门

第 1 章

揭开 C++的神秘面纱——我的第一个 C++程序

　　本章带领读者步入 C++的世界，教会您用自己的双手开启 C++之门——创建一个应用程序，了解 C++程序的起源和特色，剖析 C++语言的编译过程，掌握 C++开发环境的安装以及在开发环境中如何创建一个 C++应用程序。

本章要点(已掌握的在方框中打钩)

☐ 了解 C++语言的概念。

☐ 熟悉 C++语言的优势。

☐ 了解常见的 C++开发环境。

☐ 掌握安装 Visual Studio 2017 的方法。

☐ 掌握使用 Visual Studio 2017 创建项目的方法。

☐ 理解 C++的编译过程。

1.1　认识 C++

要想学好 C++编程，了解 C/C++的历史演变过程是一个必需的前提，C++是从 C 语言发展而来的，所以首先从 C 语言的历史讲起。

C 语言是由计算机科学家丹尼斯·里奇(Dennis Ritchie)创造的。在 1967 年，丹尼斯·里奇进入著名的贝尔实验室工作(C 语言、C++语言和 UNIX 操作系统都在此诞生)。在贝尔实验室工作的过程中，里奇为了解决在工作中遇到的问题，创造了 C 语言。

为了使 C 语言更好地被应用，里奇用 C 语言将 UNIX 操作系统重新写了一遍，同时发表了《可移植的 C 语言编译程序》，使 C 语言知名度大幅提高，因此各种型号的计算机都开始支持 C 语言。

在 1978 年，里奇和布朗出版了《C 语言》。该书是 C 语言的鼻祖，产生了广泛的影响，使 C 语言成为当时世界上应用最受欢迎的高级语言。由于里奇对计算机语言发展的卓越贡献，在 1983 年，获得了计算机科学的最高荣誉——图灵奖。

人们对计算机技术追求的脚步并没有停止，C++在 C 语言的基础上发展而来。1979 年，Bjarne 博士为了分析 UNIX 的内核，苦于当时没有合适的工具将 UNIX 的内核模块化，于是他为 C 加上了一个类似 Simula 的机制，而贝尔实验室对 Bjarne 博士的这种创新非常感兴趣，专门为此成立了一个开发小组。

当时，这个语言并不是叫作 C++，而是叫作 C with class，即它仅仅被当作 C 语言的一种补充。

下面一起来回顾一下 C++历史上的主要事件，如表 1-1 所示。

表 1-1　C++历史上的主要事件

时　间	事　件
1983 年 8 月	第一个 C++实现投入使用
1983 年 12 月	Rick Mascitti 建议命名为 C Plus Plus，即 C++
1985 年 2 月	第一个 C++ Release E 发布
1985 年 10 月	CFront 的第一个商业发布，CFront Release 1.0
1986 年 11 月	C++第一个商业移植 CFront 1.1，Glockenspiel
1987 年 2 月	CFront Release 1.2 发布
1987 年 11 月	第一次 USENIX C++会议在新墨西哥州举行
1988 年 10 月	第一次 USENIX C++实现者工作会议在科罗拉多州举行
1989 年 12 月	ANSI X3J16 在华盛顿组织会议
1990 年 3 月	第一次 ANSI X3J16 技术会议在新泽西州召开
1990 年 5 月	C++的又一个传世经典 ARM 诞生
1990 年 7 月	模板被加入
1990 年 11 月	异常被加入

时　　间	事　　件
1991 年 6 月	The C++ Programming Language 第二版完成
1991 年 6 月	第一次 ISO WG21 会议在瑞典召开
1991 年 10 月	CFront Release 3.0 发布
1993 年 3 月	运行时类型识别在俄勒冈州被加入
1993 年 7 月	名字空间在德国慕尼黑被加入
1994 年 8 月	ANSI/ISO 委员会草案登记
1997 年 7 月	The C++ Programming Language 第三版完成
1997 年 10 月	ISO 标准通过表决被接受
1998 年 11 月	ISO 标准被批准

1.2　C++的优势

C++由 C 语言发展而来，继承了 C 语言的优点，同时对其也进行了大量的改进。

C++语言是一种支持面向对象的高级程序设计语言。面向对象的设计与面向过程的设计有很大区别。因此，它的一些特点也主要体现在其对面向对象编程的支持上。

(1) C++支持数据封装。支持数据封装就是支持数据抽象。在 C++中，类是支持数据封装的工具，对象则是数据封装的实现。在 C++中，将数据和对该数据进行合法操作的函数封装在一起作为一个类的定义，数据将被隐藏在封装体中，该封装体通过操作接口与外界交换信息。对象被声明为具有一个给定类的变量。在 C++中，结构可以作为一种特殊的类，它虽然可以包含函数，但是它没有私有或保护的成员。

(2) C++类中可包含私有、公有和保护成员。C++类中可定义 3 种不同访问控制权限的成员。一是私有(Private)成员，只有在类中声明的函数才能访问该类的私有成员，而在该类外的函数不可以访问私有成员。二是公有(Public)成员，在类外面也可访问公有成员，成为该类的接口。三是保护(Protected)成员，这种成员只有该类的派生类可以访问，其余的在这个类外不能访问。

(3) C++语言中通过消息处理对象，每个对象根据所接收到的消息的性质来决定需要采取的行动，以响应这个消息。

(4) C++中允许友元函数访问封装性类中的私有成员。私有成员一般是不允许该类外面的任何函数访问的，但是友元函数便可打破这条禁令，它可以访问该类的私有成员(包含数据成员和成员函数)。

(5) C++允许函数名和运算符重载。支持多态性，C++允许一个相同的标识符或运算符代表多个不同实现的函数，这就称为标识符或运算符的重载，用户可以根据需要定义标识符重载或运算符重载。

(6) C++具有继承性，可以允许单继承和多继承。一个类可以根据需要生成派生类。派生类继承了基类的所有方法，另外派生类自身还可以定义所需要的不包含在父类中的新方法。一个子类的每个对象包含有从父类那里继承来的数据成员以及自己所特有的数据成员。

(7) C++语言支持动态联编。C++中可以定义虚函数，通过定义虚函数来支持动态联编。

虽然 C++是在 C 的基础上发展起来的一门新语言，但它不是 C 的替代品，也不是 C 的升级。C++和 C 是兄弟关系。没有谁比谁先进的说法。更重要的一点是 C 和 C++各自的标准委员会是独立的，最新的 C++标准是C++14，最新的 C 标准是C11。

1.3 常见的 C++开发环境

随着 C++的不断发展，C++的集成开发环境也有着长足的发展，其开发环境主要有以下几种。

1. Turbo C++

Turbo C 是美国 Borland 公司的产品，该公司在 1987 年首次推出 Turbo C 1.0 产品，其中使用了全然一新的集成开发环境，即使用了一系列下拉式菜单，将文本编辑、程序编译、连接以及程序运行一体化，大大方便了程序的开发。1988 年，Borland 公司又推出 Turbo C 1.5 版本，增加了图形库和文本窗口函数库等，而 Turbo C 2.0 则是该公司 1989 年出版的。Turbo C 2.0 在原来集成开发环境的基础上增加了查错功能，并可以在 Tiny 模式下直接生成 COM(数据、代码、堆栈处在同一 64KB 内存中)文件，还可以对数学协处理器(支持 8087/80287/80387 等)进行仿真。

Borland 公司后来又推出了面向对象的软件包 Turbo C++，它继承发展 Turbo C 2.0 的集成开发环境，并包含了面向对象的基本思想和设计方法。

2. C++ Builder

C++ Builder 是由 Borland 公司继 Delphi 之后又推出的一款高性能可视化集成开发工具。C++ Builder 具有快速的可视化开发环境：只要简单地把控件(Component)拖到窗体(Form)上，定义一下它的属性，设置一下它的外观，就可以快速地建立应用程序界面；C++ Builder 内置了 100 多个完全封装了 Windows 公用特性且具有完全可扩展性(包括全面支持 ActiveX 控件)的可重用控件；C++ Builder 具有一个专业 C++开发环境所能提供的全部功能(快速、高效、灵活的编译器优化，逐步连接，CPU 透视，命令行工具等)。它实现了可视化的编程环境和功能强大的编程语言(C++)的完美结合。

3. Dev-C++

Dev-C++是一个 C/C++开发工具，它是一款自由软件，遵守 GPL 协议。它集合了 GCC、MinGW32 等众多自由软件，并且可以从 devpak.org 上取得最新版本的各种工具支持，而这些工具都是来自全球的狂热者所做的。你将拥有对这一切工具自由使用的权利，包括取得源代码等，前提是你也必须遵守 GNU 协议。

Dev-C++每一天都在进步，因为它是一个自由软件。Dev-C++是一个非常实用的编程软件，多款著名软件均由它编写而成。它在 C 的基础上增强了逻辑性。AT&T 发布的第一个

Dev-C++编译系统实际上是一个预编译器(前端编译器)，真正的 Dev-C++程序是在 1988 年诞生的。

4. Code::Blocks

Code::Blocks 是一个开放源代码的全功能的跨平台 C/C++集成开发环境，可以支持多种编辑器。Code::Blocks 由纯粹的 C++语言开发完成，它使用了著名的图形界面库wxWidgets(2.6.2 unicode)版。对于追求完美的 C++程序员，再也不必忍受 Eclipse 的缓慢，再也不必忍受 VisualStudio.NET 的庞大和高昂的价格。

5. Visual Studio

Visual Studio 是一套完整的开发工具集，用于生成 ASP.NET Web 应用程序、XML Web Services、桌面应用程序和移动应用程序。Visual Basic、Visual C++、Visual C# 等都可以使用相同的集成开发环境(IDE)，利用此 IDE 可以共享工具且有助于创建混合语言解决方案。另外，这些语言利用了 .NET Framework 的功能，通过此框架可使用简化 ASP Web 应用程序和 XML Web Services 开发的关键技术。

6. Eclipse

Eclipse 是一个开放源代码的、基于 Java 的可扩展开发平台。就其本身而言，它只是一个框架和一组服务，用于通过插件组件构建开发环境。幸运的是，Eclipse 附带了一个标准的插件集，包括 Java 开发工具(Java Development Tools，JDT)。虽然大多数用户很乐于将 Eclipse 当作 Java IDE 来使用，但 Eclipse 的目标不仅仅限于此。Eclipse 还包括插件开发环境(Plug-in Development Environment，PDE)，这个组件主要针对希望扩展 Eclipse 的软件开发人员，因为它允许他们构建与 Eclipse 环境无缝集成的工具。由于 Eclipse 中的每样东西都是插件，对于给 Eclipse 提供插件，以及给用户提供一致和统一的集成开发环境而言，所有工具开发人员都具有同等的发挥场所。

7. Qt

Qt 是诺基亚开发的一个跨平台的 C++图形用户界面应用程序框架。它提供给应用程序开发者建立艺术级的图形用户界面所需的所有功能。Qt 是完全面向对象的，很容易扩展，并且允许真正的组件编程。

8. Visual C++

Visual C++是微软公司开发的一个集成开发环境，就是使用 C++的一个开发平台。有些软件就是使用这个 IDE 编出来的。另外还有 Visual Basil、Visual Foxpro，只是使用不同的语言。Visual C++是 Windows 平台上的 C++编程环境。学习 Visual C++要了解很多 Windows 平台的特性并且还要掌握 MFC、ATL、COM 等的知识，难度比较大。Windows 下编程需要了解 Windows 的消息机制以及回调(callback)函数的原理；MFC 是 Win32 API 的包装类，需要理解文档视图类的结构、窗口类的结构、消息流向等；COM 是代码共享的二进制标准，需要掌握其基本原理等。这款编程用的 IDE，一定要不断根据自己的需要进行配置，才会变得好用起来。

不要使用 TC/TC++/BC/CB 等古老的编译器来学习 C/C++，因为它们太古老了，不支持新的 C/C++标准。不要使用 CBX/VC++6.0/VC2005 等对 C/C++标准支持不好的编译器，虽然这些编译器适合工作，但不适合学习，因为它们当中的语法陷阱很多。

1.4 新手的福音——Visual Studio 2017 集成环境

C++开发的集成开发环境各有优点和特色。现在对于使用 Windows 平台的 C++开发人员来讲，使用 Visual Studio(VS)进行开发比较普遍，所以本书以最新版本的 Visual Studio 2017 为主进行讲解。

1.4.1 安装 Visual Studio 2017 的条件

在安装 Visual Studio 2017 前需要检查计算机的软硬件配置是否满足安装要求。Visual Studio 2017 的安装条件如表 1-2 所示。

表 1-2 安装 Visual Studio 2017 的配置要求

支持的操作系统	Windows 10 1507 版或更高版本：家庭版、专业版、教育版和企业版(不支持 LTSB)
	Windows Server 2016：Standard 和 Datacenter
	Windows 8.1(带有 Update 2919355)：基本版、专业版和企业版
	Windows Server 2012 R2(带有 Update 2919355)：Essentials、Standard、Datacenter
	Windows 7 SP1(带有最新 Windows 更新)：家庭高级版、专业版、企业版、旗舰版
硬件	1.8GHz 或更快的处理器。推荐使用双核或更好内核
	2GB RAM；建议 4GB RAM(如果在虚拟机上运行，则最低 2.5GB)
	硬盘空间：1GB 到 40GB，具体取决于安装的功能
	视频卡支持最小显卡分辨率 720p(1280×720)；Visual Studio 最适宜的分辨率为 WXGA(1366×768)或更高
其他要求	安装 Visual Studio 要求具有.NET Framework 4.5。Visual Studio 需要.NET Framework 4.6.1，将在安装过程中安装它
	与 Internet 相关的方案都必须安装 Internet Explorer 11 或 Microsoft Edge。某些功能可能无法运行，除非安装了这些程序或更高版本

1.4.2 安装 Visual Studio 2017

在使用 Visual Studio 2017 编程前，要先对其开发工具进行安装。下面详细介绍如何安装 Visual Studio 2017。安装 Visual Studio 2017 可使用光盘安装或者安装包安装。这里主要讲解的是通过访问官方网站下载安装包安装的方法。具体的安装步骤如下。

step 01 在浏览器地址栏中输入 https://www.visualstudio.com/并按 Enter 键确认，进入

Visual Studio 的官方网站，单击工具栏中的【下载】按钮，如图 1-1 所示。

step 02　跳转到下载页面后，单击下载页面 Visual Studio 2017 Community 中的【免费下载】按钮，如图 1-2 所示，即可进行下载。

图 1-1　单击【下载】按钮　　　　　　　　　　　　图 1-2　下载页面

step 03　下载完成后在下载路径中找到 vs 图标，如图 1-3 所示。双击图标进行正式安装，进入安装步骤，单击【继续】按钮，如图 1-4 所示。

图 1-3　Visual Studio 2017 图标　　　　　　　　　图 1-4　单击【继续】按钮

step 04　进入安装界面后，选择工作负载中的【使用 C++的桌面开发】和【数据存储和处理】这些基本安装组件，同时在右侧选择包含的组件，如图 1-5 所示。

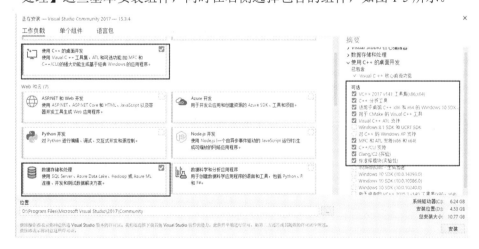

图 1-5　选择组件

提示
　　　　如果需要用到其他组件，只需要选择【单个组件】选项，根据情况即可选择。单个组件可以对工作负载组选择好的大类进行组件的细化选择，可以取消个别不想要的，也可以加入想要的组件，但是需要注意的是操作要慎重，因为有可能会影响到后续的程序设计与开发。

step 05 组件选择完成后，单击【安装】按
钮，Visual Studio 2017 开始读取安装，
并显示安装的进度，如图 1-6 所示。

step 06 安装成功后，结果如图 1-7 所示。
如果想修改安装的组件，可以单击【修
改】按钮；如果想启动软件，可以单击
【启动】按钮。

step 07 第一次启动 Visual Studio 2017，用
户可以选择开发设置和主题，如图 1-8
所示。

图 1-6　读取安装

图 1-7　软件安装成功

图 1-8　选择开发主题

1.5　熟悉 Visual Studio 2017 开发界面

在用 Visual Studio 2017 开发 C++程序之前，用户需要了解 Visual Studio 2017 的开发界面。在 Windows 10 操作系统中，选择【开始】→Visual Studio 2017 命令，即可启动 Visual Studio 2017。

1.5.1　创建项目

在使用 Visual Studio 2017 进行 C++的编程之前，首先要创建项目。
创建一个项目的具体操作步骤如下。

step 01 启动 Visual Studio 2017 主界面，进入初始化界面，如图 1-9 所示。

step 02 在初始化窗口，选择【文件】→【新建】→【项目】命令，如图 1-10 所示。

step 03 进入【新建项目】对话框，在左侧的 Visual C++下选择【Windows 桌面】选项，然后在右侧选择【Windows 桌面向导】选项，在【名称】文本框中输入项目的

名称，选择项目的创建位置，如图 1-11 所示。

图 1-9　初始化界面

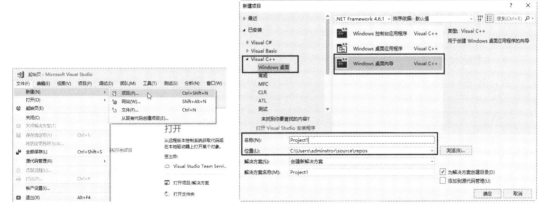

图 1-10　选择【项目】命令　　　　　　图 1-11　【新建项目】对话框

注意

解决方案的名称与项目名称要统一。

step 04　单击【确定】按钮，进入【Windows 桌面项目】对话框，在【应用程序类型】
　　　　下拉列表框中选择【控制台应用程序(.exe)】选项，然后勾选【空项目】复选框，如
　　　　图 1-12 所示。

step 05　单击【确定】按钮，进入 Visual Studio 2017 项目编辑界面中，即可成功创建一
　　　　个 C++项目，如图 1-13 所示。

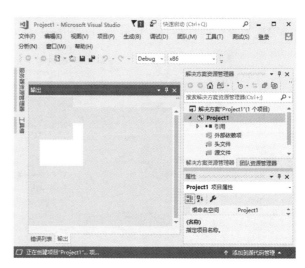

图 1-12 【Windows 桌面项目】对话框   图 1-13 成功创建一个 C++ 项目

1.5.2 菜单栏

Visual Studio 菜单栏显示了所有在编程开发中需要使用到的命令，在这里用户可以通过单击鼠标和快捷键操作的方式来执行这些菜单命令。下面介绍最常使用的菜单命令的含义。

(1) 【文件】菜单，主要菜单命令为新建、打开、关闭、关闭解决方案等。【文件】菜单展开后，如图 1-14 所示。

(2) 【编辑】菜单，主要菜单命令为转到、查找和替换、撤销、重做等。【编辑】菜单展开后，如图 1-15 所示。

图 1-14 【文件】菜单   图 1-15 【编辑】菜单

(3) 【视图】菜单，主要菜单命令为解决方案资源管理器、服务器资源管理器、类视图等。【视图】菜单展开后，如图 1-16 所示。

视图(V)	项目(P)	生成(B)	调试(D)	团队(M)

	解决方案资源管理器(P)	Ctrl+Alt+L
	团队资源管理器(M)	Ctrl+\, Ctrl+M
	服务器资源管理器(V)	Ctrl+Alt+S
	Cloud Explorer	Ctrl+\, Ctrl+X
	SQL Server 对象资源管理器	Ctrl+\, Ctrl+S
	书签窗口(Q)	Ctrl+K, Ctrl+W
	调用层次结构(H)	Ctrl+Alt+K
	类视图(A)	Ctrl+Shift+C
	代码定义窗口(D)	Ctrl+\, D
	对象浏览器(J)	Ctrl+Alt+J
	错误列表(I)	Ctrl+\, E
	输出(O)	Ctrl+Alt+O
	任务列表(K)	Ctrl+\, T
	工具箱(X)	Ctrl+Alt+X
	通知(N)	Ctrl+W, N
	查找结果(N)	
	其他窗口(E)	
	工具栏(T)	
	全屏幕(U)	Shift+Alt+Enter
	所有窗口(L)	Shift+Alt+M
	向后导航(B)	Ctrl+-
	向前导航(F)	Ctrl+Shift+-
	下一个任务(X)	
	上一个任务(R)	
	属性窗口(W)	F4
	属性页(Y)	Shift+F4

图 1-16　【视图】菜单

1.5.3　工具栏

Visual Studio 2017 为了使用户操作更加快捷、方便，在菜单栏下方设置有工具栏，将菜单栏中常用的命令按照功能分组分别放入相应的工具栏中，使得用户通过工具栏就能迅速地访问并使用常用功能。

在 Visual Studio 2017 中，工具栏包含了大多数常用的命令按钮，如向后导航、向前导航、新建项目、打开文件、保存文件、全部保存、撤销操作等，如图 1-17 所示。

图 1-17　工具栏

1.5.4　解决方案资源管理器

在 Visual Studio 2017 中有一个重要的窗口是解决方案资源管理器。解决方案资源管理器提供项目及其文件的有组织的视图，并且提供对项目和文件相关命令的便捷访问。与此窗口关联的工具栏提供适用于列表中突出显示的项的常用命令，如图 1-18 所示。

1.5.5 【属性】面板

Visual Studio 2017 中另一个重要的工具是【属性】面板，如图 1-19 所示。在该面板中可以进行简单的属性修改，而窗体应用程序开发中所使用到的各种控件属性都是可以通过【属性】面板设置完成的。

1.5.6 【错误列表】面板

在 Visual Studio 2017 中，开发人员可以通过【错误列表】面板来获得某句代码的错误提示和可能的解决办法。错误列表是一个错误提示器，它可以将编写的代码中出现的错误反馈给我们，并通过提示信息协助编写者找到错误。比如，当某句代码在结束时忘记输入";"，此时错误列表就会给予反馈，如图 1-20 所示。

图 1-18　解决方案资源管理器

图 1-19　【属性】面板

图 1-20　【错误列表】面板

1.5.7 【输出】面板

【输出】面板在 Visual Studio 2017 中相当于一个记事本，它能够将程序运行过程以数据的形式展现给开发人员，能够使开发人员很直观地查看到每部分的程序所加载和操作的过程。【输出】面板外观如图 1-21 所示。

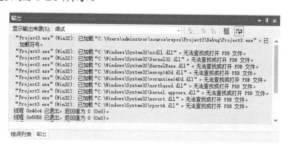

图 1-21　【输出】面板

1.6 实战演练——第一个 C++ 项目

下面利用 Visual Studio 2017 建立一个 C++ 的项目。具体操作步骤如下。

step 01 启动 Visual Studio 2017 主界面，在初始化窗口，选择【文件】→【新建】→【项目】命令，进入【新建项目】对话框，在左侧选择【Windows 桌面】选项，然后在右侧选择【Windows 桌面向导】选项，在【名称】文本框中输入项目的名称，选择项目的创建位置，如图 1-22 所示。

step 02 单击【确定】按钮，进入【Windows 桌面项目】对话框，在【应用程序类型】下拉列表框中选择【控制台应用程序(.exe)】选项，然后勾选【空项目】复选框，如图 1-23 所示。

图 1-22 【新建项目】对话框　　　　　　图 1-23 【Windows 桌面项目】对话框

step 03 单击【确定】按钮，进入 Visual Studio 2017 项目界面，在【解决方案资源管理器】窗格中右击【源文件】选项，在弹出的快捷菜单中选择【添加】→【新建项】命令，如图 1-24 所示。

step 04 打开【添加新项-Helloworld】对话框，选择【C++文件(.cpp)】选项，然后输入文件的名称，如图 1-25 所示。

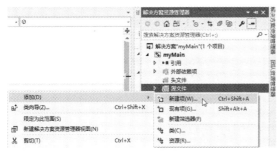

图 1-24 选择【新建项】命令　　　　　　图 1-25 【添加新项-Helloworld】对话框

step 05 进入 C++文件编辑界面，输入代码，如图 1-26 所示。

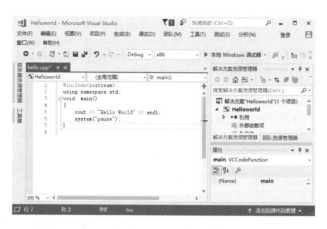

图 1-26　编程界面

step 06 编辑代码如下：

```
#include<iostream>
using namespace std;
void  main()
{
    cout<<"Hello World"<<endl;
    system("pause");
}
```

本实例中使用 cout 函数实现输出字符串的效果。在本例中定义了主函数 main，每一个 C++程序都必须包含一个且只有一个 main 函数，main 函数是每个 C++程序的起点。

step 07 单击【保存】按钮，然后单击【运行】按钮▶，结果如图 1-27 所示。在该程序中，定义了 main 函数，输出字符串 Hello World。

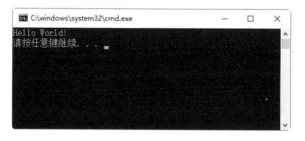

图 1-27　代码运行结果

1.7　理解 C++语言的翻译过程

标准 C 和 C++的编译需要经过多个步骤，但是现在的可视化 IDE 环境，对 C++的整个编译过程进行了屏蔽，使得大量初学者只知其然而不知其所以然。

标准 C 和 C++将编译过程定义为 9 个阶段(Phases of Translation)或步骤，具体说明如下。

(1) 字符映射(Character Mapping)。文件中的物理源字符被映射到源字符集中，其中包括字符运算符的替换、控制字符的替换等。

(2) 行合并(Line Splicing)。在字符映射后，进行行合并，以反斜杠(\)结束标志的行，和它接下来的行合并。

(3) 标记化(Tokenization)。在编写 C++程序中，需要写各类注释，增强程序的可读性。每一条注释被一个单独的空字符所替换。C++双字符运算符被识别为标记。源代码被分析成预处理标记。

(4) 预处理(Preprocessing)。在对程序进行转换后，就过渡到了重要的预处理。调用预处理指令并扩展宏，以及使用#include 指令包含的文件。

重复以上步骤(1)～(4)，直到整个程序都处理完。上述 4 个阶段统称为预处理阶段。

(5) 字符集映射(Character-set Mapping)。对预处理完的程序，将源字符集成员、转义序列转换成等价的执行字符集成员。

(6) 字符串连接(String Concatenation)。下一步，将相邻的字符串连接成为一个字符串。

(7) 翻译(Translation)。以上各步骤对文本进行了处理，接下来进行语法和语义分析编译，并翻译成目标代码。

(8) 模板处理(Template Processing)。根据在程序中引用的模板，进行模板实例的处理。

(9) 连接(Linkage)。解决外部引用的问题，连接外部引用实例，准备好程序映像以便执行。

1.8 大 神 解 惑

疑问 1　C++与 C 的区别是什么？

C++与 C 的最大区别在于解决问题的思想方法不一样。之所以说 C++比 C 更先进，是因为"设计"这个概念已经被融入 C++中，而就语言本身而言，在 C 中更多的是"算法"的概念。那么是不是 C 就不重要了？不是！算法是程序设计的基础，好的设计如果没有好的算法，一样不行。而且，"C 加上好的设计"也能写出非常好的东西。

疑问 2　C++程序开发的过程是什么？

编译环境是程序运行的平台。一个程序在编译环境中，从编写代码到生成可执行文件最后到运行正确，需要经过编辑、编译、连接、运行和调试等几个阶段。

(1) 编辑阶段。在集成开发环境下创建程序，然后在编辑窗口中输入和编辑源程序，检查源程序无误后保存为.cpp 文件。

(2) 编译阶段。源程序经过编译后，生成一个目标文件，这个文件的扩展名为 obj。该目标文件为源程序的目标代码，即机器语言指令。

(3) 连接阶段。将若干个目标文件和若干个库文件(lib)进行相互衔接生成一个扩展名为.exe 的文件，也就是可执行文件，该文件适应一定的操作系统环境。库文件是一组由机器指令构成的程序代码，是可连接的文件。库有标准库和用户生成的库两种。标准库由 C++提供；用户生成的库是由软件开发商或程序员提供的。

(4) 运行阶段。运行经过连接生成的扩展名为.exe 的可执行文件。

(5) 调试阶段。在编译阶段或连接阶段有可能出错，于是程序员就要重新编辑程序和编译程序。另外，程序运行的结果也有可能是错误的，也要重新进行编辑等操作。

疑问 3　C++编译过程是什么？

首先是预编译，这一步可以粗略地认为只做了一件事情，那就是"宏展开"，也就是对那些"#***"的命令的一种展开。例如，#define MAX 1000 就是建立起 MAX 和 1000 之间的对等关系，好在编译阶段进行替换。又如，ifdef/ifndef 就是从一个文件中有选择性地挑出一些符合条件的代码交给下一步的编译阶段来处理。这里面最复杂的莫过于 include 了，其实也很简单，就是相当于把那个对应的文件里面的内容一下子替换到这条#include***语句的地方来。

其次是编译，这一步很重要。编译是以一个个独立的文件作为单元的，一个文件就会编译出一个目标文件(编译器通过后缀名来辨识是否编译该文件，因此".h"的头文件一概不理会，而".cpp"的源文件一律都要被编译。清楚编译是以一个个单独的文件为单元的，这一点很重要，因此编译只负责本单元的那些事，而对外部的事情一概不理会。在这一步里，我们可以调用一个函数而不必给出这个函数的定义，但是要在调用前得到这个函数的声明(其实这就是 include 的本质，就是为了提前提供个声明来使用。至于那个函数到底是如何实现的，需要在连接时找函数的入口地址。因此，提供声明的方式可以是用 include 把放在别的文件中的声明拿过来，也可以是在调用之前自己写一句"void max(int,int);")。编译阶段剩下的事情就是分析语法的正确性等工作了。总结一下，可以粗略地认为编译阶段分两步：第一步，检验函数或者变量是否存在它们的声明；第二步，检查语句是否符合 C++语法。

最后一步是连接。它会把所有编译好的单元全部连接为一个整体文件。其实这一步可以比作一个"连线"的过程，比如 A 文件用了 B 文件中的函数，那么连接的这一步会建立起这个关联。我认为连接时最重要的是检查全局空间里面是不是有重复定义或者缺失定义。这也就解释了为什么我们一般不在头文件中出现定义，因为头文件有可能被释放到多个源文件中，每个源文件都会单独编译，连接时就会发现全局空间中有多个定义了。

1.9　跟我学上机

练习 1：上网查询 C++语言的发展历程和特点。

练习 2：下载并安装 Visual Studio 2017。

练习 3：创建一个 C++项目，运行结果为输出："暮云收尽溢清寒，银汉无声转玉盘。此生此夜不长好，明月明年何处看。"

第 2 章

零基础开始学习——
C++的程序结构

对没有任何基础的读者而言，学习编程需要从认识最基本的 C++程序结构开始。本章带领读者了解 C++程序的开发过程，剖析 C++程序结构，掌握 C++代码编写规范，熟练使用 C++的输入/输出对象。

本章要点(已掌握的在方框中打钩)

☐ 理解 C++的程序结构。

☐ 熟悉 C++的 main 函数。

☐ 理解编译前的预处理。

☐ 掌握 C++中输入和输出数据的方法。

☐ 掌握定义和调用命名空间的方法。

☐ 理解 C++的注释方法。

2.1 分析 C++程序的结构

第 1 章中读者已经接触了一个简单的案例，可能有很多关键字是初学者不太理解的。下面详细分析该例中用到的关键字。

2.1.1 #include 指令及头文件

首先查看源代码，如下：

```cpp
#include<iostream>
using namespace std;
void  main()
{
    cout<<"Hello World"<<endl;
    system("pause");
}
```

上面的例子中，使用了 include 这个关键字，但是这个关键字起了什么作用呢？下面就来详细介绍 include 这个关键字。

include 是 C++的预处理指令，表示包含 C/C++标准头文件。C++编译系统会根据头文件名把该文件的内容包含进来。包含指令不仅仅限于.h 头文件，可以包含任何编译器能识别的 C/C++代码文件，包括.c，.hpp，.cpp，.hxx，.cxx 等，甚至.txt，.abc 等都可以。

 C++虽然主要是在 C 的基础上发展起来的一门新语言，但它不是 C 的替代品，也不是 C 的升级，不要用""代替<>来包含系统头文件。虽然有些编译器允许你这样做，但它不符合 C/C++标准。错误的示例：#include "stdio.h"，#include "iostream"。

那么，在 C++中头文件是怎么定义的呢？

在语句#include<iostream>中，iostream.h 就是头文件。C++程序的头文件是以.h 为后缀的、用于保存程序的声明，我们称之为头文件。

一个头文件由如下 3 部分内容组成。

(1) 头文件开头处的版权和版本声明。

(2) 预处理块。

(3) 函数和类结构声明等。

在 C++中，头文件的作用主要包含以下两点。

(1) 可以通过头文件来调用已有程序功能。为了保护源代码的安全性，通过头文件的形式来调用该代码的功能，用户只需要按照头文件中的接口声明来调用该头文件中的功能，而不必关心具体功能是怎么实现的。编译器会从库中析取相应的代码。

(2) 头文件可以加强安全性检查。在调用接口功能过程中，如果调用方式和头文件中的声明不一致，编译器就会报错，从而减少程序员调试负担。

不要使用#include <iostream.h>，不要使用#include <string.h>，因为它们已经被 C++标准明确地废弃了，请改为 #include <iostream> 和 #include <cstring>。规则如下。

(1) 如果这个头文件是旧 C++特有的，那么去掉.h 后缀，并放入 std 名字空间，如 iostream.h 变为 iostream。

(2) 如果这个头文件是 C 也有的，那么去掉.h 后缀，增加一个 c 前缀，如 string.h 变为 cstring、stdio.h 变为 cstdio 等。

2.1.2 main 函数

在上例中，使用了 main()函数，那么这个 main()函数代表什么呢？C++程序必须有且只能有一个 main()函数。main()函数是程序的入口点，无论 main()函数在程序中处于什么样的位置。但是，并非所有C++程序都有传统的 main()函数。用 C 或 C++写成的 Windows 程序入口点函数称为 WinMain()，而不是传统的 main()函数。

main()函数和其他函数一样也是函数，有相同的构成部分。在 32 位控制台应用程序中，C++ Builder 生成具有下列原型的默认 main()函数，这个 main()函数形式取两个参数并返回一个整型值。其语法格式如下：

```
int main(int argc,char** argv);
```

不要将 main 函数的返回类型定义为 void，虽然有些编译器允许你这样做，但它不符合 C/C++标准。不要将函数的 int 返回类型省略不写，这在 C++中要求编译器至少给一个警告。错误的示例：void main() {}，main() {}。

main()函数的第一个参数 argc 代表参数的数量，指明有多少个参数将被传递给主函数 main()。真正的参数以字符串数组(即第 2 个参数 argv[])的形式来传递。

main()函数本身是以索引 0 为第一参数，所以 argc 至少为 1。它的总数是从 argv 阵列的元素数目。这意味着 argv[0]的值是至关重要的，如果用户在控制台环境中程序名称后输入含参数的指令，那么随后的参数将传递给 argv[1]。

下面用一个实例来说明 main 如何调用参数。

【例 2-1】main 函数调用参数(源代码\ch02\2.1.txt)。

新建名为 myMain 的 C++Source File 源程序。源代码如下：

```
#include<iostream>
using namespace std;
int main(int argc,char* argv[])
{
    int a,b,c;
    a=atoi(argv[1]);
    b=atoi(argv[1]);
    v=a+b;
    cout<<"/n 输入第一个数:"<<a<<endl;
    cout<<"/n 输入第二个数:"<<b<<endl;
    cout<<a<<"+"<<b<<"="<<c<<endl;
    return 0;
}
```

【代码剖析】

首先，在主程序中，定义了 3 个 int 类型的变量。第 1 个变量 a 取传入参数数组第 1 个数，第 2 个变量 b 取传入参数数组第 2 个数。定义第 3 个变量 c 为前两个变量的和。

然后将第 1 个变量 a 和第 2 个变量 b 输出来，然后将第 3 个变量 c 也输出来。

在本例中，首先需要编译该程序，再选择【生成】|【编译】命令，或者按 Ctrl+F7 组合键，即可编译该程序。在项目的 Debug 文件夹下生成 myMain.exe 可执行文件，将其复制到 D 盘下，然后在 DOS 窗口中执行 myMain.exe 文件，输入两个参数 10 和 16，最后输出结果如图 2-1 所示。

图 2-1   main 函数调用参数

2.1.3　变量声明和定义

在 C++中，不仅仅是变量才有名字，枚举(enumeration)、函数(function)、类(class)、模板(template)等事务都有名字。在使用任何一个名字之前，必须先对该名字表示的事务进行声明(declaration)或者定义(definition)。在程序使用中，离不开变量。变量的定义(definition)可以为变量分配存储空间，还可以为变量指定初始值。在程序中，变量有且仅有一个定义。

声明(declaration)是为了说明变量的类型和名字。定义也是声明，当定义变量的时候声明了它的类型和名字。可以通过使用 extern 关键字声明变量名而不定义它。不定义变量的声明包括对象名、对象类型和对象类型前的关键字 extern。extern 声明不是定义，也不分配存储空间。它只是说明变量定义在程序的其他地方，程序中变量可以声明多次，但只能定义一次。

例如：

```
int i;//定义也可以说是声明
extern int i;//这就是单纯的声明
```

在上例中，就是一个单纯的声明，而不是定义。这条语句只是告诉程序有一个 int 型变量 i，而没有为 i 分配空间，也没有给 i 赋值。

任何在多文件中使用的变量都需要有与定义分离的声明。在这种情况下，一个文件含有变量的定义，使用该变量的其他文件则包含该变量的声明(而不是定义)。

可以用下面的语法来定义(也是声明)一个变量：

变量类型说明符 变量名 1,变量名 2,...,变量名 3;

其中变量类型说明符的作用是告诉编译器该变量的类型。表 2-1 列出了 C++中的一些基本数据类型。

表 2-1 C++中的一些基本数据类型

基本数据类型	变量类型说明符
_char	char
unsigned char	unsigned char
signed char	signed char
char16_t	char16_t
char32_t	char32_t
wchar_t	wchar_t
unsigned short int	unsigned short, unsigned short int
short int	signed short, signed short int, short, short int
unsigned int	unsigned int, unsigned
int	signed int, signed, int
unsigned long int	unsigned long int, unsigned long
long int	signed long int, signed long, long int, long
unsigned long long int	unsigned long long int, unsigned long long
long long int	signed long long int, signed long long, long long int, long long
bool	bool
float	float
double	double
long double	long double

在定义变量时，需要遵循以下一些规则。

(1) 变量名的首字母必须为 26 个英文字母的大小写外加下画线，其他字母必须为 26 个英文字母的大小写，以及下画线和数字。

(2) 变量名不可以是 C++中预留的关键词。前面已经介绍过的一些关键词，如 signed、unsigned、int、double 等。

(3) C++标准规定，所有以两个下画线开头的名字，以及一个下画线加上一个大写字母开头的名字，如__range、__Range 或者_Range，在程序中都不可以用，因为要为标准库预留。所有以一个下画线开头并且第 2 个字符并不是下画线，也不是大写字母的名字，如_range，在程序中不可以用在全局名字空间中(对变量来说，在全局名字空间的变量也是全局变量)。全局变量和全局名字空间稍后再提。如果用了这些名字，编译器可能不会报错，但是程序的可移植性就变差了，因为换到另外一个编译器，就可能和另外一个编译器的库实现存在名字冲突。

 使用 C++变量作用域时一定要注意，一般是以一对花括号范围作为一个作用域。

(4) 在 C++中，名字的大小写是不同的，即大写字母的名字和小写字母的名字是不同的名字。例如，age、Age、AGE 是 3 个不同的名字。

2.1.4 函数的声明

在上面的实例中，定义了一个函数 main()。其实在 C++中，函数声明不仅仅是 main()函数。在 C++程序中调用任何函数之前，首先要对函数进行定义。如果调用此函数在前，定义函数在后，就会产生编译错误。

为了使函数的调用不受函数定义位置的影响，可以在调用函数前进行函数的声明。这样，不管函数是在哪里定义的，只要在调用前进行函数的声明，就可以保证函数调用的合法性。

在 C++中，函数的定义格式如下：

```
返回值类型 函数名(参数列表)
{
函数体;
}
```

 参数的书写要完整，不要为图省事只写参数的类型而省略参数名字。如果函数没有参数，则用 void 填充。另外，参数命名要恰当，顺序要合理。

通常，函数名可以是任何合法的标识符。函数的参数列表是可选的，如果函数不需要参数，则可以省略参数列表，但是参数列表两边的括号不能省略。

函数体描述的是函数的功能，一般由一条或多条语句构成。函数也可以没有函数体，此时的函数称为空函数。空函数不执行任何动作。在开发程序时，当前可能不需要某个功能，但是将来可能需要，此时可以定义一个空函数，在需要时为空函数添加实现代码。

函数都有一个返回值，当函数结束时，将返回值返回给调用该函数的语句。但是，函数也可以没有返回值，即返回值类型为 void。如果函数有返回值，通常在函数体的末尾使用 return 语句返回一个值，其类型必须与函数定义时的返回值类型相同或兼容。

下面用一个简单的实例来说明函数如何声明和定义。

【例 2-2】函数应用(代码 2-2.txt)。

新建名为 maxtest 的 C++ Source File 源程序。源代码如下：

```cpp
//从键盘输入两个数，调用max()函数的方法，求这两个数中的较大值
#include<iostream>
using namespace std;
int main()
{
    //max()函数原型声明语句
    float max(float,float);
    float m,n,Max;//声明变量
    //输入参数并计算
    cout<<"从键盘输入: m=";
    cin>>m;
    cout<<"从键盘输入: n=";
    cin>>n;
    Max=max(m,n);//调用max()函数
    cout<<"较大值是: "<<Max<<endl;
```

```
system("pause");
    return 0;
}
//定义max()函数
float max(float x,float y)//max()返回值类型为浮点型
{
    float z;
    z=(x>y)?x:y;//比较x和y,如果x>y,则用x初始化z,否则用y初始化z
    return(z);
}
```

【代码剖析】

在这个例子中，首先定义了 main 函数，在 main 函数中声明了 max 函数，之后声明了 3 个变量 m、n、max。然后，调用 cin，输入两个 float 类型的数值，分别复制给 m 和 n。最后调用 max 函数，找到两个数中较大的数字，并将该值输出。

编译后运行结果如图 2-2 所示。首先输入 36，接着输入 48。根据程序设计，取 36 和 48 中数字较大的数，将数字较大的数输出。

图 2-2 声明和定义函数

2.1.5 关于注释

在 C++中，注释是用来帮助程序员读程序的语言结构，它是一种程序礼仪，可以用来概括程序的算法，表达变量的意义或者阐明一段比较难懂的程序代码。注释不会增加程序的可执行代码的长度。在代码生成以前，编译器会将注释从程序中剔除掉。

 说明性文件(如头文件.h 文件、.inc 文件、.def 文件、编译说明文件.cfg 等)头部应进行注释，注释必须列出版权说明、版本号、生成日期、作者、内容、功能、与其他文件的关系、修改日志等，头文件的注释中还应有函数功能简要说明。

C++中有两种注释符号，一种是注释对(/*,*/)，与 C 语言中的一样。注释的开始用"/*"标记，编译器会把"/*"与"*/"之间的代码当作注释。注释可以放在程序的任意位置，可以含有制表符(tab)、空格或换行，还可以跨越多行程序。

例如：

```
/*
*这是第一次看到C++的类定义
*类可用于基于对象和
*面向对象编程中
*screen 类的实现代码后面的章节中讲述
*/
```

另一种注释符是双斜线(//)，它可用来注释一个单行，程序行中注释符右边的内容都将被当作注释而被编译器忽略。

例如：

```
//这部分称为类体
public:
voidhome();//将光标移至 0,0
voidrefresh();//重绘 screen
```

在 C++中，注释的种类分为以下几种。

(1) 重复性注释。只是用不同文字把代码的工作又描述一次。这种代码对程序本身并没有提供更多信息。

(2) 解释性注释。通常用于解释复杂、敏感的代码块。对于复杂的代码，需要写注释来说明该代码的功能，以增强程序的可读性。

(3) 标记性注释。它能够告诉开发者某处的工作未做完。在实际工作中，经常会以这些注释作为程序骨架的占位符，或是已知 bug 的标记。

(4) 概述性注释。这是将若干行代码以一两句话说出来，程序员能够快速读取注释，了解程序的功能，增强可读性。

(5) 意图性注释。用来指出要解决的问题，而非解决的方法。意图性注释和概述性注释没有明显的界线，其差异也无足轻重，都是非常有效的注释。

(6) 有些信息不能通过代码来体现，如版权声明、作者、日期、版本号等信息以及与代码设计有关的一些注意事项，但是这些信息都必须体现在源代码中，所以就用注释来记录这些信息。

写好一份注释，是写出完美程序的前提，写好注释并不比写好一段程序更容易。所以在写好注释的过程中，必须遵循以下几个原则。

(1) 站在读者的立场编写注释。

编写的代码将会面对很多不同的读者。其中还包括代码的复审者。他们希望看到的是准确的注释说明。必要的注释内容应包含：源程序的特性(文件名、作用、创建时间等)，函数注释，以及其他少量注释。

(2) 及时编写注释。

注释应该是在编程过程中同时进行的，不能在程序开发完成之后再补写注释。这样会多花很多时间，并且在长时间之后，会慢慢读不懂自己的程序了。

(3) 好注释能在更高抽象层次上解释想干什么。

在编写注释这一问题上，经常犯的一个错误，就是将代码已经清楚说明的东西换种说法再写一次。如果为代码添加中文注释的时候，简单地等同于将英文译作中文，那么这样的注释能够给他人带来的好处微乎其微，更多时候是徒增阅读负担以及维护工作量。

2.2 编译前的预处理

C++的预处理(preprocess)，是指在 C++程序源代码被编译之前，由预处理器(preprocessor)对 C++程序源代码进行的处理。虽然预处理命令不是 C++语言的一部分，但是它有扩展 C++程序设计环境的作用。

提示

预处理命令是 C++统一规定的，但是它不是 C++语言本身的组成部分，不能直接对它们进行编译(因为编译程序不能识别它们)。

在预处理中，包含以下一些常用的预处理。

- #include：包含头文件。
- #if：条件。
- #else：否则。
- #elif：否则如果。
- #endif：结束条件。
- #ifdef 或#ifdefined：如果定义了一个符号，就执行操作。
- #ifndef 或#if!defined：如果没有定义一个符号，就执行操作。
- #define：定义一个符号。
- #undef：删除一个符号。
- #line：重新定义当前行号和文件名。
- #error：输出编译错误停止编译。
- #pragma：提供专用的特性，同时保证与 C++的完全兼容。

下面对几个常用的预处理进行详细的说明。

1. #include 在程序中包含头文件

#include 的作用是将另外一个源文件的内容合并到当前程序中，被合并的源文件称为"头文件"。头文件通常以.h 结尾，其内容可使用#include 预处理器指令包含到程序中。使用 include 命令可以减少程序员的重复劳动。

头文件中一般包含函数原型与全局变量。

包含头文件的形式常有下面两种：

```
#include<iostream>
#include"myheader.h"
```

前者<>用来引用标准库头文件；后者""常用来引用自定义的头文件。

对于前者，编译器只搜索包含标准库头文件的默认目录；对于后者，编译器首先搜索正在编译的源文件所在的目录，找不到时再搜索包含标准库头文件的默认目录。

如果把头文件放置在其他目录下，为了查找到它，必须在双引号中指定从源文件到头文件的完整路径。

2. #define 定义符号、宏

1) 符号

```
#define PI 3.1415925
```

定义符号 PI 为 3.1415925。

```
#undef PI
```

取消 PI 的值。

这里 PI 看起来像一个变量，但它与变量没有任何关系，它只是一个符号或标志。在代码编译前，此符号会用一组指定的字符来代替 3.14159265，不是一个数值，只是一个字符串，不会进行类型检查。

在编译前，预处理器会遍历代码，在它认为置换有意义的地方，用字符串 PI 的定义值(3.14159265)来代替在注释或字符串中的 PI，不是进行替换。

在 C 中常以#define 来定义符号常量，如上面的#define PI 3.14159265，但在 C++中最好使用 const 来定义常量。代码如下：

```
const long double PI=3.14159265;
```

两者相比较，前者没有指定类型，容易引起不必要的麻烦，而后者定义清楚，所以在 C++中推荐使用 const 来定义常量。

#define 有以下缺点。

(1) 不支持类型检查。

(2) 不考虑作用域。

(3) 符号名不能限制在一个命名空间中。

2) #undef 删除#define 定义的符号

代码如下：

```
#define PI 3.14159265
//之间所有的 PI 都可以被替换为 3.14159265
#undef PI
```

之后不再有 PI 这个标识符。

3) 定义宏

```
#define Print(Var) count<<(Var)<<endl
```

将宏名中的参数代入语句中的参数。var 是代入参数表。带参数的宏相当于一个函数的功能，但是比函数更加便捷。宏后面没有分号。

Print(Var)中的 Print 和"("之间不能有空格，否则"("就会被解释为置换字符串的一部分。代码如下：

```
#define Print(Var,digits) count<<setw(digits)<<(Var)<<endl
```

调用宏：

```
Print(ival,15);
```

预处理器就会把它换成：

```
cout<<setw(15)<<(ival)<<endl;
```

所有的情况下都可以使用内联函数来代替宏，这样可以增强类型的检查：

```
template<classT>inline void Print(const T &var,const int &digits)
{
count<<setw(digits)<<var<<endl;
}
```

调用宏：

```
Print(ival,15);
```

使用宏时应注意易引起的错误：

```
#define max(x,y) x>y?x:y;+
```

result=max(myval,99)则换成 result=myval>99?myval:99，这个没有问题，是正确的。调用 result=max(myval++,99)则换成 result=myval++>99?myval++:99，这样如果 myval>99，那么 myval 就会递增两次，这种情况下 "()" 是没什么用的，如 result=max((x),y)则换成 result=(myval++)>99? (myval++):99。

再如：

```
#define  product(m,n)  m*n
```

result=product(5+1,6)则替换为 result=5+1*6，所以产生了错误的结果，此时应使用 "()" 把参数括起：

```
#define product(m,n)  (m)*(n)
```

这样 result=product(5+1,6)，结果正确。

2.3 输入和输出数据

C++的输出和输入是用流(stream)的方式来实现的，所谓流是从数据的传输抽象而来的，可以将其理解为文件。图 2-3 表示为 C++通过流进行输入输出的过程。

图 2-3 C++通过流进行输入输出的过程

有关流对象 cin、cout 和流运算符的定义等信息是预先定义好的流对象，存放在 C++的输入输出流库中。因此，如果在程序中使用 cin、cout 和流运算符，就必须使用预处理命令把头文件 stream 包含到本文件中：

```
#include<iostream>
```

2.3.1 cout 输出数据

cout 语句的一般格式如下：

```
cout<<表达式 1<<表达式 2<<……<<表达式 n;
```

在定义流对象时，系统会在内存中开辟一段缓冲区，用来暂存输入输出流的数据。在执行 cout 语句时，先把插入的数据顺序存放在输出缓冲区中，直到输出缓冲区满或遇到 cout 语句中的 endl(或'\n'，ends，flush)为止，此时将缓冲区中已有的数据一起输出，并清空缓冲区。输出流中的数据在系统默认的设备(一般为显示器)上输出。

cout 可以输出整数、实数、字符及字符串，cout 中插入符"<<"后面可以跟变量、常量、转义字符、对象等表达式。

一个 cout 语句可以分成若干行。

例如：

```
cout<<"This is a simple C++ program."<<endl;
```

可以写成：

```
cout<<"This is"//注意行末尾无分号
<<"a C++"
<<"program."
<<endl;//语句最后有分号
```

也可写成多个 cout 语句：

```
cout<<"This is";//语句末尾有分号
cout<<"a C++";
cout<<"program.";
cout<<endl;
```

以上 3 种情况的输出均为：

```
This is a simple C++ program
```

下面通过一个具体例子，来学习 cout 输出的用法。

【例 2-3】cout 用法(代码 2-3.txt)。

新建名为 couttest 的 C++ Source File 源程序。源代码如下：

```cpp
#include<iostream>
using namespace std;
int main()
{
    for(int i=1;i<=10;i++)
    {
        cout<<"count="<<i<<endl;
    }
    system("pause");
    return 0;
}
```

【代码剖析】

在该例的主程序中，使用了一个 for 循环，将 1～10 的 int 型变量全部输出一遍。

运行结果如图 2-4 所示。

从结果可以看出，分别调用 cout 将 1~10 输出到了屏幕上。

前面介绍了 cout 的默认格式，但是在实际应用

图 2-4　调用 cout 进行输出

中，输入输出有一些特殊的要求，如在输出实数时规定字段宽度、只保留两位小数、数据向左或向右对齐等。

如果使用了控制符，在程序的开头除了要加 iostream 头文件外，还要加 iomanip 头文件。

下面通过一个具体的例子，来说明如何使用控制符。

【例 2-4】cout 控制符(代码 2-4.txt)。

新建名为 couttest2 的 C++ Source File 源程序。源代码如下：

```cpp
#include<iostream>
#include<iomanip>
using namespace std;
int main()
{
    double a=123.456789012345;//对 a 赋初值
    cout<<a<<endl;//输出:123.457
    cout<<setprecision(9)<<a<<endl;//输出:123.456789
    cout<<setprecision(6)<<endl;//恢复默认格式(精度为 6)
    cout<<setiosflags(ios::fixed)<<endl;//输出:123.456789
    cout<<setiosflags(ios::fixed)<<setprecision(8)<<a<<endl;//输出:123.45678901
    cout<<setiosflags(ios::scientific)<<a<<endl;//输出:1.234568e+02
    cout<<setiosflags(ios::scientific)<<setprecision(4)<<a<<endl;//输出:1.2346e02
    int b=123456;//对 b 赋初值
    cout<<b<<endl;//输出:123456
    cout<<hex<<b<<endl;//输出:1e240
    cout<<setiosflags(ios::uppercase)<<b<<endl;//输出:1E240
    cout<<setw(10)<<b<<','<<b<<endl;//输出:123456,123456
    cout<<setfill('*')<<setw(10)<<b<<endl;//输出:****123456
    cout<<setiosflags(ios::showpos)<<b<<endl;//输出:+123456
    system("pause");
    return 0;
}
```

【代码剖析】

在本例中，首先定义了一个 double 型变量 a，再调用 cout 各种标识符，按照需要将 double 型变量 a 输出。接下来，定义了 int 型变量 b，再调用 cout 各种类型标识符将 int 型变量 b 输出。

运行结果如图 2-5 所示。从运行结果来看，利用 cout 标识符的控制符，实现了各类数据的输出。

图 2-5　使用 cout 控制符

2.3.2　cin 读取输入数据

cin 可以从键盘获得多个输入值,语句的一般格式为:

cin>>变量 1>>变量 2>>······>>变量 n;

与 cout 类似,一个 cin 语句可以分成若干行。例如:

cin>>a>>b>>c>>d;

可以写成:

```
cin>>a//注意行末尾无分号
>>b//这样写可能看起来清晰些
>>c
>>d;
```

也可以写成:

```
cin>>a;
cin>>b;
cin>>c;
cin>>d;
```

以上 3 种情况均可以从键盘输入:

1234✓。

也可以分多行输入数据:

```
1✓
23✓
4✓
```

在用 cin 输入时,系统也会根据变量的类型从输入流中析取相应长度的字节。

下面通过一个例子来说明一下如何使用 cin 来输入。

【例 2-5】cin 用法(代码 2-5.txt)。

新建名为 cintest 的 C++ Source File 源程序。源代码如下:

```cpp
#include<iostream>
using namespace std;
void main()
{
    cout<<"请输入考试姓名和考号:"<<endl;
    char name[10];
    int order;
    cin>>name;
    cin>> order;
    cout<<"您的姓名是:"<<name<<endl;
    cout<<"你的考号是: "<<order<<endl;
    system("pause");
}
```

【代码剖析】

在该例中，首先定义了一个 char 类型的字符串 name，又定义了一个 int 型的变量 order。再使用 cin 从键盘输入 name 和 order，最后将赋值的变量输出。

运行结果如图 2-6 所示。从运行结果来看，利用 cin 实现了 name 和 order 的输入。

图 2-6　使用 cin

提示　在默认方式下，标准输入设备是键盘，标准输出设备是显示器，而不论何种情况，标准输出设备总是显示器。

2.4　命　名　空　间

在书写程序的时候，很多时候都要用到 namespace，那么这个 namespace 是什么呢？

2.4.1　命名空间的定义

命名空间(namespace)是一种描述逻辑分组的机制，可以将按某些标准在逻辑上属于同一个集团的声明放在同一个命名空间中。

在 C++中，名称(name)可以是符号常量、变量、宏、函数、结构、枚举、类、对象等。在大规模程序的设计中，以及在程序员使用各种各样的 C++库时，为了避免这些标识符的命名发生冲突，标准 C++引入了关键字 namespace(命名空间/名字空间/名称空间/名域)，可以更好地控制标识符的作用域。

原来 C++标识符的作用域分成三级：代码块({……}，如复合语句和函数体)、类和全局。现在，在其中的类和全局之间，标准 C++又添加了命名空间这一个作用域级别。

命名空间可以是全局的，也可以位于另一个命名空间之中，但是不能位于类和代码块中。所以，在命名空间中声明的标识符，默认具有外部链接特性(除非它引用了常量)。

在所有命名空间之外，还存在一个全局命名空间，它对应于文件级的声明域。因此，在命名空间机制中，原来的全局变量，现在被认为位于全局命名空间中。

有两种形式的命名空间——有名的和无名的。代码如下：

```
named-namespace-definition:
namespaceidentifier{namespace-body}
unnamed-namespace-definition:
namespace{namespace-body}
namespace-body:
declaration-seqopt
```

下面通过一个例子来说明如何定义命名空间。

【例 2-6】 定义命名空间(代码 2-6.txt)。

新建名为 mmkjtest 的 C++SourceFile 源程序。源代码如下：

```
#include<iostream>
#include<string>
using namespace std;
//using namespace 编译表示，在 C++标准类库中定义的名字在本程序中可以使用
//否则，iostream、string 等 c++标准类就不可见了，编译就会出错
//两个在不同命名空间中定义的名字相同的变量
namespace myowna{
    string user_name="命名空间 a";
}
namespace myownb{
    string user_name="命名空间 b";
}
int main()
{
    cout<<""
        <<"您好！"
        << myowna::user_name//用命名空间限制符访问 myowna 的变量 user_name
        <<"被成功调用了"<<endl;
    cout<<""
        <<"您好！"
        << myownb::user_name//用命名空间限制符访问 myownb 的变量 user_name
        <<"被成功调用了"<<endl;
    system("pause");
    return 0;
}
```

【代码剖析】

在本例中，定义了两个命名空间，分别是
myowna 和 myownb，每个命名空间都定义了一个
变量 user_name。在主程序中，将各个命名空间的
内容输出。

运行结果如图 2-7 所示。从运行结果可以看
出，每个命名空间的内容都被很好地调用了。

图 2-7　定义命名空间

2.4.2　using 关键字

在 C++的命名空间中，为了使用时的方便，又引入了关键字 using。利用 using 声明，可
以在引用命名空间成员时不必使用命名空间限定符 "::"。

使用方法如下：

```
using namespace std;
```

下面通过一个例子来说明如何使用 using 关键字。

【例 2-7】 using 关键字(代码 2-7.txt)。

新建名为 usingtest 的 C++ Source File 源程序。源代码如下：

```
#include<iostream>
#include<string>
using namespace std;
```

```
//using namespace 编译指示，使在 C++标准类库中定义的名字在本程序中可以使用
//否则，iostream、string 等 C++标准类就不可见了，编译就会出错
//两个在不同命名空间中定义的名字相同的变量
namespace myowna{
    string user_name="命名空间 a";
}
namespace myownb{
    string user_name="命名空间 b ";
}
int main()
{
    using namespace myowna;   //使用 using 的方式调用命名空间 myowna
    cout<<""
        <<"使用 using 的方式调用，"
        <<user_name
        <<"被成功调用了!" <<endl;
    //不使用 using 的方式调用命名空间 myownb
    cout<<""
        <<"使用命名空间限制符的方式调用，"
        <<myownb::user_name//用命名空间限制符 myownb 访问变量 user_name
        <<"被成功调用了!" <<endl;
    system("pause");
    return 0;
}
```

【代码剖析】

在本例中，定义了两个命名空间，分别是 myowna 和 myownb，每个命名空间都定义了一个变量。在主程序中，使用了 using 关键字，调用了 myowna 的命名空间，在调用第二个命名空间时，没有使用 using 调用。

运行结果如图 2-8 所示。从运行结果可以看出，每个命名空间的内容都被很好地调用了。

图 2-8　使用 using 关键字

2.4.3　命名空间 std

C++标准中引入命名空间的概念，是为了解决不同模块或者函数库中相同标识符冲突的问题。有了命名空间的概念，标识符就被限制在特定的范围内，不会引起命名冲突。最典型的例子就是 std 命名空间，C++标准库中所有标识符都包含在该命名空间中。

如果确信在程序中引用某个或者某些程序库不会引起命名冲突，那么可以通过 using 操作符来简化对程序库中标识符(通常是函数)的使用，例如：

```
using namespace std;
```

此时就可以不用在标识符加前缀 std::来使用 C++标准库中的函数了。

C++标准引入的 std 命名空间并不向后兼容目的 C++标准库。旧的 C++标准库的头文件中声明的标识符是全局范围的，不需要使用 std 命名空间限定就可以使用。那么为了适应在标准化进程中的这种变化，C++新的标准库启用了新的头文件命名格式。这样就允许程序员通过

包含不同格式的头文件来使用不同的 C++标准库。

新的 C++标准库的头文件不再包含扩展名(.h,.hpp,.hxx 等)，形式如下：

```
#include<iostream>
#include<string>
```

这种新标准可以同样涵盖到 C 标准库，C 标准库的头文件现在可以这样引用：

```
#include<cstdlib>//was:<stdlib.h>
#include<cstring>//was:<string.h>
```

而这种新格式的头文件中定义的标识符全部涵盖在 std 命名空间下。

这种新的命名方式的便利之处就在于可以方便地区分旧的 C 标准库中的头文件和新的 C++标准库中的头文件。比如 C 标准库和 C++标准库中原先都有一个<string.h>的头文件，如果同时使用的话，会很不方便。现在就不会存在这样的问题了，形式如下：

```
#include<string>//C++ string class
#include<cstring>//C char * functions
```

2.5　实战演练——经典的入门程序

综合本章所学知识，这里做两个最常见的经典入门程序。

1. 求一元二次方程 $ax^2+bx+c=0$ 的根

代码如下：

```
#include <iostream>
#include <string>
#include<cmath>
#include<iomanip>
using namespace std;
int main()
{
    float a,b,c;
    float x1,x2;
    cout<<"请输入 a,b,c 的值: ";
    cin>>a>>b>>c;
    float t=b*b-4*a*c;
    if(t<0)
        cout<<"此方程无实根."<<endl;
    else
    {
        x1=(-b+sqrt(t))/(2*a);
        x2=(-b-sqrt(t))/(2*a);
        cout<<setiosflags(ios::fixed)<<setiosflags(ios::right);
        cout<<setprecision(4);
        cout<<"x1="<<x1<<endl;
        cout<<"x2="<<x2<<endl;
    }
    system("pause");
    return 0;
}
```

【代码剖析】

在该例中，首先定义了 float 变量 a、b、c 和 x1、x2，输入 a、b、c 三个数作为一元二次方程的系数。定义 float 型变量 t 为 b*b-4*a*c，判断 t 的值，如果 t<0，则该方程无解；如果 t>0，则解出方程的两个值 x1 和 x2，并且打印出来。

运行结果如图 2-9 所示。

图 2-9　求解一元二次方程

从运行结果来看，本例的目的是求解一元二次方程。输入一元二次方程的三个系数 a、b、c 分别是 1、-3、2，以这三个系数组成的方程的解是 2 和 1。在本例中，使用 cin 实现了系数的输入，使用 cout 实现结果的输出。

2. 求三角形的面积，三角形三边长由用户输入

代码如下：

```
#include<iostream>
#include<cmath>
using namespace std;
int main()
{
    float a,b,c,s,area;
    cout<<"请输入三角形三条边长：";
    cin>>a>>b>>c;
    if(a+b>c&&a+c>b&&b+c>a)
    {
        s=(a+b+c)/2;
        area=sqrt(s*(s-a)*(s-b)*(s-c));
        cout<<"此三角形的面积是："<<area<<endl;
    }
    else
    {
        cout<<"这不是一个三角形"<<endl;
    }
    system("pause");
    return 0;
}
```

【代码剖析】

在该例中，首先定义了 float 型变量 a、b、c 和 s、area，输入 a、b、c 三个系数作为三角形的三条边；输入系数之后，判断每两边之和是否大于第三边，如果条件成立，则计算三角形面积，并且把结果输出，否则，判断该三边形不是三角形。

运行结果如图 2-10 所示。

图 2-10　求三角形的面积

从运行结果来看，本例的目的是求三角形面积的值。输入三角形的三条边长度 a、b、c 分别是 3、4、5，以这三个数组成的三角形的面积是 6。在本例中，使用 cin 实现了三角形三条边的长度的输入，使用 cout 输出了计算得到的三角形的面积。

2.6 大神解惑

疑难 1 下列标识符哪些是合法的?

```
Program, -page, _lock, test2, 3in1, @mail, A_B_C_D
```

Program、_lock、test2、A_B_C_D 是合法的标识符,其他的不是。

疑难 2 下面一段程序的含义是什么?

```
①#include <iostream.h>
②void main(void)
{
③cout<<"Hello!\n";
④cout<<"Welcome to c++!\n"
}
```

① 指示编译器将文件 iostream.h 中的代码嵌入到该程序中该指令所在的地方。
② 主函数名,void 表示函数没有返回值。
③ 输出字符串"Hello!"到标准输出设备(显示器)上。
④ 输出字符串"Welcome to c++!"。

在屏幕输出如下:

```
Hello!
Welcome to c++!
```

疑难 3 注释有什么作用? C++中有哪几种注释的方法? 它们之间有什么区别?

注释在程序中的作用是对程序进行注解和说明,以便于阅读。编译系统在对源程序进行编译时不理会注释部分,因此注释对于程序的功能实现不起任何作用。由于编译时忽略注释部分,所以注释内容不会增加最终产生的可执行程序的大小。适当地使用注释,能够提高程序的可读性。在 C++中,有两种注释的方法:一种是沿用 C 语言方法,使用"/*"和"*/"括起注释文字;另一种方法是使用"//",从"//"开始,直到它所在行的行尾,所有字符都被作为注释处理。

2.7 跟我学上机

练习 1: 开发一个 C++程序,实现功能如下。
判别某一年是否为闰年,满足闰年的条件是:
(1) 能被 4 整除而不能被 100 整除;
(2) 能同时被 100 和 400 整除。

练习 2: 开发一个 C++程序,实现功能如下。
判断输入的一个字符是否为大写:
(1) 如果是,则将其转换成小写;
(2) 如果不是,则原样输出。

第 3 章

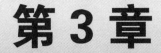

程序中的数据
种类——数据类型

要学习一门编程语言，首先需要掌握它的数据类型，因为数据类型是编程语言的基础。由于不同的数据类型占用的内存空间是不同的，根据不同的需求，合理定义数据类型可以优化程序的运行。本章带领读者认识 C++的常量和变量，了解常量和变量的性质，掌握如何声明和定义一个常量和变量。熟练使用整型、字符型、布尔型等基本数据类型，理解 typedef 的含义，以及学会使用 typedef 方法。

本章要点(已掌握的在方框中打钩)

- ☐ 熟悉 C++的标识符。
- ☐ 理解 C++的程序结构。
- ☐ 掌握 C++中常量和变量的使用方法。
- ☐ 熟悉常见的变量类型。
- ☐ 掌握查询变量的类型和内存空间大小的方法。
- ☐ 掌握自定义数据类型的方法。
- ☐ 掌握对比不同数据类型长度的方法。

3.1 标 识 符

在 C++中，标识符是用来定义资源的，当用户创建一个新自由对象的时候，系统会为其提供一个默认标识符或者用户自己定义一个标识符。

标识符是字符序列，表示下列名称之一。

(1) 对象或变量名称。

(2) 类、结构或联合名。

(3) 枚举类型名称。

(4) 类、结构、联合或枚举的成员。

(5) 函数或类成员函数。

(6) typedef 名称。

(7) 标签名称。

(8) 宏名。

(9) 宏参数。

以下字符用作标识符的第一个字符或者所有后续字符是合法的：

```
_abcdefghijklm
nopqrstuvwxyz
ABCDEFGHIJKLM
NOPQRSTUVWXYZ
```

以下字符可以作为标识符中除第一个字符的所有字符：

```
0123456789
```

 标识符只能在说明它或定义它的范围内是可见的，而在该范围之外是不可见的。

3.1.1 保留字

保留字也叫关键字，它是 C++系统预定义的，由小写英文字母组成的单词、词头或词组。每个保留字都被系统赋予了一定的含义，具有相应的功能，所以用户不能把它们作为非保留字使用。

在 C++中，保留字分为表 3-1 所示的几类。

表 3-1　保留字类型

保留字类型	保 留 字
类型说明保留字	int,long,short,float,double,char,unsigned,signed, const,void,volatile,enum,struct,union
语句定义保留字	if,else,goto,switch,case,do,while,for,continue,break,return,default,typedef
存储类说明保留字	auto,register,extern,static
长度运算符保留字	sizeof

3.1.2　标识符命名

在 C++中，各种数据对象都需要用标识符来区分，即它的名字。

标识符的命名规则如下。

(1)　以非数字字符开头，如字母或下划线"_"。

(2)　只能由字母、数字和下划线三类字符组成。

(3)　区分大小写。

(4)　有穷字符序列，只有前 32 个字符有效，超过 32 个字符，以后的字符忽略不计。

(5)　不能与 C++关键字相同。

3.2　变量与常量

常量和变量是在 C++程序中使用最频繁的元素，代表了数据的可变性。常量是在定义了之后值不能被改变的量，而变量在定义了之后还可以再赋值，即值可以被改变。

3.2.1　变量

变量指的是一个有名字的对象，即内存里一段有名字的连续的存储空间，变量的名字就叫作变量名，变量的值就是这段内存空间里存储的值。

每个变量都有自己的类型。变量的类型就是该变量所表示的内存空间所存储的数据类型。变量的类型可以是任何一种基本数据类型(当然也可以是非基本数据类型)，变量占用的内存空间的大小在绝大多数情况下就是该变量类型的大小。

变量的作用就是存储程序中需要处理的数据，它可以在程序中的任何位置使用。

1. 变量的定义

语法如下：

```
数据类型 变量名；
```

例如：

```
int age;
```

其中，int 是数据类型(整型)，而 age 是变量名，更多的时候，就说是变量 age。在上例中最后是一个分号，它表示变量定义已经完成，因为 C++语句总是以分号结束。

 C ++中，变量命名不能取名为 C 和 C++的保留字，不能超过 250 个字符，不能在同一作用范围内有同名变量，不能夹有空格。

如声明一个字符类型的变量：

```
char letter;
```

如声明一个 bool 类型的变量：

```
bool tagp;
```

其他类型，除了 void 不能直接定义一个变量以外，格式都是一样的。

有时同一数据类型有多个变量，此时可以分别定义，也可以一起定义：

```
int a;
int b;
int c;
```

或写成：

```
int a,b,c;
```

一起定义多个同类型变量的方法：在不同变量之间以逗号(,)分隔，最后仍以分号(;)结束。

2. 变量的赋值和输入

变量的赋值是通过赋值操作符(=)将其右边的值赋值给左边的变量。当定义一个变量的时候，编译器会在内存中分配该变量的存储空间，变量的赋值即相当于将赋值操作符右边的值写到左边的变量所代表的内存存储空间去。

【例 3-1】变量赋值(代码 3-1.txt)。

新建名为 vartest 的 C++ Source File 源程序。源代码如下：

```
#include <iostream>
int main()
{
    int a, b, c,d;
    a = 16;     //给变量 a 赋值 16
    b = 10;     //给变量 b 赋值 10
    c = a + b; //将变量 a 和变量 b 之和赋予变量 c
    std::cout << "变量 a 和变量 b 之和为: " << c<< std::endl;
    d= a-b;     //将变量 a 和变量 b 之差赋予变量 d
    std::cout << "变量 a 和变量 b 之差为: "<< d<< std::endl;
    system("pause");
    return 0;
}
```

【代码剖析】

在程序中，定义了 4 个 int 型变量，分别是 a、b、c 和 d。接下来给 a 赋值为 16，b 赋值为 27，c 赋值为前两个数的和，然后将 c 的值输出。d 赋值为 a 和 b 之差，最后将 d 的值输出。

运行结果如图 3-1 所示。

图 3-1　变量赋值

在本例中，定义了 int 型变量，通过"="实现了对 int 型变量的赋值操作。

3. 变量初始化

在给一个变量赋值之前，这段存储空间里保存的是随机值，它甚至可能是别的程序运行完毕后在这段存储空间留下的值。

未初始化的变量是危险的，因为当你不小心使用了一个未初始化或未赋值的变量，程序的运行结果是未知的。程序中通常需要对一些变量预先设置初始值，这样一个过程称为初始化。

那么在什么时候对变量进行初始化呢？

(1) 在定义时初始化变量：

```
int a=0;
```

通过一个等号，让 a 的值等于 0。

同时定义多个变量也一样：

```
int a = 0, b= 1;
```

(2) 在定义以后赋值：

```
int a;
a = 100;
```

【例 3-2】变量初始化(代码 3-2.txt)。

```cpp
#include <iostream>
using namespace std;
int main ()
{
    int a=10;        // 初始值为 10
    int b(20);       // 初始值为 20
    int c;           // 不确定初始值
    a = a + 30;
    c = a - b;
    cout << a<<endl;
    cout << b<<endl;
    cout << c<<endl;
    system("pause");
    return 0;
}
```

【代码剖析】

在该例中，首先定义了 int 型变量 a，赋值为 10；定义 int 型变量 b，赋值为 20；定义 int 型变量 c，给 a 赋值为 a+30，给 c 赋值为 a-b，最后将 c 的结果输出。

运行结果如图 3-2 所示。

从运行结果来看，定义了 int 型变量，并且对 int 型变量进行了简单的加减运算，在定义 a 和 b 时，分别使用了两种不同的定义方法。

图 3-2　变量初始化

3.2.2 常量

前面介绍了 C++中变量的用法，这里来介绍一下常量的用法。常量是指常数或在程序运行过程中值始终不变的数据，其值不能被改变。

常量的定义有以下两种方式。

(1) 宏表示常数。

宏的语法格式如下：

```
#define 宏名称 宏值
```

下面通过一个实例来说明#define 的用法。

【例 3-3】宏定义常数(代码 3-3.txt)。

新建名为 Htest 的 C++SourceFile 源程序。源代码如下：

```cpp
#include <iostream>
using namespace std;
#define PI 3.14159
int main(int argc, char* argv[])
{
    double square = 0,volume =0, radius=0;
    cout<<"请输入半径长度"<<endl;
    cin>>radius;
    square = PI * radius * radius;
    cout<<"半径长度为: "<<radius<<"的圆面积是: "<<square<<endl;
    volume = 4 * PI * radius * radius * radius /3;
    cout<<"半径长度为: "<<radius<<"的球体积是: "<<volume<<endl;
    system("pause");
    return 0;
}
```

【代码剖析】

在这个例子中，首先使用宏定义了一个 PI 常量，初始化为 3.14159。在主程序中，使用 cin 输入一个圆的半径。根据输入的半径计算出圆的面积和球的体积，将算得的面积和体积输出。

运行结果如图 3-3 所示。

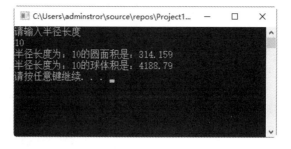

图 3-3　宏定义常数

从结果来看，使用#indefine 实现了 PI 的宏定义，在程序编译时，只要有 PI 的地方全部替换成 3.14159。

(2) const 定义。

语法格式如下：

```
const 数据类型 常量名 = 常量值；
```

相比变量定义的格式，常量定义必须以 const 开始。另外，常量必须在定义的同时完成赋值，而不能先定义后赋值。

```
const float PI = 3.1415926;
```

【例 3-4】用 const 定义常数(代码 3-4.txt)。

新建名为 HCtest 的 C++ Source File 源程序。源代码如下：

```cpp
#include <iostream>
using namespace std;
const double PI = 3.14159;
int main(int argc, char* argv[])
{
    double square = 0,volume =0, radius=0;
    cout<<"请输入半径长度"<<endl;
    cin>>radius;
    square = PI * radius * radius;
    cout<<"半径长度为: "<<radius<<"的圆面积是: "<<square<<endl;
    volume = 4 * PI * radius * radius * radius /3;
    cout<<"半径长度为: "<<radius<<"的球体积是: "<<volume<<endl;
    system("pause");
    return 0;
}
```

【代码剖析】

在这个例子中，首先使用 const 定义了一个 PI 常量，初始化为 3.14159。在主程序中，使用 cin 输入一个圆的半径。根据输入半径计算出圆的面积和球的体积，将算得的面积和体积输出。

运行结果如图 3-4 所示。

图 3-4　用 const 定义常数

从结果来看，使用 const 实现了对常量 PI 的定义。与宏定义不同，使用 const 定义常量不是在编译时就起作用，而是在运行时才发生作用。

下面介绍常见的几种数据类型常量的表达方式。

1. 整型常量

C++提供3种表示整型常量的形式。

(1) 十进制表示。即十进制整数，如 132、-345。

(2) 八进制表示。以 0 开头的整数常量，如 010、-0536。

(3) 十六进制表示。以 0x 开头的整数常量，如 0x7A、-0x3de。

2. 实型常量

C++提供两种实型常量的表示形式。

(1) 定点数形式：它由数字和小数点组成，如 0.123、.234、0.0 等。

(2) 指数形式：数字+E(或 e)+整数。E 前必须有数字，E 后必须是整数。例如：123e5 或 123E5 都表示 $123×10^5$。

要注意，E 或 e 的前面必须有数字，且 E 后面的指数必须为整数。

3. 字符常量

字符常量是由一对单引号括起的一个字符，其值为所括起的字符在 ASCII 表中的编码，所以字符和整数可以互相赋值。例如：

```
char c-98;
```

 将常量尽量局部化，如果本模块使用，甚至只有本文件(.cpp)使用，就限制在其中。很多常量不是全局都会使用，本模块内部的，一定不要对外部公开，除非是关键的全局常量。

3.3 基本变量类型

前面讲了变量的基本定义以及如何操作。下面介绍 C++中常用的几个基本变量类型如何使用。

 变量是存放在内存中的，程序根据内存地址来访问变量。

3.3.1 整数类型

在现实生活中，整数是大家最常用的描述方式，在 C++中则用整型来描述整数。整型规定了整数的表示形式、运算和表示范围。

在 C++中，整型数据类型是用关键字 int 声明的常量或变量，其值只能为整数。根据 unsigned、signed、short 和 long 等修饰符，整型数据类型可分为 4 种，分别对应为无符号整型、有符号整型、短整型和长整型。在 C++中，整型变量的声明方式如下：

```
[修饰符] <int> <变量名>
```

每种整型变量都有不同的表示方式，表 3-2 说明了每种整型变量的取值范围。

表 3-2 整形变量的取值范围

类　　型	长　　度	取值范围
int	32	−2 147 483 648～2 147 483 648
short int	16	−32 768～32 768
long int	32	−2 147 483 648～2 147 483 648
unsigned int	32	0～4 294 967 295
unsigned short	16	0～65 535
unsigned long	32	0～4 294 967 295

下面通过一个实例来说明 int 类型的使用方法。

【例 3-5】int 用法(代码 3-5.txt)。

新建名为 inttest 的 C++ Source File 源程序。源代码如下：

```cpp
#include <iostream>
using namespace std;
int main()
{
    int a;
    //定义整型变量
    a=2017;
    //变量赋初值
    cout<<"a="<<a<<endl;
    cout<<"变量 a 所占的空间大小为：  "<<sizeof(a)<<endl;
    //输出 a 的值
    short int b=10.01;
    //变量赋值
    cout<<"b="<<b<<endl;
    cout<<"变量 b 所占的空间大小为："<<sizeof(b)<<endl;
    //输出 b 的值和所占空间大小
    system("pause");
    return 0;
}
```

【代码剖析】

在该例的主程序中，首先定义了一个整型变量 a，给该变量赋值 2017。接下来输出该变量的值和该变量所占内存空间的大小。下面定义了 short int 型变量 b，对该变量赋值 10.01，然后输出该变量的值和该变量占用的内存大小。

运行结果如图 3-5 所示。

从整个实例来看，使用 int 实现了定义整型变量的操作，使用 short int 实现了定义短整型变量的操作。整型变量与短整型变量的区别在于它们的取值范围不同。

整型数据在溢出后不会报错，达到最大值后又从最小值开始记。在编程时，注意定义变量的最大取值范围，一定不要超过这个取值范围。

图 3-5　使用 int

3.3.2　字符类型

在 C++中，字符型数据类型只占据 1 个字节，其声明关键字为 char。同样地，可以给其加上 unsigned、signed 修饰符，分别表示无符号字符型和有符号字符型。在 C++中，字符型变量的声明方式如下：

[修饰符] <char> <变量名>

在 ASCII 中，共有 127 个字符。其中 1～31 和 127 为不可见字符，其余全部为可见字符。

 字符是为针对处理 ASCII 码字符而设的，字符在表示方式和处理方式上与整数吻合，在表示范围上是整数的子集，其运算可以参与到整数中去，只要不超过整数的取值范围即可。

计算机不能直接存储字符，所以所有字符都是用数字编码来表示和处理的。例如：a 的 ASCII 码值是 97，A 的 ASCII 码值是 65 等。如果一个字符被当作整数使用，则其值就是对应的 ASCII 码值；如果一个整数被当作字符使用，则该字符就是这个整数在 ASCII 码表中对应的字符。

通常在 C++中，单个字符使用单引号表示。

例如，字符 a 可以写为 'a'。

单引号只能表示一个字符，如果字符的个数大于 1，那么就变成了字符串，只能使用双引号来表示了。

在 C++中，还有一些比较特殊的字符，这些字符是以转义符号("\")开头的字符，称为转义字符。表 3-3 列出了转义字符。

表 3-3　转义字符

转义字符	含　义	ASCII 值
\a	响铃(BEL)	007
\b	退格(BS)	008
\f	换页(FF)	012
\n	换行	010
\r	回车(CR)	013
\t	水平制表(HT)	009
\v	垂直制表(VT)	011

转义字符	含　义	ASCII 值
\\	反斜杠	092
\?	问号字符	063
\'	单引号字符	039
\"	双引号字符	034
\0	空字符(NULL)	000

下面通过一个实例来说明字符的使用方法。

【例 3-6】字符类型(代码 3-6.txt)。

新建名为 chartest 的 C++ Source File 源程序。源代码如下：

```cpp
#include <iostream>
using namespace std;
int main()
{
    char aa;
    //定义字符型变量
    aa='C';
    //变量赋值
    cout<<"字符变量 aa="<<aa<<endl;
    int bb;
    //定义整型变量
    bb='C';
    //变量赋值
    cout<<"整型变量 bb="<<bb<<endl;
    system("pause");
    return 0;
}
```

【代码剖析】

在本例中，首先定义了一个 char 型变量 aa，其后给 aa 赋值为'C'，将字符变量 aa 输出。再定义一个 int 型变量 bb，给它赋值也是'C'，然后将该变量输出。运行结果如图 3-6 所示。

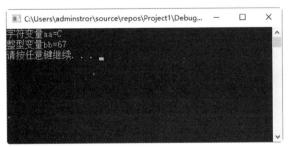

图 3-6　定义字符变量和整型变量

从结果来看，定义了字符型数据 aa 和整型数据 bb，给它们赋值都为字符'C'，输出后其结果不同，整型变量 bb 的输出为 67。这是因为字符型数据在计算机内部是转换为整型数据来操作的，如上述代码中的字母 C，系统会自动将其转换为对应的 ASCII 码值 67。

3.3.3 浮点数类型

浮点数类型表示的是带有小数点的数据。在 C++ 中，浮点数类型分为以下 3 种。

 浮点数内部表示特殊，操作不同于整数，能够表示的大小范围比同样大小的整数空间大很多，在两个连续的整数之间能够表示很多精细的数值。

(1) 单精度浮点型(float)。专指占用 32 位存储空间的单精度值。当用户需要小数部分并且对精度的要求不高时，单精度浮点型的变量是够用的。下面是一个声明单精度浮点型变量的例子：

```
float a,b;
```

(2) 双精度浮点型(double)。占用 64 位存储空间。当用户需要保持多次反复迭代计算的精确性时，或在操作值很大的数据时，双精度型是最好的选择。例如，计算圆周长，声明的常量和变量均为双精度型，代码如下：

```
double radius,area;
```

(3) 扩展精度浮点型(long double)。占用 80、96 或者 128 位存储空间。

"精度"是指尾数中的位数。通常 float 类型提供 7 位精度，double 类型提供 15 位精度，long double 类型提供 19 位精度(但 double 类型和 long double 类型在几个编译器上的精度是相同的)。除了精度有所增加之外，double 类型和 long double 类型的取值范围也在扩大。

表 3-4 说明了浮点数的取值范围。

表 3-4　浮点数的取值范围

类　型	精　度	取值范围
float	7	$1.2\times10^{-38}\sim3.4\times10^{38}$
double	15	$2.2\times10^{-308}\sim1.8\times10^{308}$

显然，这些类型都可以表示 0，但不能表示 0 和正负范围中下限之间的值，所以这些下限是非 0 值中最小的值。

下面通过一个实例来说明浮点数的应用。

【例 3-7】浮点数应用(代码 3-7.txt)。

新建名为 floattest 的 C++ Source File 源程序。源代码如下：

```
#include <iostream>
#include<iomanip>
using namespace std;
int main()
{
    float a;
    //定义浮点型变量
    double b;
    //定义浮点型变量
    a=10.1234567;
```

50

```
    //变量赋初值
    b=10.1234567;
    cout<<"a="<<a<<endl;
    //输出变量的值
    cout<<"b="<<b<<endl;
    cout<<"b="<<setprecision(9)<<b<<endl;
    system("pause");
    return 0;
}
```

【代码剖析】

在该例中，首先定义了一个 float 类型的变量 a，又定义了一个 double 类型的变量 b。给 a 和 b 都赋值为10.1234567，将 a 和 b 先输出，再调用 setprecision 函数保留9位浮点数输出 b。

运行结果如图3-7所示。

图3-7　浮点数应用

从运行结果来看，无论定义的变量为单精度数据类型 float 还是双精度数据类型 double，其输出的小数位都相同，这是因为没有设置输出精度，系统默认输出6位浮点数。如果需要 double 型变量输出更多的小数位，则应设置精度。

3.3.4　布尔类型

布尔类型在 C++中表示真假，用 bool 表示，其直接常量只有两个：true 和 false，分别表示逻辑真和逻辑假。同样地，如果要把一个整型变量转换成布尔型变量，其对应关系如下：如果整型值为0，则其布尔型值为假(false)；如果整型值为1，则其布尔型值为真(true)。

　bool 型输出形式可以选择，默认为整数1和0，如果要输出 true 和 false，可以使用输出控制符 d。

下面通过一个实例来说明布尔类型的使用。

【例3-8】 布尔应用(代码3-8.txt)。

新建名为 booltest 的 C++ Source File 源程序。源代码如下：

```
#include <iostream>
using namespace std;
int main()
{
    bool bb;
    //定义布尔型变量
```

```
    int ii;
    //定义整型变量
    bb=true;
    //变量赋值
    ii=true;
    cout<<"布尔类型变量bb="<<bb<<endl;
    //输出变量的值
    cout<<"整型变量ii="<<ii<<endl;
    system("pause");
    return 0;
}
```

【代码剖析】

在该例中，首先定义了一个 bool 类型的变量 bb，又定义了一个 int 型的变量 ii。给 bb 和 ii 都赋值为 true，将 bb 和 ii 输出。

运行结果如图 3-8 所示。

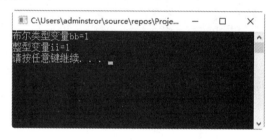

图 3-8　使用布尔类型

从运行结果来看，上述程序定义了布尔型变量 bb 和整型变量 ii，并给其赋值后输出。可以看到，其输出的并不是 true，而都输出整数值 1，这是使用布尔类型数据时需要注意的。

3.4　查询变量的类型和内存空间大小

如果想在程序中知道每个变量名的类型、变量类型所占内存空间的大小和内存空间的首地址，可以通过 sizeof 表达式、typeid 表达式和地址操作符来完成。

下面通过一个例子来说明，如何显示变量的类型和内存空间大小。

【例 3-9】使用 sizeof 和 typeid(代码 3-9.txt)。

新建名为 sizetest 的 C++ Source File 源程序。源代码如下：

```
#include <iostream>
int main()
{
    unsigned long a = 0;
    float b = 0.0F;
    std::cout << typeid(a).name() << " " << sizeof(a)<< std::endl;
    std::cout << typeid(b).name() << " " << sizeof(b) << std::endl;
    system("pause");
    return 0;
}
```

【代码剖析】

首先，在主程序中，定义了一个 unsigned long 类型的变量 a，初始化为 0。下面又定义了一个 float 类型的变量 b，该变量初始化为 0.0F。调用 typeid 和 sizeof 将两个变量的类型名和空间大小输出。

运行结果如图 3-9 所示。

图 3-9　使用 sizeof 和 typeid

在本例中，使用 typeid 实现了取得变量数据类型的作用，使用 sizeof 实现了求得变量大小的效果。

3.5　自定义数据类型

在现实生活中，信息的概念可能是长度、数量、面积等。在 C++语言中，信息被抽象为 int、float 和 double 等基本数据类型。从基本数据类型名称上，不能够看出其所代表的物理属性，并且 int、float 和 double 为系统关键字，不可以修改。

为了解决用户自定义数据类型名称的需求，C++语言中引入类型重定义语句 typedef，可以将已有的类型名用新的类型名代替，从而丰富数据类型所包含的属性信息。

typedef 的语法描述如下：

```
typedef 类型名称 类型标识符；
```

typedef 为系统保留字，"类型名称"为已知数据类型名称，包括基本数据类型和用户自定义数据类型；"类型标识符"为新的类型名称。

例如：

```
typedef double LENGTH;
typedef unsigned int COUNT;
```

定义新的类型名称之后，可以像基本数据类型那样定义变量。例如：

```
typedef unsigned int COUNT;
unsigned int b;
COUNT c;
```

typedef 的主要应用有如下几种形式。

(1) 为基本数据类型定义新的类型名。

(2) 为自定义数据类型(结构体、共用体和枚举类型)定义简洁的类型名称。

(3) 为数组定义简洁的类型名称。

(4) 为指针定义简洁的名称。

typedef 主要有以下一些用途。

(1) 定义一种类型的别名，而不只是简单的宏替换，可以用来同时声明指针型的多个对象。例如：

```
char* pa, pb;
```

这个声明只声明了一个字符指针 pa 和字符变量 pb，而不是声明了两个字符指针。

以下使用 typedef，可以声明两个字符指针：

```
typedef char* PCHAR;    // 一般用大写
PCHAR pa, pb;           // 可行，同时声明了两个指向字符变量的指针
```

虽然使用以下语句也可行：

```
char *pa, *pb;
```

但相对来说没有用 typedef 的形式直观，尤其在需要大量指针的地方，typedef 的方式更省事。

(2) 在旧的 C 代码中，声明 struct 新对象时，必须要带上 struct，即形式为 "struct 结构名 对象名"，如：

```
struct tagPOINT1
{
    int x;
    int y;
};
struct tagPOINT1 p1;
```

而在 C++中，则可以直接写 "结构名 对象名"，即

```
tagPOINT1 p1;
```

为了简化 struct 的定义，在 C++中使用 typedef 来定义：

```
typedef struct tagPOINT
{
    int x;
    int y;
}POINT;
POINT p1; //
```

这样就比原来的方式少写了一个 struct，比较省事，尤其在大量使用的时候。

或许，在 C++中 typedef 的这种用途并不是很大，但是理解了它，对掌握以前的旧代码还是有帮助的。

(3) 用 typedef 来定义与操作系统无关的类型。比如，定义一个叫 REAL 的浮点类型，在目标操作系统 1 上，让它表示最高精度的类型为：

```
typedef long double REAL;
```

在不支持 long double 的操作系统 2 上，改为：

```
typedef double REAL;
```

在连 double 都不支持的操作系统 3 上，改为：

```
typedef float REAL;
```

也就是说，当跨平台时，只要改一下 typedef 本身就行，不用对其他源码做任何修改。标准库就广泛使用了这个技巧，比如 size_t。

另外，因为 typedef 是定义了一种类型的新别名，不是简单的字符串替换，所以它比宏有更好的稳定性。

（4）为复杂的声明定义一个新的简单的别名。方法是：在原来的声明里逐步用别名替换一部分复杂声明，如此循环，把带变量名的部分留到最后替换，得到的就是原声明的最简化版。举例如下。

①　原声明：

```
int *(*a[5])(int, char*);
```

变量名为 a，直接用一个新别名 pFun 替换 a 就可以了：

```
typedef int *(*pFun)(int, char*);
```

原声明的最简化版为：

```
pFun a[5];
```

②　原声明：

```
void (*b[10]) (void (*)());
```

变量名为 b，先替换右边部分括号里的，pFunParam 为别名一：

```
typedef void (*pFunParam)();
```

再替换左边的变量 b，pFunx 为别名二：

```
typedef void (*pFunx)(pFunParam);
```

原声明的最简化版为：

```
pFunx b[10];
```

③　原声明：

```
doube(*)() (*e)[9];
```

变量名为 e，先替换左边部分，pFuny 为别名一：

```
typedef double(*pFuny)();
```

再替换右边的变量 e，pFunParamy 为别名二：

```
typedef pFuny (*pFunParamy)[9];
```

原声明的最简化版为：

```
pFunParamy e;
```

在理解复杂声明时，可以使用"右左法则"：从变量名看起，先往右，再往左，碰到一个圆括号就调转阅读的方向；括号内分析完就跳出括号，还是按先右后左的顺序，如此循环，直到整个声明分析完。

例如：

```
int (*func)(int *p);
```

首先找到 func，外面有一对圆括号，而且左边是一个*号，这说明 func 是一个指针；然后跳出这个圆括号，先看右边，又遇到圆括号，这说明(*func)是一个函数，所以 func 是一个指向这类函数的指针，即函数指针，这类函数具有int*类型的形参，返回值类型是int。例如：

```
int (*func[5])(int *);
```

func 右边是一个[]运算符，说明 func 是具有 5 个元素的数组；func 的左边有一个*，说明 func 的元素是指针(注意这里的*不是修饰 func，而是修饰 func[5]的，原因是[]运算符优先级比*高，func 先跟[]结合)。跳出这个括号，看右边，又遇到圆括号，说明 func 数组的元素是函数类型的指针，它指向的函数具有int*类型的形参，返回值类型为 int。

【例 3-10】typedef 应用(代码 3-10.txt)。

新建名为 typetest 的 C++ Source File 源程序。源代码如下：

```cpp
#include <iostream>
using namespace std;
typedef unsigned int UINT;
int main (int argc, char *argv[])
{
    unsigned int a;
    a=2018;
    UINT b;
    b=1024;
    cout<<"a="<<a<<endl;
    cout<<"sizeof a="<<sizeof(a)<<endl;
    cout<<"b="<<b<<endl;
    cout<<"sizeof b="<<sizeof(b)<<endl;
    system("pause");
    return 0;
}
```

【代码剖析】

在该例中，使用 typedef 定义了一个 UINT 类型，该类型等同于 unsigned int 型。在主程序中，定义了一个 unsigned int 型变量 a，给 a 赋值为 2018；定义了一个 UINT 型变量 b，给它赋值为 1024。将 a 的值和 a 的空间大小输出，将 b 的值和 b 的空间大小输出。

运行结果如图 3-10 所示。

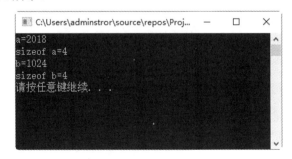

图 3-10　使用 typedef

从运行结果来看，a 和 b 属于同一种数据类型(unsigned int 型)，因为 UINT 标识符已经定义为 unsigned int 类型。

3.6 实战演练——对比不同数据类型的长度

下面通过一个综合实例来讲述如何测试计算机中不同数据类型的字节长度。程序源代码如下：

```
#include<iostream>
using namespace std;
void main()
{
    cout<<" int 类型变量的长度:"<<sizeof(int)<<"bytes\n";
    cout<<"short 类型变量的长度: "<<sizeof(short)<<"bytes\n";
    cout<<"long 类型变量的长度: "<<sizeof(long)<<"bytes\n";
    cout<<"char 类型变量的长度: "<<sizeof(char)<<"bytes\n";
    cout<<" float 类型变量的长度: "<<sizeof(float)<<"bytes.\n";
    cout<<" double 类型变量的长度:"<<sizeof(double)<<"bytes.\n";
    cout<<"bool 类型变量的长度:"<<sizeof(bool)<<"bytes.\n";
    system("pause");
    return 0;
}
```

【代码剖析】

在该例中，使用 sizeof 分别输出了 int、short、long、char、float、double、bool 在计算机中所占字节数。

运行结果如图 3-11 所示。

从运行结果来看，int、long、float 类型变量占 4 个字节、double 类型变量占 8 个字节，short 类型变量占 2 个字节，char 和 bool 类型变量占 1 个字节。可见，不同数据类型，所占用的字节数也不相同。

图 3-11 不同数据类型的字节长度

3.7 大 神 解 惑

疑问 1 C++在代码移植中，使用整型时需要注意什么？

在 C++代码移植中，需要注意以下两点。

(1) 出于效率考虑，应该尽量使用 int 和 unsigned int。

(2) 当需要指定容量的整型时，不应该直接使用 short、int、long 等，因为在不同的编译器上它们的容量不相同。此时应该定义它们相应的宏或类型。例如，在 Visual C++ 6.0 中，可以如下定义：

```
typedef unsigned char UBYTE;
typedef signed char SBYTE;
typedef unsigned short int UWORD;
typedef signed short int SWORD;
typedef unsigned int UDWORD;
typedef signed int SDWORD;
typedef unsigned __int64 UQWORD;
typedef signed __int64 SQWORD;
```

在代码中使用 UBYTE、SBYTE、UWORD 等，这样当代码移植的时候只需要修改相应的类型即可。

疑问 2　C++中，0 所扮演的不同角色是什么？

在 C++语言中，0 扮演以下几种角色。

(1)　整型 0。

这是最熟悉的一个角色。作为一个 int 类型，整型 0 占据 32 位的空间。

(2)　空指针 NULL。

NULL 是一个表示空指针常量的宏。

(3)　字符串结束标志'\0'。

'\0'与上述两种情形有所不同，它是一个字符。

(4)　逻辑 FALSE/false。

虽然将 FALSE/false 放在了一起，但是你必须清楚 FALSE 和 false 之间不只是大小写这么简单的差别。false/true 是标准 C++语言里新增的关键字，而 FALSE/TRUE 是通过#define 定义的宏，用来解决程序在 C 与 C++环境中的差异。

疑问 3　typedef 和 define 的区别是什么？

在某些情况下使用它们会达到相同的效果，但是它们有实质性的区别，一个是 C/C++的关键字，一个是 C/C++的宏定义命令，typedef 用来为一个已有的数据类型起一个别名，而#define 是用来定义一个宏定义常量。

3.8　跟我学上机

练习 1：编写一个程序，计算用户输入的非 0 整数的倒数。该程序应把计算的结果存储在 double 类型的变量中，再输出它。

练习 2：编写一个程序，从键盘上读取 4 个字符，把它们放在一个 4 字节的整型变量中，把这个变量的值显示为一个十六进制；分解变量的 4 个字节，以相反的顺序输出它们(先输出低位字节)。

第 4 章

谁来操作数据——
灵活使用运算符

运算符是一种告诉编译器执行特定的数学或逻辑操作的符号。因为程序主要是用来完成计算的，避免不了要使用运算符。C++提供了丰富的运算符，体现了 C++语言比较灵活的特点。本章详细介绍运算符的使用，教会读者如何使用运算符，了解运算符在 C++开发过程中的作用，剖析运算符的优先顺序，掌握在 C++中运算符的操作顺序。

本章要点(已掌握的在方框中打钩)

☐ 熟悉常见的运算符。

☐ 掌握 C++中各个运算符的使用方法和区别。

☐ 掌握运算符的优先级。

☐ 理解运算符的结合性。

☐ 掌握综合运用运算符的方法。

☐ 理解位逻辑运算符的作用。

☐ 熟练使用条件运算符。

4.1 运算符概述

在 C++中，运算符用于执行程序代码运算，会针对一个以上操作数项目来进行运算。下面根据运算符的不同使用方式分别介绍运算符的使用方法。

4.1.1 赋值运算符

赋值语句的作用是把某个常量、变量或表达式的值赋给另一个变量，符号为"="，赋值运算符是双目运算符。赋值表达式的类型为等号左边对象的类型，其结果值为等号左边对象被赋值后的值，运算的结合性为自右向左。

由运算符连接的表达式格式如下：

<变量> = <表达式>

提示 赋值运算符赋值时，常量一定要放在右边，不能放到左边。

下面通过一个实例来说明赋值运算符的使用方法。

【例 4-1】使用赋值运算符(代码 4-1.txt)。

新建名为 fztest 的 C++ Source File 源程序。源代码如下：

```cpp
#include <iostream>
using namespace std;
int main ()
{
    int a, b;
    a = 100;
    b = 40;
    a = b;
    b = 70;
    cout << "a:";
    cout << a<<endl;
    cout << " b:";
    cout << b<<endl;
    system("pause");
    return 0;
}
```

【代码剖析】

在程序中，定义了两个 int 型变量，分别是 a 和 b。接下来给 a 赋值为 100，b 赋值为 40，将 b 的值赋给 a，之后再给 b 赋值为 70。将 a 和 b 的值分别输出。

运行结果如图 4-1 所示。

在本例中，a 的值为 40，b 的值为 70。

图 4-1 使用赋值运算符

　　到目前为止，一直在使用简单的"="赋值运算符，其实还有其他赋值运算符，它们都以类似的方式工作，根据运算符和右边的操作数，把一个值赋给左边的变量，如表 4-1 所示。

表 4-1　赋值运算符

运 算 符	示例表达式	结　　果
=	var1 = var2;	var1 被赋予 var2 的值
+=	var1 += var2;	var1 被赋予 var1 与 var2 的和
- =	var1 - = var2;	var1 被赋予 var1 与 var2 的差
*=	var1 *= var2;	var1 被赋予 var1 与 var2 的乘积
/=	var1 /= var2;	var1 被赋予 var1 与 var2 相除所得的结果
%=	var1 %= var2;	var1 被赋予 var1 与 var2 相除所得的余数

4.1.2　算术运算符

　　在 C++语言中，算术运算符包含双目的加、减、乘、除四则运算符，求余运算符以及单目的正负运算符。在 C++中没有幂运算符，如果需要实现幂运算则需要通过函数来实现。如表 4-2 所示为算术运算符的具体介绍。

表 4-2　算术运算符

符　号	功　　能
+	把两个操作数相加
-	从第一个操作数中减去第二个操作数
*	把两个操作数相乘
/	分子除以分母
%	取模运算符，即整除后的余数

　　由算术运算符连接的表达式称为算术表达式，例如：a+b*3 和(a+b)/4。

 　　取模运算符是求出两个操作数的余数，例如 30%20=10。

　　下面通过一个实例来说明算术运算符的使用方法和技巧。

【例 4-2】使用算术运算符(代码 4-2.txt)。

新建名为 caltest 的 C++ Source File 源程序。源代码如下：

```cpp
#include <iostream>
using namespace std;
int main ()
{
    int a, b, c;
    a = 100;
    b = 40;
    c=a+b;
```

```
    cout << "c:";
    cout << c<<endl;
    c=a%b;
    cout << "c:";
    cout << c<<endl;
    system("pause");
    return 0;
}
```

【代码剖析】

首先，在主程序中定义了三个变量 a、b、c。接下来，对 a 赋值为 100，对 b 赋值为 40；将 a+b 的值赋值给 c，把结果输出。再将 a%b 的结果赋值给 c，同样将结果输出。

运行结果如图 4-2 所示。

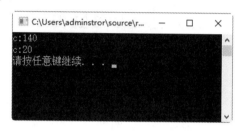

图 4-2　使用算术运算符

在本例中可以看出，第一次给 c 赋值时，是把 a+b 的值赋给了 c；接下来将 a%b 的值赋给了 c，变量 c 随着不同的赋值，它的值也在不断改变。

4.1.3　关系运算符

在 C++中，关系运算符用于变量和数值(常量)间的比较。如果两个操作数的关系符合设定的关系，这关系表达式为逻辑"真"，否则为逻辑"假"。"真"用 true 表示，"假"用 false 表示。

表 4-3 列出了几种关系运算符。

表 4-3　关系运算符

符　号	功　能
==	比较左右值是否相等，如果相等则条件为真
>	比较左值是否大于右值，如果是则条件为真
>=	比较左值是否大于或等于右值，如果是则条件为真
<	比较左值是否小于右值，如果是则条件为真
<=	比较左值是否小于或等于右值，如果是则条件为真
!=	比较左右值是否不相等，如果不相等则条件为真

应注意区分赋值运算符 "=" 和关系运算符 "=="。"==" 用于比较两个数是否相等，而 "=" 用于把右值赋给左值。

下面用一个实例来说明关系运算符的用法。

【例 4-3】使用关系运算符(代码 4-3.txt)。

新建名为 gxtest 的 C++ Source File 源程序。源代码如下：

```cpp
#include <iostream>
using namespace std;
int main ()
{
    int a = 10;
    int b = 9;
    bool flag;
    flag=a==b+1;
    cout<<flag<<endl;
    flag=a==b;
    cout<<flag<<endl;
    flag=a>b;
    cout<<flag<<endl;
    flag=a>=b;
    cout<<flag<<endl;
    flag=b>a;
    cout<<flag<<endl;
    flag=a>=b+1;
    cout<<flag<<endl;
    flag=a<b+1;
    cout<<flag<<endl;
    flag=a!=b;
    cout<<flag<<endl;
    system("pause");
    return 0;
}
```

【代码剖析】

在这个例子中，首先定义了 int 型变量 a，赋值为 10；int 型变量 b，赋值为 9。接下来定义了 bool 型变量 flag，给 flag 变量赋值 a==b+1 的结果，如果 a 和 b+1 相等则 flag 返回 true，否则返回 false，输出 flag 结果。给 flag 变量赋值 a==b 的结果，如果 a 和 b 相等则 flag 返回 true，否则返回 false，输出 flag 结果。给 flag 变量赋值 a>b 的结果，如果 a 大于 b 则 flag 返回 true，否则返回 false，输出 flag 结果。给 flag 变量赋值 a>=b 的结果，如果 a 大于或等于 b 则 flag 返回 true，否则返回 false，输出 flag 结果。给 flag 变量赋值 b>a 的结果，如果 b>a 则 flag 返回 true，否则返回 false，输出 flag 结果。给 flag 变量赋值 a>=b+1 的结果，如果 a 大于或等于 b+1 则 flag 返回 true，否则返回 false，输出 flag 结果。给 flag 变量赋值 a<b+1 的结果，如果 a 小于 b+1 则 flag 返回 true，否则返回 false，输出 flag 结果。给 flag 变量赋值 a!=b 的结果，如果 a 不等于 b 则 flag 返回 true，否则返回 false，输出 flag 结果。

运行结果如图 4-3 所示。

从结果来看，使用关系运算符将比较后的结果输出，验证了关系运算符的含义。

图 4-3 使用关系运算符

4.1.4 逻辑运算符

在 C++中,逻辑运算符是将多个关系表达式和逻辑量组成一个逻辑表达式,逻辑表达式的值可能为"真"或者"假"。逻辑运算符分为表 4-4 所示几种类型。

表 4-4 逻辑运算符

符　号	功　　能
&&	为逻辑与运算符。如果两个操作数都非零,则条件为真
||	称为逻辑或运算符。如果两个操作数中有任意一个非零,则条件为真
!	称为逻辑非运算符。用来逆转操作数的逻辑状态

逻辑运算符在实际编程过程中占有非常重要的地位,下面将可能的逻辑运算结果全部列出,作为在编程过程中的参考。

(1) &&(与)操作的所有可能条件及结果:

真 && 真 = 真

真 && 假 = 假

假 && 假 = 假

(2) ||(或)操作的所有可能条件及结果:

真 || 真 = 真

真 || 假 = 真

假 || 假 = 假

(3) ! 操作的所有可能条件及结果:

!真 = 假

!假 = 真

下面用一个实例来说明逻辑运算符的用法。

【例 4-4】使用逻辑运算符(代码 4-4.txt)。

新建名为 ljtest 的 C++ Source File 源程序。源代码如下:

```
#include <iostream>
using namespace std;
int main ()
```

```
{
    bool a=true;
    bool b=false;
    bool flag=a&&b;
    cout<<flag<<endl;
    flag=a||b;
    cout<<flag<<endl;
    flag=!a;
    cout<<flag<<endl;
    system("pause");
    return 0;
}
```

【代码剖析】

在这个例子中，首先定义了 bool 型变量 a，赋值为 true；bool 型变量 b，赋值为 false。接下来定义了 bool 型变量 flag；给 flag 变量赋值 a&&b 的结果，输出 flag 结果；给 flag 变量赋值 a||b 的结果，输出 flag 结果；给 flag 变量赋值!a 的结果，输出 flag 结果。

运行结果如图 4-4 所示。

从结果来看，真与假的结果为假，真或假的结果为真，非真的结果为假。

图 4-4　使用逻辑运算符

4.1.5　自增和自减运算符

在 C++中，提供了两个比较特殊的运算符：自增运算符++和自减运算符--，对变量的操作结果是为整型变量加 1 和减 1。

虽然，++和--运算符解释起来非常简单，但是将它放到变量前面和后面的含义有所不同。下面举个例子来说明：

```
num1=4;
num2=8;
a=++num1;
b=num2++;
```

"a=++num1;"这总的来看是一个赋值语句，把++num1 的值赋给 a，因为自增运算符在变量的前面，所以 num1 先自增加 1 变为 5，然后赋值给 a，最终 a 也为 5。

"b=num2++;"这是把 num2++的值赋给 b，因为自增运算符在变量的后面，所以先把 num2 赋值给 b，b 应该为 8，然后 num2 自增加 1 变为 9。

如果出现下面的情况：

```
c=num1+++num2;
```

到底是"c=(num1++)+num2;"还是"c=num1+(++num2);"，这要根据编译器来决定，不同的编译器可能有不同的结果。所以在以后的编程中，应该尽量避免出现这种复杂的情况。

下面使用一个实例来说明自增和自减运算符的使用方法。

【例 4-5】自增自减(代码 4-5.txt)。

新建名为 zztest 的 C++ Source File 源程序。源代码如下：

```cpp
#include <iostream>
using namespace std;
int main ()
{
    int a=10;
    int flag=a++;
    cout<<flag<<endl;
    cout<<a<<endl;
    flag=++a;
    cout<<flag<<endl;
    cout<<a--<<endl;
    system("pause");
    return 0;
}
```

【代码剖析】

在这个例子中，首先定义 int 型变量 a 并赋值为 10，定义 int 型变量 flag 并赋值为 a，然后 a 再自加 1；先输出 flag，再输出 a；先将 a 自加 1，赋值给 flag，输出 flag。将 a 输出，再自减 1。

运行结果如图 4-5 所示。

从结果来看，使用"++"和"--"对 a 进行了自增和自减操作，验证了自增和自减的功能。

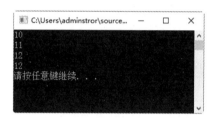

图 4-5　自增自减

4.1.6　位逻辑运算符

前面介绍了逻辑运算符，本节介绍一下位逻辑运算符。位逻辑运算符与逻辑运算符有些相似之处，它也分为与、或、非等。

位逻辑运算符是对每位进行操作而不影响左右两位，这有别于常规逻辑运算符，常规逻辑运算符是将整个数进行操作的。表 4-5 列出了位逻辑运算符及其功能。

表 4-5　位逻辑运算符

符　号	功　能
~	按位取反
&	按位取与
|	按位取或
^	按位异或

对于每种位逻辑运算符的使用将进行详细的说明。

1.　~按位取反

将 1 变为 0，将 0 变为 1。

例如：

```
~(10011010)=(01100101)
```

提示　　　按位取反时，如果操作数不是 32 位，会自动转为 32 位进行取反。

2. & 按位取与

只有两个操作数都是 1 时结果才是 1，否则为 0。

```
10 = 00000000 00000000 00000000   00001010
&
12 = 00000000 00000000 00000000   00001100
 8 = 00000000 00000000 00000000   00001000
```

3. | 按位取或

两个操作数任意一位为 1，结果就是 1。

```
10 = 00000000 00000000 00000000   00001010
|
12 = 00000000 00000000 00000000   00001100
14 = 00000000 00000000 00000000   00001110
```

4. ^ 按位异或

两个操作数不同为 1，相同为 0。

```
10 = 00000000 00000000 00000000   00001010
^
12 = 00000000 00000000 00000000   00001100
 6 = 00000000 00000000 00000000   00000110
```

下面使用一个实例来说明如何运算。

【例 4-6】使用位逻辑运算符(代码 4-6.txt)。

新建名为 wtest 的 C++ Source File 源程序。源代码如下：

```cpp
#include <iostream>
using namespace std;
int main ()
{
    int a=10;
    int b=12;
    int flag=~a;
    cout<<flag<<endl;
    flag=a&b;
    cout<<flag<<endl;
    flag=a|b;
    cout<<flag<<endl;
    flag=a^b;
    cout<<flag<<endl;
    system("pause");
    return 0;
}
```

【代码剖析】

在该例的主程序中，首先定义 int 型变量 a 并赋值为 10，定义 int 型变量 b 并赋值为 12。定义 int 型变量 flag 并赋值为 "a 按位取反"，输出 flag；给 flag 赋值 "a 按位与 b"，输出 flag；给 flag 赋值 "a 按位或 b"，输出 flag；给 flag 赋值 "a 按位异或 b"，输出 flag。

运行结果如图 4-6 所示。

图 4-6　使用位逻辑运算符

从整个示例来看，对 4 种按位逻辑运算操作，验证了按位逻辑运算功能。

4.1.7　移位运算符

在 C++中，移位运算符为双目移位运算符，有<<(左移)和>>(右移)。移位运算符组成的表达式也属于算术表达式，其值为算术值。

左移运算是将一个二进制位的操作数按指定移动的位数向左移位，移出位被丢弃，右边的空位一律补 0。右移运算是将一个二进制位的操作数按指定移动的位数向右移动，移出位被丢弃，左边移出的空位或者一律补 0，或者补符号位，这由不同的机器而定。在使用补码作为机器数的机器中，正数的符号位为 0，负数的符号位为 1。

 在 C/C++ 语言中，移位操作不要超过界限，否则，结果是不可预期的。

下面通过一个实例来说明按位移动的使用方法。

【例 4-7】 使用移位运算符(代码 4-7.txt)。

新建名为 ywtest 的 C++ Source File 源程序。源代码如下：

```cpp
#include <iostream>
using namespace std;
int main ()
{
    int a=3;
    int b=5;
    int flag=a<<1;
    cout<<flag<<endl;
    flag=b>>1;
    cout<<flag<<endl;
    system("pause");
    return 0;
}
```

【代码剖析】

在本例的主程序中，首先定义 int 型变量 a 并赋值为 3，定义 int 型变量 b 并赋值为 5，定义 int 型变量 flag 并赋值为 "a 左移一位"，输出 flag；给 flag 赋值 "b 右移一位"，输出 flag。

运行结果如图 4-7 所示。

图 4-7　使用移位运算符

从结果来看，利用"<<"和">>"实现移位运算，对 a 和 b 分别左移和右移一位，输出结果如下：

```
00000000 00000011<<1= 00000000 00000110(6)
00000000 00000101>>1= 00000000 00000010(2)
```

4.1.8　三元运算符

在 C++中，三元运算符"？："又称为条件运算符，是 if-else 的简化表达形式。
语法格式如下：

表达式 1? 表达式 2：表达式 3

当表达式 1 为真时，计算表达式 2 的值；当表达式 1 为假时，计算表达式 3 的值。表达式 2 和表达式 3 只会计算其中之一。

 条件运算符所在的形式是表达式而不是语句，这使得它可以出现在任何需要表达式的地方，这扩大了它的适用范围。在那些语法上只能出现表达式而不能出现语句的地方(如变量初始化)，条件运算符有着不可替代的作用。

下面通过一个例子来说明条件运算符的使用方法和技巧。

【例 4-8】使用条件运算符(代码 4-8.txt)。

新建名为 sytest 的 C++ Source File 源程序。源代码如下：

```
#include<iostream>
using std::cout;
using std::endl;
int main()
{
    int pp=0;
    cout<<endl<<"我有"<<pp<<"个苹果"<<((pp>0)?",可以与大家分享！":",不能与大家分享！")<<endl;
    ++pp;
    cout<<endl<<"我有"<<pp<<"个苹果"<<((pp>0)?",可以与大家分享！":",不能与大家分享！")<<endl;
    system("pause");
    return 0;
}
```

【代码剖析】

在该例中，首先定义了一个 int 型变量 pp，赋值为 0；如果 pp 的值大于 0，则输出"可以与大家分享！"，否则输出"不能与大家分享！"。

运行结果如图 4-8 所示。

从运行结果来看，根据 pp 值的不同，输出不同的信息。

图 4-8　使用条件运算符

4.1.9 逗号运算符

C++提供一种特殊的运算符——逗号，用它将两个表达式连接起来。逗号运算符是优先级最低的运算符，它可以使多个表达式放在一行上，从而大大简化了程序。逗号表达式又称为顺序求值运算符。逗号表达式的一般形式如下：

表达式 1,表达式 2

逗号表达式的求解过程是：先求解表达式 1，再求解表达式 2。整个逗号表达式的值是表达式 2 的值。

 程序中使用逗号表达式，通常是要分别求逗号表达式内各表达式的值，并不一定要求整个逗号表达式的值。

一般情况下，使用逗号运算符来进行多个变量的初始化或者多个自增。然而，逗号表达式是可以作为任何表达式的一部分的。它用于把多个表达式连接起来，用逗号进行间隔的表达式列表的值就是其中最右边的表达式的值，其他表达式的值都会被丢弃。这就意味着最右边的表达式的值就是整个逗号表达式的值。

下面通过一个例子来说明逗号运算符的使用方法。

【例 4-9】逗号运算符的应用(代码 4-9.txt)。

新建名为 dtest 的 C++ Source File 源程序。源代码如下：

```cpp
#include <iostream>
using namespace std;
int main()
{
    int i, j;
    j = 10;
    i = ( j++, j+100, 999+j );
    cout << i<<endl;
    system("pause");
    return 0;
}
```

【代码剖析】

在该例中，首先定义了两个 int 型变量 i 和 j，给 j 赋值为 10，接着 j 自增到 11，然后把 j 和 100 相加，最后把 j(j 的值仍为 11)和 999 相加，这样最终的结果就是 1010。

运行结果如图 4-9 所示。

图 4-9　使用逗号运算符

从运行结果来看，使用逗号运算符把 i 和 j 的值隔开，实现了逗号运算符顺序求值的过程。

4.1.10 类型转换运算符

在进行运算时，可能会遇到混合数据类型的运算。例如，一个整型数和一个浮点数相加就是一个混合数据类型的运算。C++有两种方式可对数据类型进行转换，一种是"自动转换"，另一种是"强制转换"。

1. 自动转换

自动转换是将数据类型按照从低到高的顺序进行转换，转换顺序如图 4-10 所示。

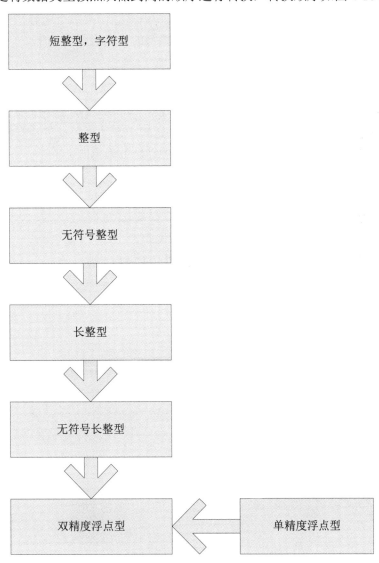

图 4-10 自动转换

2. 强制转换

强制转换是指在程序中通过指定的数据类型来改变图 4-10 中的转换顺序，将一个变量从其定义的类型转换为另一种新的类型。强制转换类型有两种格式。

(1) (类型名)表达式。

(2) 类型名(表达式)。

"类型名"是任何合法的 C++数据类型，通过强制转换，可以将"表达式"转换为合适的数据类型。

4.2 运算符优先级和结合性

前面介绍了各种运算符的含义以及如何使用。但是，如果多个运算符一起使用，那么各种运算符的优先级和结合性如何呢？下面介绍运算符的优先级和结合性。

4.2.1 运算符优先级

当不同的运算符混合运算时，运算顺序是根据运算符的优先级而定的，优先级高的运算符先运算，优先级低的运算符后运算。在一个表达式中，如果各运算符有相同的优先级，运算顺序是从左向右，还是从右向左，是由运算符的结合性确定的。

表 4-6 列出了 C++运算符的优先级。

表 4-6 运算符的优先级

序 号	运 算 符
1	(), [], ->, ., ::, ++, --
2	!, ~, ++, --, -, +, *, &, (type), sizeof
3	->*, .*
4	*, /, %
5	+, -
6	<<, >>
7	<, <=, >, >=
8	==, !=
9	&
10	^
11	|
12	&&
13	||
14	?:
15	=, +=, -=, *=, /=, %=, &=, ^=, |=, <<=, >>=
16	,

下面通过一个例子来说明优先级的使用方法和技巧。

【例 4-10】运算符优先级(代码 4-10.txt)。

新建名为 yxtest 的 C++ Source File 源程序。源代码如下：

```cpp
#include <iostream>
using namespace std;
int main()
{

    int a=1,b=1,c=0;
    c=a+b==2;
    cout<<c<<endl;
    system("pause");
    return 0;
}
```

【代码剖析】

在该例中，定义了三个 int 型变量 a、b、c，变量 a 赋值为 1，变量 b 赋值为 1，变量 c 赋值为 0；再将 a+b==2 的结果赋值给 c，将 c 的结果输出。

运行结果如图 4-11 所示。

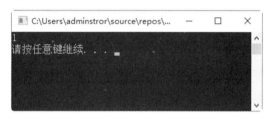

图 4-11　运算符优先级

从运行结果来看，c 的结果为 1。其过程首先是算术运算 a+b=2，然后是逻辑运算 2==2，最后是赋值运算 c= 2==2(若为真则结果是 1，若为假则结果是 0)。

4.2.2　运算符结合性

前面介绍了运算符的优先级，知道了运算符优先级高的先运算，优先级低的后运算。那么，相同优先级 C++如何处理呢？

因此引入运算符结合性的概念。运算符的结合性是指同一优先级的运算符在表达式中操作的组织方向，即当一个运算对象两侧运算符的优先级别相同时，运算对象与运算符的结合顺序。C++语言规定了各种运算符的结合方向(结合性)。大多数运算符结合方向是"自左至右"，即先左后右。例如，a-b+c，b 两侧-和+两种运算符的优先级相同，按先左后右结合方向，b 先与减号结合，执行 a-b 的运算，再执行加 c 的运算。除了自左至右的结合性外，C++语言有三类运算符参与运算的结合方向是从右至左，即单目运算符>条件运算符>赋值运算符。

下面用表 4-7 来说明运算符的结合性。

表 4-7 运算符的结合性

运 算 符	名称或含义	结 合 性
.	成员选择(对象)	从左到右
->	成员选择(属于指针)	从左到右
[]	数组下标	从左到右
()	成员函数调用初始化	从左到右
++	后缀递增	从左到右
--	后缀递减	从左到右
typeid( )	类型名称	从左到右
const_cast	类型转换	从左到右
dynamic_cast	类型转换	从左到右
reinterpret_cast	类型转换	从左到右
static_cast	类型转换	从左到右
sizeof	对象或类型的范围	从右到左
++	前缀递增	从右到左
--	前缀递减	从右到左
~	1 的补码	从右到左
!	逻辑非	从右到左
-	一元负	从右到左
+	一元加号	从右到左
&	地址	从右到左
*	间接寻址	从右到左
new	创建对象	从右到左
delete	销毁对象	从右到左
()	cast	从右到左
.*	指向成员的指针(对象)	从左到右
->*	指向成员的指针(属于指针)	从左到右
*	乘法	从左到右
/	除法	从左到右
%	模数	从左到右
+	添加	从左到右
-	减法	从左到右
<<	左移	从左到右
>>	右移	从左到右
<	小于	从左到右
>	大于	从左到右

运 算 符	名称或含义	结 合 性
<=	小于或等于	从左到右
>=	大于或等于	从左到右
==	相等	从左到右
!=	不相等	从左到右
&	按位与	从左到右
^	按位异或	从左到右
|	按位或	从左到右
&&	逻辑与	从左到右
||	逻辑或	从左到右
expr1 ? expr2 : expr3	条件运算	从右到左
=	赋值	从右到左
*=	乘法赋值	从右到左
/=	除法赋值	从右到左
%=	取模赋值	从右到左
+=	加法赋值	从右到左
_=	减法赋值	从右到左
<<=	左移赋值	从右到左
>>=	右移赋值	从右到左
&=	按位与赋值	从右到左
|=	按位或赋值	从右到左
^=	按位异或赋值	从右到左

4.3　实战演练——综合运用运算符

输入 int 型变量 x 和 y，比较 x 和 y 的大小，将 x 和 y 中较小的值输出。代码如下：

```cpp
#include <iostream>
using namespace std;
int main()
{
    int x, y, min;
    cout << "输入 x: ";
    cin >> x;
    cout << "输入 y: ";
    cin >> y;
    min = (x < y ? x : y);
    cout << x << (x > y ? " > " : " <= ") << y << endl;
    cout << min << "是最小值" << endl;
    system("pause");
```

```
    return 0;
}
```

【代码剖析】

在该例中，定义了三个 int 型变量 x、y、min，输入 x 和 y，使用比较运算符比较 x 和 y 的大小，把其中较小的值赋给 min，在输出时，仍然使用比较运算符，判断输出是大于号还是小于号，最后将 min 输出。

运行结果如图 4-12 所示。

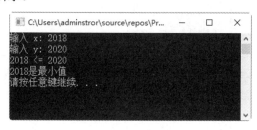

图 4-12　使用比较运算符

从运行结果来看，比较了 x 和 y 的大小，把结果输出。在该程序中，灵活地使用了比较运算符，首先是比较两个数的大小，返回其中较小的；然后，使用比较运算符比较两个数大小，返回的是比较结果。

4.4　大神解惑

疑问 1　C++位逻辑运算符的作用是什么？

C++位逻辑运算符的作用如下。

(1)　掩码。

掩码是通过&(位与)将某些位设置为开(1)，将某些位设置为关(0)。可将掩码 0 看作不透明，将 1 看作透明。

例如，只显示第二、三位：

```
107 = 0110 1011
  6 = 0000 0110
&
  2 = 0000 0010
```

(2)　打开位。

打开位是通过 |(位或)打开一个值的特定位，同时保持其他位的不变。这是因为和 0 位或都为 0，和 1 位或都为 1。

例如，只打开第二、三位：

```
107 = 0110 1011
  6 = 0000 0110
|
111 = 0110 1111
```

(3) 关闭位。

例如，关闭第二、三位：

```
107 = 0110 1011
  6 = 0000 0110
& ~
105 = 0110 1001
```

(4) 转置位。

如果一位为 1 则转置为 0，如果一位为 1 则转置为 0。

例如，转置第二、三位：

```
107 = 0110 1011
  6 = 0000 0110
^
105 = 0110 1101
```

疑问 2 加、减、乘、除结果的数据类型和什么有关系？

加、减、乘、除结果的数据类型和算术的操作数有关，如果两个操作数均是整数类型，那么结果也是整数类型。如果至少一个操作数是浮点类型，那么结果也是浮点类型。

疑问 3 使用条件运算符需要注意什么？

需要注意以下两个问题。

(1) 求值顺序。

简单地说，条件运算符就是一种 if-else 结构形式，若 expr1 为真则执行 expr2，否则执行 expr3。但需要注意的是它的求值顺序，expr2 和 expr3 只能有一个被求值。

(2) 返回值。

通常都会让条件表达式的 expr2 和 expr3 具有同一个类型，但其实这样不是必需的，只要 expr2 和 expr3 之间具有转换规则，编译器就会让代码通过。

4.5 跟我学上机

练习：循环移位。要求将 a 进行右循环移位，即 a 右循环移 n 位，将 a 中原来左边(16-n)位右移 n 位。现假设两个字节存放一个整数。

考虑如下操作。

(1) 先将 a 右端 n 位放到 b 中的高 n 位中，即 b=a<<(16-n)。

(2) 将 a 右移 n 位，其左边高位 n 位补 0，即 c=a>>n。

(3) 将 c 与 b 进行按位或运算，即 c=c|b。

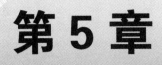

第 5 章

程序的执行方向——
程序流程控制

在开发程序中会使用大量的流程控制语句，包括条件判断语句、循环语句和多重选择语句等。灵活地使用这些流程控制语句，可以提高软件的运行效率。本章带领读者学习 C++的流程控制，了解 C++流程控制的几种形式，掌握各种流程控制语句的使用方法，能在不同的需求情况下熟练使用各种流程控制语句。

本章要点(已掌握的在方框中打钩)

- ☐ 熟悉顺序语句的使用方法。
- ☐ 掌握条件判断语句的使用方法。
- ☐ 掌握循环语句的使用方法。
- ☐ 掌握 switch 语句的使用方法。
- ☐ 掌握 continue 语句的使用方法。
- ☐ 掌握 break 语句的使用方法。
- ☐ 理解 goto 语句的使用方法。

5.1 顺序语句

上一章介绍了运算符的应用。写出一个完整的 C++程序，则还需要掌握 C++的控制语句，本章就对 C++的控制语句进行介绍。在 C++中，控制语句分为顺序控制语句、循环控制语句、条件控制语句和无条件控制语句。

从执行方式上看，从第一条语句到最后一条语句完全按顺序执行，是简单的顺序结构。在本节中，首先介绍最简单的顺序执行语句。

所谓顺序结构，就是指按照语句在程序中的先后次序一条一条地顺次执行。顺序控制语句是一类简单的语句，上述的操作运算语句即是顺序控制语句，包括表达式语句、输入/输出等。

(1) 表达式语句、空语句和复合语句。

表达式语句是最简单的 C++语句，在表达式后面加上分号就是表达式语句。如果一个表达式是空表达式，也就是只有一个分号，那么这个语句称为空语句。复合语句是由多条语句组成，并且由{}括起来的语句，称为复合语句。

(2) 输入/输出。

前面已经介绍过了标准的输入流 cin 和标准的输出流 cout，标准的输入/输出是顺序语句的重要组成部分。

下面通过一个实例来说明顺序控制语句的使用方法和技巧。

【例 5-1】顺序控制语句(代码 5-1.txt)。

新建名为 setest 的 C++ Source File 源程序。源代码如下：

```
#include <iostream>
using namespace std;
int main()
{

    int x,y,z;
    x=10;
    y=5+x++;
    z=y*3;
    x*=2;
    cout<<"x="<<x<<endl;
    cout<<"y="<<y<<endl;
    cout<<"z="<<z<<endl;
    system("pause");
    return 0;
}
```

【代码剖析】

在程序中，定义了三个 int 型变量 x、y、z；按照顺序执行，给 x 赋值为 10，给 y 赋值为 5+x++，此时先做加法，即 y=5+x=15，做完加法后，x 再自加，此时 x 的值为 11，y 的值为 15；z 赋值为 y×3=45，x 赋值为 x×2=22；最后将 x、y、z 的结果输出。

运行结果如图 5-1 所示。

图 5-1　使用顺序控制语句

在本例中，首先对 x、y、z 进行了声明，然后分别对 x、y、z 按顺序进行计算，最后把 x、y、z 的值输出。整个执行过程就是按照程序中的先后次序，一步一步执行的。

5.2　条件判断语句

本节介绍条件判断语句，根据判断给定的条件是否满足，或根据判定的结果来判断哪些语句执行，哪些语句不执行。

5.2.1　if 条件

if 语句，顾名思义，判断 if 语句后面的条件是否为真，如果为真，则执行某一指定程序段，否则，跳过程序代码，执行后面的代码，如图 5-2 所示。

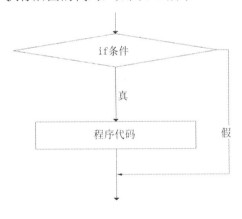

图 5-2　if 语句结构

if 语句格式如下：

```
if (条件)
{
    语句
}
```

 　　if 语句有时候很特殊，一个变量可以作为条件，一个定义语句或赋值语句也可以作为条件，因为 C++表达式大多数是有值的，有值表达式都可以作为条件。

下面通过一个实例来说明 if 条件的使用方法。

【例 5-2】if 判断语句(代码 5-2.txt)

新建名为 tjtest 的 C++ Source File 源程序。源代码如下：

```cpp
#include <iostream>
using namespace std;
void main()
{
    int a;
    cout<<"请输入变量 a 的值"<<endl;
    cin>>a;
    if(a>0)
        cout<<"变量 a 是正数"<<endl;
    system("pause");
}
```

【代码剖析】

首先，在主程序中，定义了 int 型变量 a，从屏幕上输入变量 a，通过 if 语句判断 a 是否大于 0，如果 a 大于 0，则在屏幕上输出"变量 a 是正数"。

运行结果如图 5-3 所示。

在本例中可以看出，输入数字 120，程序通过 if 语句判断 120>0，满足该条件，则输出"变量 a 是正数"。

图 5-3　使用 if 判断语句

5.2.2　if-else 条件

if-else 的意思就是，判断 if 后面的条件表达式是否为真，如果表达式为真，则执行分支语句 1，如果条件表达式为假，则执行分支语句 2，如图 5-4 所示。

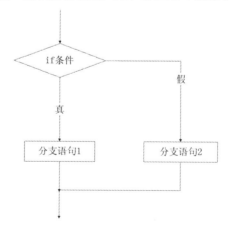

图 5-4　if-else 语句结构

if-else 的语法格式如下：

```
if (条件)
{
分支语句 1
}
else
{
 分支语句 2
}
```

 提示　　多个 if 语句嵌套 else 的情况下，C++规定，else 和最近的 if 匹配。

下面通过一个实例来说明如何使用 if-else。

【实例 5-3】if-else 语句(代码 5-3.txt)。

新建名为 ifetest 的 C++ Source File 源程序。源代码如下：

```cpp
#include <iostream>
using namespace std;
int  main()
{
    int num;
    cout << "请输入一个整数:";
    cin >> num;
    if((num % 2) == 0)
        cout << num << "是一个偶数。" << endl;
    else
        cout << num << "是一个奇数。" << endl;
    system("pause");
    return 0;
}
```

【代码剖析】

这个程序，首先定义了一个 int 型变量 num，从屏幕上输入 num 值。使用 if 条件判断，如果 num 被 2 整除 0，则输出该数为偶数，否则输出为奇数。

运行结果如图 5-5 所示。

从结果来看，输入一个数值为 122。因为 122 除以 2 余数为 0，所以，在屏幕上输出该数为偶数。

图 5-5　使用 if-else 语句

5.2.3　条件运算符

if 语句在某些情况下，可以简化为条件运算符形式 "?:"。

语法格式如下：

(条件) ? 表达式 1 ：表达式 2

如果条件为真，则执行表达式 1，否则执行表达式 2。

> **提示** 条件运算符的优先级比较低，所以整个条件要带上括号。

下面通过一个实例来说明条件运算符的使用方法。

【例 5-4】使用条件运算符(代码 5-4.txt)。

新建名为 smtest 的 C++ Source File 源程序。源代码如下：

```cpp
#include <iostream>
using namespace std;
int main()
{
    int a,b,c;
    cout << "请输入两个整数(用空格分开): " ;
    cin >> a >> b;
    c = (a > b)? a : b;
    cout << c << "大" << endl;
    system("pause");
    return 0;
}
```

【代码剖析】

在这个例子中，首先定义了 int 型变量 a、b、c，通过 cin 语句输入 a 和 b 的值。通过条件判断表达式给 c 赋值为 a 和 b 中较大的值，然后输出 c 值，即 a 和 b 中的较人值。

运行结果如图 5-6 所示。

图 5-6　使用条件运算符

从结果来看，通过条件运算符实现了对输入的两个数 a 和 b 比较大小。

5.3　循 环 语 句

本节介绍控制语句中的循环语句。在编写代码过程中，有些代码需要重复执行，这就要用到循环语句。每种循环语句都有以下 4 个要素。

(1) 循环变量的初始化，也就是定义循环变量。它属于循环语句的非必要元素，可以使用其他已经定义好的变量来代替。

(2) 循环条件的初始化，循环条件的最终结果是数字。

(3) 改变循环变量/条件的值，在每次循环中都会执行的部分。

(4) 定义循环的实际目的。

5.3.1 for 循环

for 循环是 C++中使用最频繁的循环语句，它需要在最初就指定循环次数。

for 循环的语法格式如下：

```
for(条件初始化;条件;条件改变)
{
    循环执行的语句;
}
```

其中，for 是关键字，"循环执行的语句"是循环体，它可以是复合语句或者单条语句。

for 循环执行的过程如下。

(1) "条件初始化"的表达式首先被执行(并且只被执行一次)。

(2) 然后程序检查"条件"是否成立，如果成立就执行循环体中的语句，否则直接结束循环。

(3) 执行完一遍循环体中的语句以后，程序执行"条件改变"语句。

for 语句中的花括号包括循环体，它可以由若干条语句组成，当循环体中的语句只有一条时，外面的大括号可以省略。

下面通过一个实例来说明 for 循环的使用方法。

【例 5-5】for 循环(代码 5-5.txt)。

新建名为 fortest 的 C++ Source File 源程序。源代码如下：

```cpp
#include <iostream>
using namespace std;
int main()
{
    int sum = 0;
    int i;
    for( i=1; i <= 1000;i++)
    {
        sum += i;
    }
    cout << "sum=" << sum<< endl;
    system("pause");
    return 0;
}
```

【代码剖析】

在这个例子中，首先定义 int 型变量 sum 并赋值为 0，定义 int 型变量 i，调用 for 循环，将从 1 到 1000 的整数相加，最后赋值给 sum，并输出 sum 的值。

运行结果如图 5-7 所示。

从结果来看，程序先执行条件初始化语句 i=1，接着判断条件 i <= 1000，显然此时该条件成立，于是程

图 5-7 使用 for 循环

序执行循环体内的语句"sum += i;"，然后执行改变条件因子的语句"i++;"；此时 i 值变为 2，程序再次判断条件 i <= 1000，依然成立，于是开始第二遍循环……

5.3.2 while 循环

while 在 C++中的含义是：当满足 while 后面的条件时，则不断重复执行循环语句，直到不满足 while 条件时，跳出循环。

while 语法格式如下：

```
while(条件)
{
循环执行的语句;
}
```

while 是关键字，"循环执行的语句"是循环体，它可以是一条语句或者复合语句。当"条件"为真时，开始执行 while 循环体中的语句；之后反复执行，每次执行都会判断条件是否为真，如果为真，继续执行，否则跳出循环。

 当 while 条件是 1(或 true)时，这是一个常量，不因其他条件而改变，所以它是无限循环形式。

下面通过一个实例来说明如何使用 while 循环。

【例 5-6】while 循环(代码 5-6.txt)。

新建名为 whiletest 的 C++ Source File 源程序。源代码如下：

```cpp
#include <iostream>
using namespace std;
int main()
{
    int sum = 0;     //变量 sum 将用于存储累加和，将它初始化为 0，这很重要
    int i = 1;       //i 是每次要加的数，它从 1 开始
    while ( i<= 500)
    {
        sum += i;
        i++;
    }
    //输出累加结果
    cout << "1 到 500 的累加和为: " << sum << endl;
    system("pause");
    return 0;
}
```

【代码剖析】

在该例中，首先定义 int 型变量 sum 并赋值为 0，定义 int 型变量 i；调用 while 循环，将从 1 到 500 的数相加，最后赋值给 sum，并输出 sum 的值。

运行结果如图 5-8 所示。

从整个示例来看，sum 初始值为 0，然后在每

图 5-8　使用 while 循环

一遍的循环里，它都加上 i，而 i 每次都在被加后增加 1。最终 i 递增到 501，此时超过 500，这个循环也将停止。

5.3.3　do-while 循环

while 循环是在循环开始时就判断条件，而 do-while 循环是将循环的条件放在循环结构后面。也就是说，就算条件一开始就不成立，循环也要被执行一次。

do-while 循环的语法格式如下：

```
do
{
  循环执行的语句;
}
while(条件);
```

其中，do 和 while 都是关键字，"循环执行的语句"是循环体，它可以是一条语句也可以是复合语句。当语句执行到 while 时，判断"条件"是否为真，如果为真，继续执行循环体，否则跳出循环。

 使用 do-while 的风格与 for 和 while 差别较大。在程序中，do-while 循环使用得越来越少，大多可以使用 for 和 while 代替。

下面讲述一个实例，使用 do-while 来实现重复从键盘读值，并输出它的平方，直到该值为 100。

【例 5-7】do-while 循环(代码 5-7.txt)。

新建名为 dowtest 的 C++ Source File 源程序。源代码如下：

```
#include <iostream>   //是指标准库中输入输出流的头文件, cout 就定义在这个头文件里
using namespace std;
int main()
{
    int i = 0; //i 是每次输入的整数
    do
    {
        cout<<"输入整数值: ";
        cin>>i; //输入 i 值
        cout<<"i 的平方等于: "<<i*i<<endl;      //输出 i 的平方
    }
    while(i!=100);  //当 n=100 时退出
    system("pause");
    return 0;
}
```

【代码剖析】

在该例中，当从键盘输入 10 时，这时 i 的值为 10，先执行 do-while 循环语句，再判断 i 是否为 100，i 为 10 不为 100，条件满足则继续循环，依次类推，直到输入为 100 时，循环结束。

运行结果如图 5-9 所示。

图 5-9　使用 do-while 循环

从结果来看，从键盘上输入任意 1 个数，按 Enter 键即可计算它的平方并输出。当输入的数字为 100 时，程序计算输出结果后即会结束。

5.4　多重选择——switch 语句

if 语句用来处理两个分支。处理多个分支时需要使用 if-else-if 结构。如果分支较多，则嵌套的 if 语句层就越多，程序不但庞大而且理解起来也比较困难。深层嵌套的 else-if 语句往往在语法上是正确的，但逻辑上没有正确地反映程序员的意图。

C/C++语言又提供了一个专门用于处理多分支结构的条件选择语句——switch 语句，又称开关语句，它可以很方便地来实现深层嵌套的 if/else 逻辑。

switch 的语法格式如下：

```
switch(表达式)
{
    case 常量表达式1:
        语句1;
        break;
    case 常量表达式2:
        语句2;
        break;
    ......
    case 常量表达式n:
        语句n;
        break;
    default:
        语句n+1;
        break;
}
```

提示　　　各个 case 的出现顺序可以任意，每个 case 分支都有 break 的情况下，case 次序不影响执行结果。需要注意的是："常量表达式"的值的类型必须是字符型或整型。

其中，switch、case 和 break 都是关键字。

C++中的 switch-case 语句的执行流程是：首先计算 switch 后面圆括号中"表达式"的值，然后用此值依次与各个 case 的"常量表达式"比较。若圆括号中表达式的值与某个 case

后面的常量表达式的值相等，就执行此 case 后面的语句，执行后遇 break 语句就退出 switch 语句；若圆括号中表达式的值与所有 case 后面的常量表达式都不相等，则执行 default 后面的语句，然后退出 switch 语句，程序流程转向开关语句的下一个语句。

【例 5-8】使用 switch 语句(代码 5-8.txt)。

新建名为 switchtest 的 C++ Source File 源程序。源代码如下：

```cpp
#include <iostream>
using namespace std;
int main()
{
    int score = 0;
    int level = 0;
    cout << "输入考试分数: ";
    cin >> score;
    level = score/10;
    switch(level) {
    case 10:
    case 9:
    cout << "得A" << endl;
    break;
    case 8:
    cout << "得B" << endl;
    break;
    case 7:
    cout << "得C" << endl;
    break;
    case 6:
    cout << "得D" << endl;
    break;
    default:
    cout << "得E(不及格)" << endl;
    }
    system("pause");
    return 0;
}
```

【代码剖析】

在该例中，定义了两个 int 型变量 level 和 score，变量 level 和 score 全部赋值为 0；通过 cin 输入 score，level 赋值为 score/10；通过 switch 判断，若分数的等级是 9 或 10 则为 A 等，若等级为 8 则为 B 等，若等级为 7 则为 C 等，若等级为 6 则为 D 等，其余的都评为 E 等。

运行结果如图 5-10 所示。

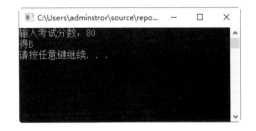

图 5-10　使用 switch 语句

从运行结果来看，从屏幕上输入分数为 80，则 level=80/10=8；在 switch 中，执行 case 8 后面的 cout 语句，执行完 cout 语句后，调用 break，退出整个的 switch 循环。

5.5 跳出循环

在循环过程中，如果有特殊需要，如何立即跳出循环呢？下面介绍如何跳出循环。

5.5.1 continue 语句

continue 中文意思为"继续"。当程序执行到 continue 语句时，就会停止当前这一遍循环，不再执行 continue 后面的语句，然后直接尝试下一遍循环。

很多时候，continue 并不是必需的，很多情况下是为了表示程序逻辑上的清晰性。

下面通过一个实例来说明 continue 的作用。

【例 5-9】使用 continue 语句(代码 5-9.txt)。

新建名为 continuetest 的 C++ Source File 源程序。源代码如下：

```cpp
#include <iostream>
using namespace std;
int main()
{
    for(int i=1;i<=20;i++)
    {
        if(i%2!=0)
        {
            continue;
        }
        cout<<i<<endl;
    }
    system("pause");
    return 0;
}
```

【代码剖析】

在该例中，使用 for 循环输出 1~20 的整数，如果 i 不能被 2 整除，则调用 continue 跳出当前循环，进入下一次循环，直到整个循环结束。

运行结果如图 5-11 所示。

从运行结果来看，该程序是将 1~20 的偶数输出。当 i=1 时，判断 1 不能被 2 整除，则调用 continue，不输出。进入下一个循环，i=2，可以被 2 整除，调用 cout 把 2 输出。进入下一个循环，直到循环结束，将偶数全部输出。

图 5-11　使用 continue 语句

5.5.2 break 语句

break 可以在循环和 switch 中使用。程序执行到 break 语句时，如果 break 在循环中出现，则跳出当前层次的循环(只能跳出一层)，继续执行循环外的语句。如果在 switch 语句中出现，则结束 switch 语句，继续执行 switch 语句之后的语句。

 break 只是跳出当前循环，如有多层循环需要跳出，需要借助每层循环外的额外条件判断。

下面通过一个实例来说明 break 的特性。

【例 5-10】使用 break 语句(代码 5-10.txt)。

新建名为 breaktest 的 C++ Source File 源程序。源代码如下：

```cpp
#include <iostream>
using namespace std;
int main()
{
    int i = 1, j, m = 0;
    while (i <3) {
        for (int j = 1;j <= 10; j++)
        {
            cout << "请输入一个整数 ： ";
            cin >> m;    //从键盘输入值赋给变量 m
            if (m < 0)   //若 m 是负数，则退出循环
                break;
            cout << m << endl;
        }
        i++;
    }
    system("pause");
    return 0;
}
```

【代码剖析】

在该例中，break 语句只是跳出当前的循环语句，对于嵌套的循环语句，break 语句的功能是从内层循环跳到外层循环。如果输入的整数小于 0，则执行 break 语句，程序立即终止 for 循环语句，并转向 for 循环语句的下一个语句，即 while 循环体中的 i++语句，继续执行 while 循环语句。

运行结果如图 5-12 所示。

图 5-12　使用 break 语句

从运行结果来看，当输入 100 时，则输出 100，当输入-10 时，则跳出 for 循环。当输入两次负数后，则结束 while 循环。

5.5.3　goto 语句

goto 语句的作用是使程序执行分支转移到被称为"标号"(label)的目的地。使用 goto 语句时，标号的位置必须在当前函数内。也就是说，不能使用 goto 从 main 转移到另一个函数的标号上，反过来也不可以。

下面通过一个实例来说明 goto 语句的特性。

【例 5-11】使用 goto 语句(代码 5-11.txt)。

新建名为 breaktest 的 C++ Source File 源程序。源代码如下：

```cpp
#include <iostream>
using namespace std;
int main()
{
    int i = 1;
    bb:          //标记 bb 标号
    cout <<i++ <<endl;
    if (i < =10)  //若 m 值不大于 10，则转向 bb 标号处开始执行程序
        goto bb;
    cout << endl;
    system("pause");
    return 0;
}
```

【代码剖析】

在该例中，使用 goto 语句对程序运行进行了转向。在代码中标记了一个位置(bb)，后面使用"goto bb;"来跳转到这个位置。

运行结果如图 5-13 所示。

从运行结果来看，程序在运行时，会先输出 i 的初值 1，然后跳转回 bb 标号处，在值上加 1 后再输出，即 2，直到不再满足"i<=10"的条件就会停止循环，然后运行"cout<<endl;"结束。

图 5-13 使用 goto 语句

5.6 实战演练——流程控制综合应用

1. 计算运费

运输公司要对用户计算运费，假设每吨每公里的价格为 p，货物重量为 w，路程为 s，折扣为 d，其运费计算标准如表 5-1 所示。

表 5-1 运费计算标准

路　　程	折　　扣
s<250	d=0
250≤s<500	d=0.02
500≤s<1000	d=0.05
1000≤s<2000	d=0.08
2000≤s<3000	d=0.10
s≥3000	d=0.15

要求根据输入的 p、w、s 以及相应的折扣，计算出总运费 f。

(1) 使用 if-else 实现上述效果。代码如下：

```cpp
#include <iostream>
using namespace std;
int main()
{
    float p,w,s,d,f;
    cout<<"输入运费单价，货物重量，路程";
    cin>>p>>w>>s;
    if(s<250)  d=0;
    else if(s<500)  d=0.02;
    else if(s<1000) d=0.05;
    else if(s<2000) d=0.08;
    else if(s<3000) d=0.10;
    else d=0.15;
    f=p*w*s*(1-d);
    cout<<"运费单价="<<p<<"  "<<"货物重量="<<w<<"  "
        <<"路程="<<s<<"  "<<"折扣="<<d<<endl;
    cout<<"总运费="<<f<<endl;
    system("pause");
    return 0;
}
```

【代码剖析】

在该例中，定义了 5 个 float 型变量，分别代表单价、重量、路程、折扣和总运费，输入单价、重量和路程，根据路程判断折扣，根据得到的折扣计算出总运费 f，把总运费 f 输出。

运行结果如图 5-14 所示。

从运行结果来看，从屏幕上输入单价、重量和路程，使用 if-else 根据不同的路程得到折扣，最后计算出费用。在本例中，灵活使用了 if-else 来实现不同路径长度产生不同的折扣。

图 5-14 使用 if-else

(2) 使用 switch-case 实现上述效果。代码如下：

```cpp
#include<iostream>
using namespace std;
int main()
{
    int c;
    float p,w,s,d,f;
    cout<<"输入运费单价，货物重量，路程";
    cin>>p>>w>>s;
    if(s<250)  c=0;
    if(s>3000) c=12;
    else c=s/250;
    switch(c)
    {
    case 0: d=0;break;
    case 1: d=0.02;break;
    case 2:
    case 3: d=0.05;break;
    case 4:
```

```
case 5:
case 6:
case 7: d=0.08;break;
case 8:
case 9:
case 10:
case 11: d=0.10;break;
case 12: d=0.15;break;
}
f=p*w*s*(1-d);
cout<<"运费单价="<<p<<" "<<"货物重量="<<w<<" "
    <<"路程="<<s<<" "<<"折扣="<<d<<endl;
cout<<"总运费="<<f<<endl;
system("pause");
return 0;
}
```

【代码剖析】

在该例中，定义了 5 个 float 型变量，分别代表单价、重量、路程、折扣和总运费，输入单价、重量和路程，根据路程判断折扣，根据得到的折扣计算出总运费 f，把总运费 f 输出。

运行结果如图 5-15 所示。

从运行结果来看，从屏幕上输入单价、重量和路程，使用 switch-case 根据不同的路程得到

图 5-15　使用 switch-case

折扣，最后计算出费用。在本例中，灵活使用了 switch-case 来实现不同路径长度产生不同的折扣。

2. 计算 e 的值

e 是自然对数的底，它和π一样是数学中最常用的无理数常量。其近似值的计算公式为：

$$e=1+1/1!+1/2!+1/3!+\cdots+1/n!+r$$

当 n 充分大时，这个公式可以计算任意精度 e 的近似值。为了保证误差 r<ε，只需要 1/(n-1)! (＞r)<ε。源代码如下：

```
#include<iostream>
using namespace std;
void main()
{
    const double eps=0.1e-10;
    int n=1;
    float e=1.0,r=1.0;
    do // 开始do循环。循环条件由后面的while中的表达式值确定
    {
        e+=r;
        n++;
        r/=n;
    }
    while(r>eps);
    cout<<"The approximate Value of natural logarithm base is: ";
```

```
        cout<<e<<endl;
        system("pause");
}
```

【代码剖析】

在该例中，定义了常量 eps、int 型变量 n、float 型变量 e 和 r，使用 do 循环计算 e=1+1/1!+1/2!+1/3!+…+1/(n−1)!+r，直到误差小于 eps 后该循环结束，把计算所得结果输出。

运行结果如图 5-16 所示。

图 5-16　计算 e 的值

从运行结果来看，根据设定的 eps 把结果计算出来。在使用 do-while 循环时，是先执行 do 循环中的语句，执行完之后再判断条件是否符合下面需要执行的条件，如果条件符合，则继续循环，否则退出循环。

5.7　大 神 解 惑

疑问 1　do-while 和 while 有什么区别？

对于 do-while，当流程到达 do 后，立即执行循环体语句，然后对条件表达式进行判断。若条件表达式的值为真(非 0)，则重复执行循环体语句，否则退出。即"先执行后判断"方式。

while 语句是先判断后执行，有可能一次都不执行循环体。

do-while 结构与 while 结构中都有一个 while 语句，很容易混淆。为明显区分它们，do-while 循环体即使是一个单语句，习惯上也使用花括号包围起来，并且 while(表达式)直接写在花括号"}"的后面。这样的书写格式可以与 while 结构清楚地区分开来。

疑问 2　条件语句如何嵌套？如何匹配 else 子句？

if 语句中的执行语句又是 if 语句，就构成了 if 语句嵌套的情形。

其一般形式可表示如下：

```
if(表达式)
    if 语句;
```

或者为：

```
if(表达式)
    if 语句;
else
    if 语句;
```

在嵌套内的 if 语句可能又是 if-else 型的,这将会出现多个 if 和多个 else 重叠的情况,这时要特别注意 if 和 else 的配对问题。

例如:

```
if(表达式1)
if(表达式2)
    语句1;
else
    语句2;
```

其中的 else 究竟是与哪一个 if 配对呢?

应该理解为:

```
if(表达式1)
  if(表达式2)
    语句1;
  else
    语句2;
```

还是应理解为:

```
if(表达式1)
    if(表达式2)
        语句1;
else
    语句2;
```

为了避免这种二义性,C++语言规定,else 总是与它前面最近的 if 配对,因此对上述例子应按前一种情况理解。

疑问 3   switch 语句的执行顺序是什么?

switch 中 case 后语句是自上而下执行的,遇到 break 才会跳出 switch。

5.8   跟我学上机

练习 1:创建一个程序,提示用户输入一个 1~100 的整数,使用 if 语句判断该整数是否在设定的范围之内,如果是,再判断整数是否大于、小于或等于 50。

练习 2:创建一个程序,功能是把两个输入的数从小到大输出。例如,从键盘中输入 30 和 14,则按从小到大的顺序输出为 14 和 30。

练习 3:创建一个程序,功能是输出 1~50 之间的奇数。

第 II 篇

核 心 技 术

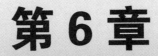

第 6 章

C++的灵魂——
函数的应用

在 C++语言中，对于经常使用的代码，用户可以封装起来，在使用的时候直接调用，这就是函数。本章带领读者学习如何使用函数，了解函数的结构，掌握如何创建一个函数，能够理解函数的运行流程。掌握一种特殊的函数——递归函数，并且能够理解和熟练使用函数的重载，在代码编写过程中熟练使用函数的重载功能。

本章要点(已掌握的在方框中打钩)

☐ 掌握函数的声明、定义和调用方法。

☐ 掌握传递函数参数的方式。

☐ 理解变量的作用域。

☐ 掌握递归调用的使用方法。

☐ 理解什么是内联函数。

☐ 理解预处理器的工作原理。

☐ 掌握函数重载的方法。

☐ 理解汉诺塔问题函数。

6.1　函数的基本结构

函数是什么？函数在程序中就是具备某些功能的一段相对独立的、可以被调用的代码。函数可以被一个函数调用，也可以调用另一个函数，它们之间可以存在着调用上的嵌套关系。

函数就是对复杂问题的一种"自顶向下，逐步求精"思想的体现。编程者可以将一个大而复杂的程序分解为若干个相对独立而且功能单一的小块程序(函数)进行编写，并通过在各个函数之间进行调用来实现总体的功能。

6.1.1　函数的声明、定义和调用

声明是告诉编译器一些信息，以协助编译器进行语法分析，避免编译器报错。而定义是告诉编译器生成一些代码，并且这些代码将由连接器使用。即声明是给编译器用的，定义是给连接器用的。

在 C++程序中调用函数之前，首先要对函数进行定义。

函数的定义如下：

```
返回类型 函数名(参数)
{
    函数体
    return 结果;
}
```

(1) 返回类型。指数据类型，如 int、float、double、bool、char、void 等，表示所返回结果的类型。如果是 void，则表示该函数没有结果返回。

(2) 函数名。函数名是一个有效的 C++标识符，其后面需要加"()"，用以区别变量名以及其他标识名。函数名命名规则和变量命名一样，注意要能够表达出正确的意义。如果说一个变量命名重在说明它"是什么"的话，则一个函数重在说明它要"做什么"。

如果调用此函数在前，函数定义在后，就会产生编译错误。为了使函数的调用不受函数定义位置的影响，可以在调用函数前进行函数的声明。这样，不管函数是在哪里定义的，只要在调用前进行函数的声明，就可以保证函数调用的合法性。

声明一个函数的格式如下：

```
返回类型 函数名(函数参数定义)
```

在 C++中，除了主函数 main 由系统自动调用外，其他函数都是由主函数直接或间接调用的。函数调用的语法格式如下：

```
函数名(实际参数表);
```

其中的"实际参数表"是与"形参"相对应的，是实际调用函数时所定义的变量、常量或者表达式。

常见的函数调用方式有下列两种。

(1) 将函数调用作为一条语句使用，只要求函数完成一定的操作，而不使用其返回值。若函数调用带有返回值，则这个值将会自动丢失。

(2) 对于具有返回值的函数来说，把函数调用语句看作语句一部分，使用函数的返回值参与相应的运算或执行相应的操作。

如图 6-1 所示为函数调用的示意图。

 提示 　函数的调用是可重复的，其结果不随调用的时间和地点的不同而改变。

下面通过一个实例来学习如何定义和调用函数。

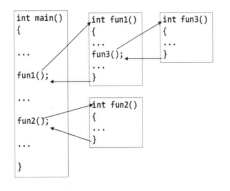

图 6-1 函数调用示意图

【**例 6-1**】函数的定义(代码 6-1.txt)。

新建名为 hstest 的 C++ Source File 源程序。源代码如下：

```cpp
#include <iostream>
using namespace std;
int my_max(int x, int y)
{
    if (x>y) return x;
    else return y;
}
int main()
{
    int m, n;
    cout << "请输入 m 和 n 的值: " ;
    cin >> m >> n;
    cout << "max(" << m <<"," << n <<")=" << my_max(m,n) << endl;
    system("pause");
    return 0;
}
```

【**代码剖析**】

在程序中，定义了一个 my_max 函数，该函数的作用是比较参数 x 和 y 的大小，将 x 和 y 中较大的数作为返回值。在主程序中，首先从屏幕上输入 x 和 y，再调用 my_max 函数，将 x 和 y 中较大数值输出。

运行结果如图 6-2 所示。

图 6-2 定义函数

在本例中，在屏幕上输入两个数 2018 和 2028，主程序以 2018 和 2028 作为参数调用 my_max 函数，返回 2018 和 2028 中较大的值，并且输出。

6.1.2 参数的传递方式

上一节介绍了如何定义和调用函数。想必大家都注意到了，在调用函数时，在函数名后面都有一个调用这个函数的参数。在 C++中，参数的传递方式有两种：一种称为值传递；另一种称为地址传递或引用传递。

1. 值传递

所谓的值传递，是指当一个函数被调用时，C++根据形参的类型、数量等特征将实参一一对应地传递给函数，在函数中调用。

在值传递的过程中，形参只在函数被调用时才分配存储单元，调用结束即被释放。实参可以是常量、变量、表达式、函数(名)等，但它们必须有确定的值，以便把这些值传送给形参。实参和形参在数量、类型、顺序上应严格一致。传递时是将实参的值传递给对应的形参，即单向传递。

函数并不对传递的实参进行操作，即使形参的值发生了变化，实参的值也不会随着形参的改变而改变。

【例 6-2】值传递(代码 6-2.txt)。

新建名为 zcdtest 的 C++ Source File 源程序。源代码如下：

```cpp
#include <iostream>
using namespace std;
void swap(int,int);
void main()
{
    int a=2018,b=8686;
    cout<<"a="<<a<<",b="<<b<<endl;
    swap(a,b);
    cout<<"a="<<a<<",b="<<b <<endl;
    system("pause");
}
void swap(int x,int y)
{
    int t=x;
    x=y;
    y=t;
}
```

【代码剖析】

在主程序中，首先声明了 swap 函数，定义了变量a 和 b，分别赋值为 2018 和 8686，输出 a 和 b 的结果；调用 swap 函数交换 a 和 b 的值，再输出 a 和 b 的结果。在程序的最后，定义了 swap 函数，该函数将两个参数的值对调。

图 6-3　值传递

运行结果如图 6-3 所示。

在本例中，从运行结果来看，在函数调用前后 a 和 b 的值都没有改变。首先，给对应的形参变量分配一个存储空间，该空间的大小等于 int 类型的长度，然后把 a 和 b 的值一一存入到为 x 和 y 分配的存储空间中，成为变量 x 和 y 的初值，供被调用函数执行时使用。这种方式中被调用函数本身不对实参进行操作，也就是说，即使形参的值在函数中发生了变化，实参的值也完全不会受到影响，仍为调用前的值。所以，调用函数前后，a 和 b 的值没有改变。

2. 引用传递

地址传递就是将函数的参数定义为指针类型，在调用该函数时就必须传递一个地址参数给函数。

引用传递的作用就是在改变形参值的同时改变实参的值。引用是特殊类型的变量，可看作是变量的别名，引用的声明要使用符号"&"。

【例 6-3】引用传递(代码 6-3.txt)。

新建名为 yytest 的 C++ Source File 源程序。源代码如下：

```cpp
#include <iostream>
using namespace std;
void swap(int &,int &);
void main()
{
    int a=3,b=4;
    cout<<"a="<<a<<",b="<<b<<endl;
    swap(a,b);
    cout<<"a="<<a<<",b="<<b <<endl;
    system("pause");
}
void swap(int &x,int &y)
{
    int t=x;
    x=y;
    y=t;
}
```

【代码剖析】

在主程序中，首先声明了一个 swap 函数，该函数的参数传递的是两个变量的引用。在主程序中，定义了变量 a 和 b，分别赋值为 3 和 4，输出 a 和 b 的结果；再调用函数 swap 交换 a 和 b 的值，再输出 a 和 b 的结果。在程序的最后，定义了 swap 函数，该函数将两个参数的值对调。

运行结果如图 6-4 所示。

在本例中，a 和 b 在调用 swap 函数后值已经互换了。以引用作为参数，既可以使得对形参的

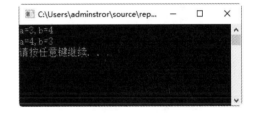

图 6-4　引用传递

任何操作都能改变相应的实参的值，又使函数调用显得方便和自然。

6.1.3　函数的默认参数

C++允许在函数定义时给一个或者多个默认参数赋值。在调用该函数时，如果给出实参，则采用实参值；如果没有给定实参值，则调用默认参数值。

提示　　默认参数只可在函数声明中设定一次。只有在没有函数声明时，才可以在函数定义中设定。

函数默认参数的特点就是在调用时可以不提供或提供部分实参。

下面通过一个实例来看看默认参数的使用。

【例 6-4】默认参数(代码 6-4.txt)。

新建名为 mrcstest 的 C++ Source File 源程序。源代码如下：

```cpp
#include <iostream>
using namespace std;
int add(int x=5, int y=6)
{
    return x+y;
}
int main()
{
    int i;
    i=add(10,20);  //10+20
    cout<<"i="<<i<<endl;
    i=add();   //5+6
    cout<<"i="<<i<<endl;
    i=add(10);   //10+6
    cout<<"i="<<i<<endl;
    system("pause");
}
```

【代码剖析】

这个程序，首先定义了一个 add 的函数，函数功能是将两个参数相加的结果返回。在定义函数时，使用了默认参数，默认 x 的值为 5，y 的值为 6。如果没有参数录入，则调用默认函数。在 main 函数中，首先定义了变量 i，调用 add 函数，参数分别是 10 和 20，将 add 函数的调用结果赋值给 i，将 i 输出；调用 add 函数，没有参数，即默认参数分别是 5 和 6，将 add 函数的调用结果赋值给 i，将 i 输出；调用 add 函数，只有一个参数 10，将 add 结果赋值给 i，将 i 输出。

图 6-5　使用默认参数

运行结果如图 6-5 所示。

从结果来看，当输入参数为 10 和 20 时，add 函数就按照输入参数计算，结果就是 30；第二次调用 add 函数时，没有输入参数，就按照默认参数 5 和 6 计算，那么结果就是 11；第三次调用 add 函数时，输入一个参数 10，第二个参数就取默认参数 6，最后结果就是 16。

6.1.4　函数的返回值

在 C++中，函数通过 return 语句返回值，如 return x。若没有返回值，可以不写 return 或写不带表达式的 return。

函数是一个计算单位，它可以返回值，也可以不返回值而进行一系列计算。

C++函数的返回值分为以下几种情况。

(1)　主函数 main 的返回值。如果返回 0，则表示程序运行成功。

(2)　返回非引用类型。函数的返回值用于初始化在调用函数时创建的临时对象。用函数返回值初始化临时对象与用实参初始化形参的方法是一样的。如果返回类型不是引用，在调用函数的地方会将函数返回值赋给临时对象。且其返回值既可以是局部对象，也可以是求解表达式的结果。

(3)　返回引用。当函数返回引用类型时，没有复制返回值。相反，返回的就是对象本身。

6.2　变量的作用域

上一节介绍了函数的基本知识，了解了函数的使用。那么，在调用函数的过程中，在函数中使用的各种变量的作用范围是多大呢？下面来介绍函数中变量的作用域。

作用域规则告诉一个变量的有效范围，它在哪儿创建，在哪儿销毁(也就是说超出了作用域)。变量的有效作用域从它的定义点开始，到和定义变量之前最邻近的开括号配对的第一个闭括号。也就是说，作用域由变量所在的最近一对括号确定。

6.2.1　局部变量

局部变量是指限制在某一范围内使用的变量。局部变量经常被称为自动变量，因为它们在进入作用域时自动生成，采用堆栈方式分配内存空间，离开作用域时，释放内存空间，值也自动消失。关键字 auto 可以显式地说明这个问题，但是局部变量默认为 auto，所以没有必要声明为 auto。

下面通过一个实例来说明局部变量的作用域。

【例 6-5】局部变量作用域(代码 6-5.txt)。

新建名为 jbbltest 的 C++ Source File 源程序。源代码如下：

```
#include <iostream>
using namespace std;
void t1();
void main()
{
    t1();
    t1();
    system("pause");
}
void t1()
{
    int y = 1;
    y++;
    cout<<"y is "<<y<<endl;
}
```

【代码剖析】

在这个例子中，声明了函数 t1，接下来在主程序中两次调用了 t1；然后定义了函数 t1，在该函数中，首先定义 int 型变量 y，赋值为 1；然后 y 自加 1，最后将 y 的结果输出。

运行结果如图 6-6 所示。

从结果来看，两次输出的 y 的结果是一致的。由于 y 是局部变量，第一次调用后，值变为 2，此次调用后，y 被销毁，当再次调用时 y 再次被初始化为 1，然后变为 2。

图 6-6　使用局部变量

6.2.2　静态局部变量

静态变量也是一种局部变量，在变量前面加上关键字 static，那么这个变量就被定义为静态变量。

通常，在函数中定义的局部变量在函数作用域结束时释放掉内存空间，那么该变量也就随之消失了。当再次调用该函数的时候，会重新初始化局部变量，之后才可以使用。静态变量与局部变量的不同之处在于，只要程序一直在执行，那么静态变量定义的值就一直有效，不会随着函数的结束而消失。主要原因是，静态变量在内存中存放是有固定地址的，而不像局部变量一样使用堆栈方式存取。

下面通过一个实例来说明静态局部变量的作用域。

【例 6-6】静态局部变量(代码 6-6.txt)。

新建名为 jtjbtest 的 C++ Source File 源程序。源代码如下：

```cpp
#include <iostream>
using namespace std;
void t1();
void main()
{
    t1();
    t1();
    system("pause");
}
void t1()
{
    static int x  = 1;//声明一个局部变量
    x++;
    cout<<"x is "<<x<<endl;
}
```

【代码剖析】

在这个例子中，首先声明了函数 t1，在主程序中两次调用了 t1；最后，定义了函数 t1，在该函数中，定义了 int 型静态局部变量 x 并赋值为 1，x 自加 1 后将 x 的结果输出。

运行结果如图 6-7 所示。

从结果来看，两次输出的 x 的结果分别是 2

图 6-7　使用静态局部变量

和 3，第一次调用 t1 函数后 x 变为 2，第二次调用 t1 函数时，x 在内存中保存的值就是 2，x

自加 1 后变为 3，即再次调用静态局部变量时，会跳过原来初始化动作。

6.2.3 外部变量

extern 告诉编译器存在着一个变量和函数，即使编译器在当前的文件中没有看到它，这个变量或函数可能在一个文件或者在当前文件的后面定义。例如 extern int i，编译器会知道 i 肯定作为全局变量存在于某处。当编译器看到变量 i 的定义时，并没有看到别的声明，所以知道它在文件的前面已经找到了同样声明的 i。

当一个变量成为外部变量之后，不必再次为它分配内存就可以引用这个变量了。

下面通过一个实例来说明外部变量的作用域。

【例 6-7】外部变量(代码 6-7.txt)。

新建名为 wbbltest 的 C++ Source File 源程序。源代码如下：

```cpp
#include <iostream>
using namespace std;
int max(int,int);                //函数声明
void main( )
{
    extern int a,b;              //对全局变量 a、b 做提前引用声明
    cout<<max(a,b)<<endl;
    system("pause");
}
int a=15,b=-7;                   //定义全局变量 a、b
int max(int x,int y)
{
    int z;
    z=x>y?x:y;
    return z;
}
```

【代码剖析】

在该例中，首先声明了 max 函数，在主程序中，声明了全局变量 a 和 b，接下来调用 max 函数将 a 和 b 中较大的输出；定义外部变量 a 和 b，分别赋值为 15 和-7；定义 max 函数，求得最大值。

运行结果如图 6-8 所示。

图 6-8　使用外部变量

从整个示例来看，输出结果为 15。在 main 函数后面定义了外部变量 a 和 b，但由于外部变量定义的位置在函数 main 之后，因此如果没有程序的第 6 行，在 main 函数中是不能引用外部变量 a 和 b 的。现在在 main 函数第 6 行用 extern 对 a 和 b 做了提前引用声明，表示 a 和 b 是将在后面定义的变量。这样在 main 函数中就可以合法地使用外部变量 a 和 b 了。如果不做 extern 声明，编译时会出错，系统认为 a 和 b 未经定义。一般都把外部变量的定义放在引用它的所有函数之前，这样可以避免在函数中多加一个 extern 声明。

6.2.4 寄存器变量

使用寄存器变量的目的就是将变量放入寄存器中，从而加快访问速度。使用关键字 register 来声明一个寄存器变量，如果在声明寄存器变量时，系统的寄存器被其他数据占用，寄存器变量就变为了局部变量。

使用 register 变量是有限制的。

(1) 不可能得到或计算 register 变量的地址。

(2) register 变量只能在一个块中声明(不可能有外部的或静态的 register 变量)。然而可以在一个函数中(即在参数表中)使用 register 变量作为一个形式参数。

6.3 特殊函数调用方式——递归调用

在任何一个函数体内不能出现其他函数的定义。但是，在任何一个函数体内可以调用任何函数，包括该函数本身。

在一个函数中，如果直接或者间接地调用函数本身，则称为递归调用，相应的函数称为递归函数。

 在进行递归调用时，被调用函数的数据环境和调用函数的数据环境在结构上是一致的，只是被调用函数和调用函数传递的参数不同而已。

编写一个递归函数，首先得找到递归公式，然后设置初始条件和出口。

(1) 找递推公式(往往是找 f(n)和 f(n-1)之间的关系)。

(2) 递归结束条件。

如：n!=n*(n-1)!(递推公式)。

1！=1(终止条件)。

明确以上两个条件，那就很容易写出代码。

下面通过一个实例来说明如何进行递归调用。

【例 6-8】递归调用(代码 6-8.txt)。

现有一个数列，已知 $a_n=2*a(n-1)+3$，并且 $a_1=1$，求解 a_1 到 a_8 的各项值。把数列问题转化为函数问题，认为 an=f(n)，a(n-1)=f(n-1)······于是 f(n)=2*f(n-1)+3，f(n-1)=2*f(n-1-1)+3······直到 f(1)=1。

新建名为 dgtest 的 C++ Source File 源程序。源代码如下：

```
#include <iostream>
using namespace std;
int f(int n);//看作数列
int main()
{
    for (int i=1;i<=8;i++)
    {
        cout <<"f(" <<i <<")=" <<f(i) <<endl;//输出f(1)到f(8)的值
    }
```

```
    system("pause");
    return 0;
}
int f(int n)
{
    if (n==1)
    {
        return 1;
    }
    else
    {
        return 2*f(n-1)+3;
    }
}
```

【代码剖析】

在该例中，首先声明了一个函数 f。在主函数中，使用 for 循环调用 f(i)，将每个 f 都输出；定义函数 f，如果参数 n 的值为 1，则返回 1，这个是递归调用的出口；如果参数值大于 1，则调用递归函数 2*f(n-1)+3。

运行结果如图 6-9 所示。

从结果来看，f(1)到 f(8)的值全部都计算输出。

图 6-9　递归调用

6.4　内 联 函 数

函数的引入可以减少程序的目标代码，实现程序代码的共享。但是，函数调用也需要一些时间和空间方面的开销，因为调用函数实际上将程序执行流程转移到被调函数中，被调函数的程序代码执行完后，再返回到调用的地方。这种调用操作要求调用前保护现场并记忆执行的地址，返回后恢复现场，并按原来保存的地址继续执行。对于较长的函数，这种开销可以忽略不计，但是对于一些函数体代码很短但又被频繁地调用的函数，就不能忽视这种开销。引入内联函数正是为了解决这个问题，提高程序的运行效率。

在程序编译时，编译器将程序中出现的内联函数的调用表达式用内联函数的函数体来进行替换。由于在编译时将函数体中的代码替代到程序中，因此会增加目标程序代码量，进而增加空间开销，而在时间开销上不像函数调用时那么大，可见它是以目标代码的增加为代价来换取时间的节省。

 在内联函数内不允许用循环语句和开关语句。内联函数的定义必须出现在内联函数第一次被调用之前。

下面通过一个实例来说明如何使用内联函数。

【例6-9】使用内联函数(代码6-9.txt)。

新建名为 inlinetest 的 C++ Source File 源程序。源代码如下:

```cpp
#include <iostream>
#include <string>
using namespace std;
inline string dbtest(int a); //函数原型声明为 inline,即内联函数
void main()
{
    for (int i=1;i<=10;i++)
    {
        cout << i << ":" << dbtest(i) << endl;
    }
    cin.get();
    system("pause");
}
string dbtest(int a)//这里不用再次 inline,当然加上 inline 也是不会出错的
{
    return (a%2>0)?"奇":"偶";
}
```

【代码剖析】

在该例中,首先使用 inline 声明了一个内联函数 dbtest,用来判断参数为奇数还是偶数;在主程序中,使用 for 循环输出 1~10,分别调用 dbtest 函数,将结果输出;定义 dbtest 函数,如果 a 对 2 取模值大于 0,则为奇数,否则为偶数。

运行结果如图 6-10 所示。

从运行结果来看,将 1~10 的奇偶性都输出。在编译时,主程序调用 dbtest 的时候,将 dbtest 的内容

图 6-10 使用内联函数

整个都复制到调用的位置,不需要每次都调用函数,然后返回。虽然浪费了空间开销,但是节省了大量的时间开销。

6.5 预 处 理 器

预处理器是一个独立的程序,在编译器编译程序之前运行。虽然它们不是 C++的一部分,但是扩展了 C++程序设计的环境。这样做的目的是处理指令,这些指令是以#符号开始的,独立占用一行,不能使用分号结束。下面介绍其中的一种,就是宏预处理器#define。

6.5.1 #define 预处理器

#define 是宏定义命令,宏定义具有这样的形式:

```
#define identifier replacement
```

预处理器无论在什么时候遇到了这样的指令,任何出现 identifier 的地方都将被替换成

replacement。标识符通常为大写字母，使用下画线代替空格。

 提示 在写多行的代码 define 时，最好在外层加上 do{}while(0)，效率不会受影响；同时要避免在不加{}的 if 中使用宏的错误。

通过一个实例来说明#define 如何使用。

【例 6-10】使用 define (代码 6-10.txt)。

新建名为 definetest 的 C++ Source File 源程序。源代码如下：

```
#include <iostream>
using namespace std;
#define YEN_PER_DOLLAR  122
void main()
{
    int i=5;
    i=i*YEN_PER_DOLLAR;
    cout<<"i="<<i<<endl;
    system("pause");
}
```

【代码剖析】

在该例中，首先使用宏预处理器定义了 YEN_PER_DOLLAR 为 122；在主程序中，首先定义 int 型变量 i 并赋值为 5，接下来 i 赋值为 "i*宏名"，将 i 的结果输出。

运行结果如图 6-11 所示。

图 6-11 使用 define

从运行结果来看，输出 i 的结果就是 122*5 的结果。这里 YEN_PER_DOLLAR 看起来像一个变量，但它与变量没有任何关系，它只是一个符号或标志，在程序代码编译前，此符号会用 122 来代替。122 不是一个数值，只是一个字符串，不会进行检查。

6.5.2 #define 的作用

通过上一节的介绍认识了#define 预处理器，那么为什么要引入这个预处理器呢？首先，C++允许给一些东西命名为描述性的名字，如数字。

举个例子：

```
int nYen = nDollars * 122;
```

像 122 这样的数字在程序中被称为魔法数字，它在代码中没有任何意义——122 表示什么呢？是转换率还是其他什么呢？它是不明确的。在一些复杂的程序里，通常很难判断一个魔法数字具体代表什么。

下面一小段代码是清晰的：

```
#define YEN_PER_DOLLAR  122
int nYen = nDollars * YEN_PER_DOLLAR;
```

其次，#define 数字可以使得程序更加容易被修改。假设将转换率从 122 变成 123，程序需要进行相应的调整。考虑下面的代码：

```
int nYen1 = nDollars1 * 122;
int nYen2 = nDollars2 * 122;
int nYen3 = nDollars3 * 122;
int nYen4 = nDollars4 * 122;
SetWidthTo(122);
```

为了改变成新的转换率，必须将前面 4 个语句中的数字改变。但是第 5 个语句呢？这里的 122 是不是和其他的 122 具有相同意义呢？如果是，它应该被改变。如果不是，则不需要改变，或者也许在其他地方中断。

现在考虑使用了#define 的代码，如下：

```
#define YEN_PER_DOLLAR   122
#define COLUMNS_PER_PAGE  122
int nYen1 = nDollars1 * YEN_PER_DOLLAR;
int nYen2 = nDollars2 * YEN_PER_DOLLAR;
int nYen3 = nDollars3 * YEN_PER_DOLLAR;
int nYen4 = nDollars4 * YEN_PER_DOLLAR;
SetWidthTo(COLUMNS_PER_PAGE);
```

这时改变转换率只要改变一个数字，如下：

```
#define YEN_PER_DOLLAR   123
#define COLUMNS_PER_PAGE  122
int nYen1 = nDollars1 * YEN_PER_DOLLAR;
int nYen2 = nDollars2 * YEN_PER_DOLLAR;
int nYen3 = nDollars3 * YEN_PER_DOLLAR;
int nYen4 = nDollars4 * YEN_PER_DOLLAR;
SetWidthTo(COLUMNS_PER_PAGE);
```

现在正确改变了转换率，并且不用担心将每页的行数改变。

6.5.3 const 修饰符

常类型是指使用类型修饰符 const 说明的类型。常类型的变量或对象的值是不能被更新的。

编译器通常不为普通 const 常量分配存储空间，而是将它们保存在符号表中，这使得它成为一个编译期间的常量，没有了存储与读内存的操作，使得它的效率也很高。因此，定义或说明常类型时必须进行初始化。

1. 一般常量

一般常量是指简单类型的常量。这种常量在定义时，修饰符 const 可以用在类型说明符前，也可以用在类型说明符后。如：

```
int const x=2;
```

或

```
const int x=2;
```

定义或说明一个常数组可采用如下格式：

```
<类型说明符> const <数组名>[<大小>]
```

2. 常对象

常对象是指对象常量，定义格式如下：

```
<类名> const <对象名>
```

或

```
const <类名> <对象名>
```

定义常对象时，同样要进行初始化，并且该对象不能再被更新，修饰符 const 可以放在类名后面，也可以放在类名前面。

6.6　函数的重载

函数重载是用来描述同名函数具有相同或者相似功能，但数据类型或者是参数不同的函数管理操作的称呼。

在同一作用域内，可以有一组具有相同函数名、不同参数列表的函数，这组函数称为重载函数。

重载函数通常用来命名一组功能相似的函数，这样做减少了函数名的数量，避免了名字空间的污染，对于程序的可读性有很大的好处。

 不要将不同功能的函数定义为重载函数，以免出现对调用结果的误解。

要进行函数重载，必须遵循以下一些规则。

(1)　同名函数的参数必须不同，不同之处可以是参数的类型或参数的个数。

(2)　通过参数类型的匹配，程序决定使用哪一个同名函数。

(3)　必须考虑参数的默认值对函数重载的影响。

下面通过一个实例来说明如何进行函数重载。

【例 6-11】函数重载(代码 6-11.txt)。

新建名为 cztest 的 C++ Source File 源程序。源代码如下：

```
#include <iostream>
using namespace std;
int test(int a,int b);
float test(float a,float b);
void main()
{
    cout << test(1,2) << endl;
    cout << test(2.1f,3.14f) << endl;
    cin.get();
    system("pause");
```

```
}

int test(int a,int b)
{
    return a+b;
}

float test(float a,float b)
{
    return a+b;
}
```

【代码剖析】

在该例中，首先声明了两个同名函数 test，两个函数的参数类型分别是 int 和 float，它们的输出类型也分别是 int 和 float；在主程序中，输出调用 test(1，2)的值；接下来输出调用 test(2.1f，3.14f)的值。然后实现 test，该函数输入参数和输出类型都是 int，功能是将两个 int 型的参数相加，返回结果。继续实现另一个 test，该函数输入参数和输出类型都是 float，功能是将两个 float 型的参数相加，返回结果。

运行结果如图 6-12 所示。

在上面的程序中使用了两个名为 test 的函数来分别描述 int 类型及操作和 float 类型及操作，这样一来就方便了程序员对相同或者相似功能函数的管理。

图 6-12　函数重载

看了上面的解释很多人会问，这么一来计算机该如何判断同名称函数呢？操作的时候会不会造成选择错误呢？回答是否定的。C++内部利用一种叫作名称粉碎的机制来内部重命名同名函数。上面的例子在计算重命名后可能会是 testii 和 testff，它们是通过参数的类型或个数来内部重命名的。关于这个问题，程序员不需要去了解它，此处说明一下只是为了解释大家心中的疑问而已。

6.7　实战演练——汉诺塔问题函数

汉诺塔(又称河内塔)问题是源于印度一个古老传说的益智玩具。大梵天创造世界的时候，做了三根金刚石柱子，在一根柱子上从下往上按照大小顺序摆着 64 片黄金圆盘。大梵天命令婆罗门把圆盘从下面开始按大小顺序重新摆放在另一根柱子上。并且规定，在小圆盘上不能放大圆盘，在三根柱子之间一次只能移动一个圆盘。

该问题可分解为下面三个步骤。

(1)　将 A 柱上(n-1)个盘子移到 B 柱上(借助 C 柱)。

(2)　把 A 柱上剩下的一个盘子移到 C 柱上。

(3)　将(n-1)个盘子从 B 柱移到 C 柱上(借助 A 柱)。

上面三个步骤包含两种操作。

(1)　将多个盘子从一个柱上移到另一个柱上，这是一个递归的过程，用 hanoi 函数实现。

(2) 将 1 个盘子从一个柱上移到另一个柱上,该过程用 move 函数实现。代码如下:

```cpp
#include <iostream>
using namespace std;
void move(char src, char dest) // 移动一个盘子: 从 src 到 dest
{
    cout << src << "-->" << dest << endl;
}
void hanoi(int n, char src, char medium, char dest) // 移动多个盘子
{
    // void move(char src, char dest);
    if (n==1)
        move(src, dest);
    else
    {
        hanoi(n-1, src, dest, medium); // 将上面(n-1)个盘子移到中间柱子上
        move(src, dest);     // 将最下面的一个盘子移到目标柱子上
        hanoi(n-1, medium, src, dest); // 将中间柱子上的盘子移到目标柱子上
    }
}
int main()
{
    // void hanoi(int n, char src, char medium, char dest) ;
    int m;
    cout << "请输入圆盘的个数: " ;
    cin >> m;
    cout << "移动这" << m << "个圆盘的步骤如下:" << endl;
    hanoi(m,'A','B','C');
    system("pause");
    return 0;
}
```

【代码剖析】

在该例中,首先定义 move 函数,该函数的作用是输出从原盘到目的盘的字符串;定义 hanoi 函数,该函数使用递归程序实现了汉诺塔的移动。在主程序中,输入汉诺塔的圆盘数,调用 hanoi 函数,实现汉诺塔的移动。

运行结果如图 6-13 所示。

在上面的程序中,输入了圆盘个数为 4,程序把如何移动圆盘实现出来。实现圆盘移动使用的是递归函数,递归函数两个必要条件就是出口条件和递归实现,把这两个条件设置好后,递归程序就很容易实现了。

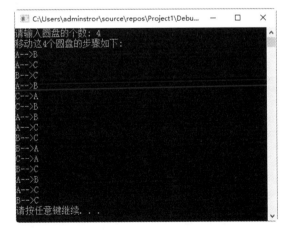

图 6-13　移动圆盘

6.8 大神解惑

疑问 1　const 和#define 的区别是什么？

#define 是单纯的字符替换，const 是定义一个不能被改变的常量，const 是要检查类型的，因此比#define 安全。

疑问 2　使用内联函数，应该注意什么问题？

使用内联函数时应注意以下几个问题。

(1)　在一个文件中定义的内联函数不能在另一个文件中使用。它们通常放在头文件中共享。

(2)　内联函数应该简洁，只有几个语句，如果语句较多，不适合定义为内联函数。

(3)　内联函数体中，不能有循环语句、if 语句或 switch 语句；否则，函数定义时即使有 inline 关键字，编译器也会把该函数作为非内联函数处理。

(4)　内联函数要在函数被调用之前声明。

疑问 3　在 C++中，形参与实参有什么区别？

(1)　形参是函数声明时的参数，只说明参数名和类型，不是实际的参数，不能真正使用。实参是运行时传给函数的参数，是实际的变量，形参在这时真正被分配空间，并复制了实参的值。

(2)　一个函数的实参在内存中有自己固定的内存，直到函数执行结束才释放内存。形参没有固定的内存，只在调用函数时有一个虚拟内存，等调用完毕就不再有内存。

6.9 跟我学上机

练习 1：编写一个 value_input()，它接收两个整型参数和一个提示用户输入字符串参数，函数会提示所输入的值应在参数指定的范围之内，函数应一直提示用户输入值，直到输入的值有效为止。

在程序中使用该 value_input()函数，获取用户的生日，验证月份、日期、年份是否有意义，最后以下面的格式在屏幕上输出该生日。

```
November 21, 1977
```

这个程序应使用函数 month()、year()、day()，管理对数字的输入，最后注意不要忘记闰年。

练习 2：编写一个程序，它接收 2～4 个命令行参数，如果用少于 2 个或多于 4 个参数调用该程序，就输出一个消息，告诉用户该怎么做，然后退出；如果参数的个数是正确的，就输出参数，一行输出一个参数。

第 7 章

特殊的元素集合——数组与字符串

除了前面章节中介绍的整型、字符型、浮点型等简单的数据类型外，C++中还存在特殊的元素集合，即数组与字符串。例如，需要定义 1000 个整型变量，此时就需要使用数组来定义。使用数组可以大大缩短并简化程序，结合循环可以高效处理许多问题。

本章带领读者学习一维数组和多维数组，了解一维数组、二维数组和多维数组的声明和存取，学会如何使用字符串数组，掌握数组作为参数传入函数进行计算的方法，以及理解数组作为参数如何传入地址。

本章要点(已掌握的在方框中打钩)

☐ 掌握一维数组的声明和初始化方法。

☐ 掌握操作数组的方法。

☐ 理解二维数组和多维数组的使用和存取方法。

☐ 掌握数组和函数的使用方法。

☐ 掌握声明字符串的方法。

☐ 掌握输入和输出字符串的方法。

☐ 掌握处理字符串的方法。

☐ 理解判断字符串是否是回文的方法。

☐ 理解输出斐波那契数列的方法。

7.1 一 维 数 组

什么是数组？现实生活中有大量类型相同、处理方法也一样的数据。为了实现对这些数据的统一表达和处理，C++提供了"数组"这一数据结构。数组是有相同类型的元素的有序集合，每个元素在数组中的位置可以用统一的数组名和下标来唯一确定。根据数组下标的多少，数组可以分为一维数组和多维数组。只有一个下标的数组称为一维数组。

7.1.1 一维数组的声明

定义一维数组的语法格式如下：

类型 数组名[常量表达式];

其中，"类型"是数组类型，即数组中各元素的数据类型，可以是整型、浮点型、字符型等基本类型。"数组名"是一个标识符，代表着数组元素在内存中的起始地址，它的命名规则与变量名的命名一样。"常量表达式"又称下标表达式，表示一维数组中元素的个数，即数组长度(也称为数组大小)，用一对方括号"[ ]"括起来。方括号"[ ]"的个数代表数组的维数，一个方括号表示一维数组。

在编译过程中，编译程序为数组开辟连续的存储单元，用来顺序存放数组的各数组元素，用数组名表示该数组存储区的首地址，并且数组元素的下标一律从 0 开始。

数组定义是具有编译确定意义的操作，它分配固定的大小空间。

一维数组元素按顺序存放，其所占字节数的计算公式如下：

数组所占总字节数=sizeof(type)*size

例如，下面分别定义了一个具有 5 个元素的字符型数组 a 和一个具有 10 个元素的整型数组 b：

```
char a[5];
int b[10];
```

下标指明了数组中每个元素的序号，下标值为整数，用数组名加下标值就可以访问数组中对应的某个元素。下标值从 0 开始，因此对于一个具有 n 个元素的一维数组来说，它的下标值是 0~n-1。

下面以 inta[5]为例进行详细介绍。

a 数组的元素是 a[0]、a[1]、a[2]、a[3]和 a[4]，共 5 个元素，a 数组元素的下标大于等于 0 且小于 5。

编译程序将为 a 数组在内存中开辟 5 个连续的存储单元(每个存储单元占 2 个字节)，用来存放 a 数组的 5 个元素。

a[0]代表这片存储区的第一个存储单元，数组名 a 代表 a 数组的首地址，即 a[0]存储单元的地址。a[i]实际上代表这片存储区序号为 i-1 的存储单元，a[i]就是一个带下标的 int 型变量，a 数组是这些 int 型下标变量的集合。

对上面定义的整型数组 a，在内存中的存放顺序如下：

A[0]	A[1]	A[2]	A[3]	A[4]

7.1.2 数组初始化

数组的赋值方法可以在数组定义时赋值，也可以在定义后赋值。数组初始化赋值是指在数组定义时给数组元素赋予初值，数组初始化是在编译阶段进行的。这样将减少运行时间，提高效率。

初始化赋值的一般形式如下：

类型说明符 数组名[常量表达式]={值，值……值}；

其中在{ }中的各数据值即为各元素的初值，各值之间用逗号隔开。

在进行数组初始化时，应该注意以下几点。

(1) 初始化的数据个数可以少于数组元素的个数，但不能超过数组元素的个数，否则会出错。

(2) 数组的元素不能自动初始化。

(3) 若数组元素的个数定义省略，则系统根据初值的个数来确定数组元素的个数。例如：int a[3]={1,2,3}，数组有 3 个数组元素：a[0]=1，a[1]=2，a[2]=3。若省略数组元素个数的定义，则初值必须完全给出，如 int a[]={1,2,3}。

具有初始化的数组定义，其元素个数可以省略，即方括号中的表达式可以省略。最后确定的元素个数取决于初始化个数。

下面通过一个实例来说明一下如何进行数组初始化。

【例 7-1】数组初始化(代码 7-1.txt)。

新建名为 sztest 的 C++ Source File 源程序。源代码如下：

```
#include <iostream>
using namespace std;
void main()
{
    int a[5]={1,2,3,4,5};
    for(int i=0;i<4;i++)
        cout <<"a["<<i<<"]="<<a[i]<< endl;
system("pause");
}
```

【代码剖析】

首先，在主程序中定义了一个 int 型数组，该数组有 5 个变量，分别赋值为 1、2、3、4、5；接下来使用 for 循环将 5 个数组变量输出到屏幕上。

运行结果如图 7-1 所示。

图 7-1 数组初始化

在本例中，从运行结果来看，分别输出了数组 a[0]、a[1]、a[2]、a[3]和 a[4]的值，数组的下标都是从 0 开始的。如果调用数组 a[5]就会发生下标越界的错误。

7.1.3 数组的操作

在实际程序设计中，数组的使用是非常频繁的。由于数组元素都具有相同性质这个特性，它们通常需要进行重复操作，因此，数组操作离不开循环结构。

在数组定义后，只能逐个访问数组元素。

数组元素的引用格式如下：

数组名[下标]

在给数组元素赋值或对数组元素进行引用时，一定要注意下标的值不要超过数组的范围，否则会产生数组越界问题。因为当数组下标越界时，编译器并不认为它是一个错误，但这往往会带来非常严重的后果。

例如，定义了一个整型数组 a：

```
int a[10];
```

数组 a 的合法下标为 0～9。如果程序要求给 a[10]赋值，将可能导致程序出错，甚至系统崩溃。

下面通过一个实例来说明数组的使用方法。

【例 7-2】数组操作(代码 7-2.txt)。

新建名为 szcztest 的 C++ Source File 源程序。源代码如下：

```cpp
#include <iostream>
using namespace std;
const int SIZE=10;
int main()
{
    int a[SIZE]={22,46,35,88,66,55,77,44,50,100};
    int  x;
    int i=0;
    cout<<"请输入数组的值"<<endl;
    cin>>x;
    for (i=0;i<=SIZE-1;i++)
    {
        if(a[i] == x)
```

```
        break;
    }
    if (i< SIZE)
        cout<<"输入的值在该数组的位置是："<<i<<endl;
    else
        cout<<"输入的值不在数组中"<<i<<endl;
    system("pause");
    return 0;
}
```

【代码剖析】

首先，定义了静态变量 SIZE=10；在主程序中，首先声明了一个 int 型数组 a，数组有 10 个元素，在声明时对这 10 个元素进行初始化；分别定义两个 int 型变量 i 和 x，从屏幕上输入变量 x；使用 for 循环，使 x 的值和数组 a 中的元素逐个对比，如果 x 和数组中的元素相等，则跳出循环；如果 i 的值小于 10，说明输入的 x 值在这个数组 a 中，把 i 的位置输出，否则输入的数不在数组 a 中，输出提示信息。

运行结果如图 7-2 所示。

在本例中，输入数字 66，输出它的位置为 4，因为数组的下标从 0 开始，所以 66 是数组中的第 5 个数。该程序的作用就是，在数组中查找和 x 相同的元素的位置，如果找到则输出元素的位置，如果未找到则输出信息(假定数组中的元素互不相同)。

图 7-2　数组操作

7.2　二维数组和多维数组

二维数组也称为矩阵，需要两个下标才能标识某个元素的位置。通常称第一个下标为行下标，称第二个下标为列下标。

7.2.1　二维数组的声明

定义二维数组的语法格式如下：

类型　数组名[常量表达式 1][常量表达式 2]；

定义二维数组的格式与定义一维数组的格式相同，只是必须指定两个常量表达式。第一个常量表达式标识数组的行数，第二个常量表达式标识数组的列数。

在以上语法中，"类型"是数组全体元素的数据类型。"数组名"用标识符表示，两个整型"常量表达式"分别代表数组具有的行数和列数；数组元素的下标一律从 0 开始。

假设定义一个 3 行 4 列的整型数组，那么在计算机中是怎样存储各个元素的呢？

在 C++的内存中，这个数组的存放方式就是按照下面的表格，从上到下、从左到右按顺序存储的。

a[0][0]	a[0][1]	a[0][2]	a[0][3]
a[1][0]	a[1][1]	a[1][2]	a[1][3]
a[2][0]	a[2][1]	a[2][2]	a[2][3]

7.2.2 二维数组的使用和存取

二维数组的初始化的形式如下：

数据类型 数组名[常量表达式][常量表达式]={ 初始化数据 };

在以上的初始化形式中，在{ }中给出各数组元素的初值，各初值之间用逗号分开，把{ }中的初值依次赋给各数组元素。

例如：

```
int arr[5][6] =
{
    { 0, 1, 2, 3, 4, 5},
    {10,11,12,13,14,15},
    {20,21,22,23,24,25},
    {30,31,32,33,34,35},
    {0,41,42,43,44,45},
};//注意，同样以分号结束
```

 C++规定，在声明和初始化一个二维数组时，只有第一维(行数)可以省略。

初始化二维数组使用了两层{}，内层初始化第一维，每个内层之间用逗号分开。

除了以上的初始化形式，二维数组还有以下一些初始化的方式。

(1) 按二维数组在内存中的排列顺序初始化。例如：

```
int a[2][3]={ 1,2, 3, 4, 5, 6};
```

(2) 把{}中的数据依次赋给 a 数组各元素(按行赋值)，为部分数组元素初始化。例如：

```
int a[2][3]={{1,2},{4}};
```

二维数组元素的引用格式如下：

数组名[下标1][下标2];

下面通过一个实例来说明如何使用二维数组。

【例 7-3】使用二维数组(代码 7-3.txt)。

新建名为 ewsztest 的 C++ Source File 源程序。源代码如下：

```
#include <iostream>
using namespace std;
int main()
{
    int A[7][7] =
    {
```

```
        {0,0,1,1,1,0,0},
        {0,0,0,1,0,0,0},
        {0,0,1,0,1,0,0},
        {0,1,1,1,1,1,0},
        {1,0,0,0,0,0,1},
        {1,0,1,0,1,1,1},
        {1,1,1,1,0,0,1},
    };
    for(int row = 0;row < 7; row++)
    {
        for(int col = 0; col < 7; col++)
        {
            if(A[row][col] == 0)
                cout << ' ';
            else
                cout << '*';
        }
        //别忘了换行
        cout << endl;
    }
    system("pause");
    return 0;
}
```

【代码剖析】

这个程序，首先定义了一个字母 A 的二维数组，并且将该数组初始化。接下来，使用两个 for 循环判断，如果该数组的元素为 1，则在屏幕上输出星号；如果为 0，则输出空格。

运行结果如图 7-3 所示。

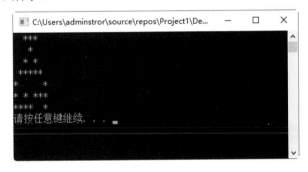

图 7-3　使用二维数组

从结果来看，根据二维数组 A，成功地在屏幕上输出了一个字母 A。从这个简单的例子就能够看出，二维数组的初始化和使用方法。

7.2.3　多维数组

一维数组和二维数组是最常用的数组，到了三维就用得少了，在此只举一个三维数组的例子。相信以二维数组的知识，大家会很容易理解三维数组的。

【例 7-4】使用三维数组(代码 7-4.txt)。

新建名为 dwsztest 的 C++ Source File 源程序。源代码如下：

```cpp
#include <iostream>
using namespace std;
int main()
{
    int arr[3][4][2] =

    {   {
        {1,2},
        {3,4},
        {5,6},
        {7,8
    },
    {
        {11,12},
        {13,14},
        {15,16},
        {17,18}
    },
    {
        {21,22},
        {23,24},
        {25,26},
        {27,28}
    }
    };
    for(int row = 0;row < 3; row++)
    {
        for(int col = 0; col < 4; col++)
        {
            for(int j = 0; j < 2; j++)
            {
                cout << arr[row][col][j]<<" ";
            }
            cout<<endl;
        }
        cout << endl;
    }
    system("pause");
    return 0;
}
```

【代码剖析】

在这个例子中，首先定义了一个三维数组 arr，该数组的维数分别是 3、4、2，并且在定义时对该数组进行了初始化；接下来，使用 for 三重循环，将该数组的每个元素分别输出。

运行结果如图 7-4 所示。

从结果来看，成功地将初始化的元素值输出了。通过这个例子，结合上面讲过的二维数组，相信读者一定可以很好地理解多维数组。

图 7-4　使用三维数组

7.3　数组与函数

数组是否可以作为一个函数的参数呢？下面进行相关介绍。

7.3.1　一维数组作为函数的参数

数组作为函数的参数，难点和重点都在于以下两点。

(1)　理解函数参数的两种传递方式——传值与传址之间的区别。

(2)　数组变量本身就是内存地址。

关于函数的参数传递方式，在上一章明确讲过，在传值方式下，传的只是实参的复制品(值一样)；在传址方式下，传的是实参本身。

那么数组作为函数的参数时，是采用什么传址方式呢？在 C/C++中，如果函数的参数是数组，则该参数固定为传址方式。

在数组参数里，看不到"&"，似乎这应该是一个"传值"方式的参数。但是，数组作为参数，则固定是以传址方式将数组本身传给函数，而不是传数组的复制品。

下面就通过一个实例来说明这种情况。

【例 7-5】一维数组作为函数参数(代码 7-5.txt)。

新建名为 szcstest 的 C++ Source File 源程序。源代码如下：

```
#include <iostream>
using namespace std;
void func(int arr[6])
{
    for(int i=0;i<6;i++)
        arr[i] = i;
}
int main(int argc, char* argv[])
{
    int a[6];
    func(a);
    for(int i=0; i<6;i++)
        cout << a[i] << ','<<endl;
    system("pause");
    return 0;
}
```

【代码剖析】

在这个例子中，定义了 func 函数，该函数的参数是一个 int 型数组，在该函数中对参数进行了初始化，分别赋值 0～5。在主程序中，首先定义一个 int 型数组，接下来调用 func 函数，将定义的数组 a 作为参数输入；使用 for 循环将定义的数组输出。

运行结果如图 7-5 所示。

从结果来看，输出的是"0,1,2,3,4,5,"。这证明数组 a 传给 func 之后，被 func 函数修改了，并且改的是数组 a 本身，而不是数组 a 的复制品。

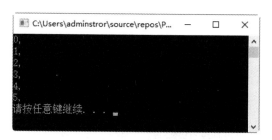

图 7-5 一维数组作为函数参数

7.3.2 传送多维数组到函数

函数参数也可以是二维及更高维数组，但必须指定除最高维以后的各维大小。这一点和初始化时可以省略最高维大小的规则是一致的。

【例 7-6】多维数组传到函数(代码 7-6.txt)。

新建名为 dwszcs 的 C++ Source File 源程序。源代码如下：

```cpp
#include <iostream>
using namespace std;
void func(int arr[3][2])
{
    for(int i=0;i<3;i++)
        for(int j=0;j<2;j++)
            arr[i][j] = i+j;
}
int main(int argc, char* argv[])
{
    int a[3][2];
    func(a);
    for(int i=0;i<3;i++)
    {
        for(int j=0;j<2;j++)
            cout << a[i][j] << ',';
        cout<<endl;
    }
    system("pause");
    return 0;
}
```

【代码剖析】

在这个例子中，定义了函数 func，该函数的参数是一个 int 型二维数组，在该函数中，对函数的参数进行了初始化，每个元素的值都是它维数的和。在主程序中，首先定义一个 int 型二维数组，接下来调用函数 func，将定义的数组 a 作为参数输入；使用 for 双重循环，将定义的数组输出。

运行结果如图 7-6 所示。

从整个示例来看，正确地输出了结果。将多维数组传递到函数中，其实和一维数组运行过程是相同的。

图 7-6　多维数组传到函数

7.4　字 符 串 类

在 C 中，并没有字符串这个数据类型，字符串实际上就是一个以 null('\0')字符结尾的字符数组，null 字符表示字符串的结束。

在 C++中把字符串封装成了一种数据类型 string，可以直接声明变量并进行赋值等字符串操作。

7.4.1　字符串的声明

字符型数组即数组中的每一个元素是字符。在 C++语言中，字符型数组的应用很多。字符型数组用来存放字符串(没有字符串变量)，字符串以 '\0' 为结束标志。

定义如下：

```
: char a[10];
```

此时定义了一个包含 10 个字符元素的字符型数组。

字符型数组的初始化如下：

```
static char c[14]={'I', ' ', 'a', 'm', ' ', 'a', ' ', 's', 't', 'u', 'd',
'e', 'n', 't'};
static char c[ ]={"I am a student"};
static char c[ ]="I am a student";
```

以上三种方式的效果是相同的。

在 C++中，除了使用字符型数组来存放字符串外，还定义了标准的 C++ string 类，它重载了几个运算符，使连接、索引、拷贝等操作不必使用函数，运算更加方便，而且不易出错。string 类包含在名字空间 std 中，用法如下：

```
#include<string>
using namespace std;
```

string 类有三个构造函数：

```
string str;            //调用默认的构造函数，建立空串
string str("OK");      //调用采用 C 字符串初始化的构造函数
string str(str1);      //调用拷贝构造函数，str 是 str1 的拷贝
```

在编写 C++程序的过程中，强烈建议大家使用 string 类来对字符串进行操作。

提示　可以通过下标操作符[]或者成员函数 at()访问单个字符。不同之处在于，[]不会进行范围检查，而 at()会进行范围检查。

7.4.2　字符串的输入和输出

下面介绍字符串的输入和输出。字符串的输入和输出有以下两种方式。

(1) 逐个字符输入输出。

(2) 将整个字符串一次输入或输出。

例如：

```
char c[ ] = "China";
cout << c;
```

就是将整个字符串一次性输出。

在进行字符串的输入和输出过程中，需要注意以下几点。

(1) 输出字符不包括'\0'。

(2) 输出字符串时，输出项是字符型数组名，输出时遇到 '\0' 结束。

(3) 输入多个字符串时，以空格分隔。所以输入单个字符串时其中不能有空格。

在字符串输入和输出中，需要介绍两个特殊函数。

其一是：

```
cin.getline(字符数组名 St, 字符个数 N, 结束符)
```

功能：一次连续读入多个字符(可以包括空格)，直到读满 N 个，或遇到指定的结束符(默认为'\n')，读入的字符串存放于字符型数组 St 中。它读取但不存储结束符。

其二是：

```
cin.get(字符数组名 St, 字符个数 N, 结束符)
```

功能：一次连续读入多个字符(可以包括空格)，直到读满 N 个，或遇到指定的结束符(默认为'\n')。读入的字符串存放于字符数组 St 中。它既不读取也不存储结束符。

下面通过一个实例来说明如何定义字符串输入和输出。

【例 7-7】字符串输入和输出(代码 7-7.txt)。

新建名为 strcouttest 的 C++ Source File 源程序。源代码如下：

```
#include <iostream>
using namespace std;
int main () {
    char city[80], province [80];
    for (int i = 0; i < 2; i++) {
        cin.getline(city, 80, ',');
        cin.getline(province, 80, '\n');
        cout << "城市: " << city
            << " 省份: " << province << endl;
    }
    cin.get();
```

```
    system("pause");
    return 0;
}
```

【代码剖析】

在该例中,首先声明了两个字符串变量 city 和 province,接下来使用 for 循环分别输入 city 和 province,在输入时用逗号隔开,每次输入完 city 和 province,则使用 cout 将每次的输入输出。

运行结果如图 7-7 所示。注意,这里输入的逗号要在英文状态下。

图 7-7 字符串的输入和输出

从结果来看,将每次的结果全部输出。在这个例子中,大家要重点学习 cin.getline 的用法。

对于 string 类,输出与 C++风格字符串同样方便,使用插入运算符<<和 cout。

7.4.3 字符串处理

在 C++中,定义了一些字符串处理的函数,下面就对其进行介绍。

1. strcpy(字符型数组 1,字符型数组 2)

函数原型:

```
char *strcat(char *, char *);
```

功能:将字符型数组 2 拷贝到字符型数组 1 中。

例如:

```
static char str1[10];
static char str2[ ] = "china";
strcpy(str1, str2);
```

在使用时,需要注意以下几点。

(1) 字符型数组 1 的长度不应小于字符型数组 2 的长度。

(2) 字符型数组 1 必须写成数组名形式 str1,字符型数组 2 可以是字符型数组名,也可以是一个字符串常量:

```
strcpy(str1, "china");
```

(3) 不能用赋值语句将一个字符型数组直接赋给另一个字符型数组,如下面的用法是不合法的,必须用 strcpy 函数处理。代码如下:

```
str1="china";
str2=str1;
```

(4) 可以用 strncpy 函数将字符型数组 2 中前若干个字符拷贝到字符型数组 1 中去。代码如下：

```
strncpy(str1, str2, 2);
```

2. strcat(字符型数组 1，字符型数组 2)

函数原型：

```
char *strcat(char *, char *);
```

功能：把字符型数组 2 拼接到字符型数组 1 的后面，结果放在字符型数组 1 中，函数调用后得到一个返回值，该返回值表示字符型数组 1 的地址。代码如下：

```
static char str1[80]="people's republic of";
static char str2[ ]="china";
strcat(str1, str2);
```

说明：

(1) str1 必须足够大，以便容纳连接后的新字符串。

(2) 连接时将 str1 后面的'\0'取消，只在新串最后保留一个'\0'.

3. strcmp(字符型数组 1，字符型数组 2)

函数原形：

```
int  strcmp(char *, char *);
```

功能：对两个字符型数组自左至右逐个字符相比(按 ASCII 码值大小比较)，直到出现不同的字符或遇到'\0'为止。比较结果由函数返回。

说明：两个字符型数组的比较不能用以下形式：

```
if(str1 == str2) cout<<str1;
```

只能用：

```
if(!strcmp(str1,str2)) cout<<str1;
```

4. strlen(字符型数组)

功能：求出字符型数组中的字符个数，不包括'\0'，并返回字符串的长度。

例如：

```
char str[80]="people";
cout<<strlen(str)<<endl;
```

结果是 6。

5. strlwr(字符串)

功能：将字符串中大写字母转换成小写字母。

6. strupr(字符串)

功能：将字符串中小写字母转换成大写字母。

对 string 类来说，也有一些对字符串的操作可以使用。代码如下：

```
str.substr(pos,length1);
//返回对象的一个子串，从 pos 位置起，长 length1 个字符
str.empty( );               //检查是否为空串
str.insert(pos,str2);       //将 str2 插入 str 的 pos 位置处
str.remove(pos,length1);
 //在 str 的 pos 位置处起，删除长度为 length1 的字串
str.find(str1);             //返回 str1 首次在 str 中出现时的索引
str.find(str1,pos);
  //返回从 pos 处起 str1 首次在 str 中出现时的索引
str.length(str);           //返回串长度
str.c_str( );              //将 string 类转换为 C 风格字符串，返回 char*
```

提示　　sizeof 可获得字符串的长度。所有的 string 类型调用 sizeof 都将返回相同的值 4。

因为建议大家使用 string 类来对字符串进行操作，下面举一个使用 string 类的例子。

【例 7-8】string 类的使用(代码 7-8.txt)。

新建名为 strctest 的 C++ Source File 源程序。源代码如下：

```
#include <string>
#include <iostream>
using namespace std ;
void TrueFalse(int x) {
    cout << (x ? "True": "False") << endl;
}
void main( ) {
    string S1 = "DEF",  S2 = "123";
    char CP1[ ] = "ABC", CP2[ ] = "DEF";
    cout << "S1 is " << S1 << endl;
    cout << "S2 is " << S2 << endl;
    cout << "length of S2:"<< S2.length( ) << endl;
    cout << "CP1 is " << CP1 << endl;
    cout << "CP2 is " << CP2 << endl;
    cout << "S1<=CP1 returned ";
    TrueFalse(S1 <= CP1);
    cout << "CP2<=S1 returned ";
    TrueFalse( CP2<=S1);
    S2 += S1;
    cout << "S2=S2+S1:" << S2 << endl;
    cout << "length of S2:" << S2.length( ) << endl;
    system("pause");
}
```

【代码剖析】

在该例中，首先定义了一个函数，该函数的功能是判断输入的该参数是真还是假。使用 string 定义了两个字符串变量 S1 和 S2，分别赋值为 DEF 和 123，接下来使用字符型数组定义

了两个字符串，分别是 CP1 和 CP2，分别赋值为 ABC 和 DEF；将变量 S1 和 S2 输出；调用 string 类的 length 函数，把 S2 的长度输出；把 CP1 和 CP2 输出，判断 CP1 和 S1 的大小，将结果输出；判断 CP2 和 S1 的大小，将结果输出；字符串 S2 赋值为 S1 和 S2 字符串的拼接，将 S2 输出；输出 S2 的大小。

运行结果如图 7-8 所示。

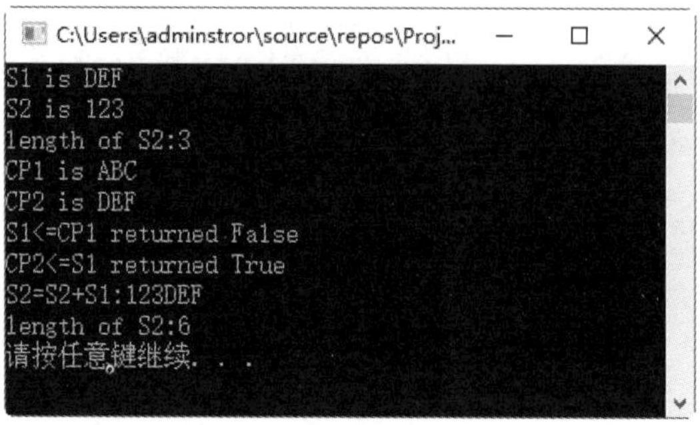

图 7-8　使用 string 类

从运行结果来看，正确地输出了每个字符串的值。需要注意的是，使用 length 调用字符串的长度，比较字符串的大小，使用"+"来拼接字符串。

7.5　实战演练 1——判断字符串回文

字符串回文是指顺读和反读都一样的串，这里不分大小写，并滤去所有非字母字符，例如以下都是回文：

```
Madam,I'm Adam.
Golf,No Sir, prefer prison flog!
```

注意 string 是类，它有自己的构造函数和析构函数，如果它作为类或结构的成员，要记住它是成员对象，当整个类对象建立和撤销时，会自动调用作为成员对象的 string 字符串的构造和析构函数。

【例 7-9】判断字符串是否为回文(代码 7-9.txt)。

代码如下：

```
#include<iostream>
#include<string>
#include<cctype>
using namespace std;
void swap(char&,char&);                //交换两个字符
string reverse(const string&);         //返回反转的字符串
string remove_punct(const string&,const string&);
//将第一个字符串中所包含的与第二个字符串中相同的字符删去
string make_lower(const string&);      //所有大写改为小写
bool is_pal(const string&);            //判断是否回文

int main(){
```

```
        string str;
        cout<<"请输入需判断是否为回文的字符串,以回车结束。\n";
        getline(cin,str);
        if(is_pal(str)) cout<<str<<"是回文。\n";
        else  cout<<str<<"不是回文。\n";
        system("pause");
        return 0;
}
void swap(char& ch1,char& ch2){
        char temp=ch1;
        ch1=ch2;
        ch2=temp;
}
string reverse(const string& s){
        int start=0,end=s.length();
        string temp(s);
        while(start<end){
                end--;
                swap(temp[start],temp[end]);
                start++;
        }
        return temp;
}
string remove_punct(const string& s,const string& punct){
        string no_punct;                        //放置处理后的字符串
        int i,s_length=s.length(),p_length=punct.length();
        for(i=0;i<s_length;i++){
                string a_ch=s.substr(i,1);              //单字符 string
                int location=punct.find(a_ch,0);    //从头查找 a_ch 在 punct 中出现的位置
                if(location<0||location>=p_length)
                        no_punct=no_punct+a_ch;//punct 中无 a_ch,a_ch 拷入新串
        }
        return no_punct;
}
string make_lower(const string& s){
        string temp(s);
        int i,s_length=s.length();
        for(i=0;i<s_length;i++) temp[i]=tolower(s[i]);
        return temp;
}
bool is_pal(const string& s){
        string punct("!,;:.?'\" ");         //要滤除的非字母字符,包括空格符和常用标点符号
        string str(make_lower(s));
        str=remove_punct(str,punct);
        return str==reverse(str);
}
```

【代码剖析】

在该例中,首先声明函数 swap,实现交换两个字符。声明函数 reverse,返回反转字符串。声明函数 remove_punct,将第一个字符串中所包含的与第二个字符串中相同的字符删去。声明函数 make_lower,将所有大写改为小写。声明函数 is_pal(const string&),判断字符串是否回文。在主程序中,使用 getline 输入字符串 str,调用函数 is_pal 判断该字符串是否是

回文，并将结果输出。主程序后面，是 swap 函数的实现，该函数输入参数为两个字符的地址，在函数中将两个地址互换。

运行结果如图 7-9 所示。

图 7-9 判断字符串是否是回文

从运行结果来看，输入一个回文字符串 abcba，返回结果判断该字符串是回文字符串。在本例中，使用了 string 类的 length 函数来判断字符串的长度，使用 substr 函数来截断字符串，通过对 string 类的各种属性和函数的灵活应用，实现了回文判断。

7.6 实战演练 2——输出斐波那契数列

斐波那契数列是意大利数学家列昂纳多·斐波那契(Leonardo Fibonacci)发现的。它的基本规律是从第 3 项开始，每一项都等于前两项之和，第 1 项和第 2 项都是 1。斐波那契数列如下：

1、1、2、3、5、8、13、21、34……

下面利用数组来输出该数列的前 30 项。

【例 7-10】输出斐波那契数列(代码 7-10.txt)。

代码如下：

```cpp
#include<iostream>
#include<iomanip>
using namespace std;
void main()
{
    int Fb [30] = { 1,1 };  //定义数组 Fb 长度为 30，并初始化前两项为 1
    int i;
    for (i = 2; i<30; i++)        //从第 3 项起，依次是前两项的和
        Fb[i] = Fb[i - 1] + Fb[i - 2];
    for (i = 0; i<30; i++)               //输出数组 Fb 中元素的值
    {
        cout << setw(6) << Fb [i] << "   ";
        if ((i + 1) % 3 == 0)          //控制每 3 个数占一行
            cout << endl;
    }
    cout << endl;
    system("pause");
}
```

【代码剖析】

在该例中，定义了一个长度为 30 的 int 型一维数组 Fb，由于数列前两项都为 1，后面项的值需要计算，故初始化前两项为 1。

用 for 循环控制从第 3 项开始计算，即利用规律 Fb[i]=Fb[i-1]+Fb[i-2]。输出时为了使每 3 个数一行，利用了一个 if 判断；另外为了控制输出项的宽度都为 6 个字符宽度，用到了 setw 函数，但是需要加上头文件#include<iomanip>命令行。

运行结果如图 7-10 所示。

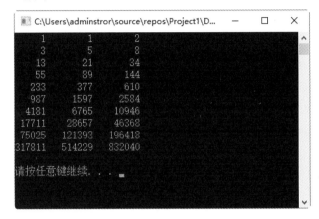

图 7-10　输出斐波那契数列

7.7　大 神 解 惑

疑问 1　使用数组时，如何清零数组？

memset 可以快速地为数组置初值，效率相当高，而且写起来也简单。注意问题如下：

(1)　需要设置起始位指针。

(2)　需要置 0 还是置 1。

(3)　长度如果传入-1，就是按 bit 位置 1。只能传入 0 或-1。

例如：

```
char str[1100001];
memset(str,0,sizeof(str));
memset(str,-1,sizeof(str));
```

疑问 2　如何将 int 类型转化为字符串？

使用 itoa 函数可以实现。itoa 函数的功能是把一个整数转换为字符串。

用法：

```
char * itoa(int value,char *string, int radix)
```

参数含义如下。

● 　value：待转换的整数。

- radix：将 value 转换为 radix 进制的数，范围为 2～36，如 10 表示十进制，16 表示十六进制。
- string：保存转换后得到的字符串。
- char*：指向生成的字符串。

疑问 3 C++中，两个字符串怎么连接？

常见连接字符串的方法有如下两种。

(1) 使用"+"。

如果是 string 类型，则可以使用加号将两个字符串连接起来，因为在 string 中已经对加号进行了重载。

(2) 使用 strcat 函数。

如果是使用 char 数组来定义的字符串，使用"+"是不可以的，在 C++标准库中提供了一个可以实现这个功能的函数——strcat，格式如下：

```
strcat(字符型数组 1,字符型数组 2)
```

函数把字符型数组 2 中的字符串连接到字符型数组 1 中字符串的后面，并删去字符串 1 后的串结束标志'\0'。本函数返回值是字符型数组 1 的首地址。

7.8 跟我学上机

练习 1：创建一个数组，存储至多 100 个学生的姓名；创建另一个数组，存储每个学生的成绩(0～100)；使用一个循环，提示用户输入姓名和成绩，计算平均成绩并显示，然后在一个表中显示所有学生的姓名和成绩。

练习 2：编写一个程序，从键盘上读取一任意长度的文本字符串，再提示输入要在该字符串中查找的单词。程序能查找出现在字符串中的这个单词，不考虑大小写，再用与单词中字符个数相同的星号来替换该单词，然后输出新字符串，注意必须是替换整个单词。例如：如果用户输入了字符串"Our house is at your disposal."，要查找的单词是 our，则得到的字符串应该是"***house is at your disposal."，而不是"***house is at y*** disposal."。

第 8 章

灵活调用内存
地址——指针

指针就是内存地址，访问不同的指针就是访问内存中不同地址中的数据，正确地使用指针可以提高程序的执行效率。本章带领读者学习 C++的一个重要概念——指针，了解什么是指针，学习指针变量的使用，熟练掌握指针在函数、数组、字符串中的应用，明白 void 指针的含义并且能够在适当的场合使用。

本章要点(已掌握的在方框中打钩)

☐ 熟悉指针的概念。

☐ 掌握使用指针地址的方法。

☐ 掌握指针变量的声明和使用方法。

☐ 掌握指针与函数的使用方法。

☐ 掌握指针与数组的方法。

☐ 掌握指针与字符串的方法。

☐ 熟悉 void 指针的含义。

☐ 掌握配置动态内存的方法。

☐ 掌握判断字符串中有多少个整数的方法。

8.1 指 针 概 述

指针是 C 和 C++语言中最重要的概念之一，也是最容易产生困惑并导致程序出错的问题之一。利用指针编程可以表示各种数据结构，通过指针可使主调函数和被调函数之间共享变量或数据结构，便于实现双向数据通信。

8.1.1 什么是指针

如果在程序中定义了一个变量，那么编译程序就会在编译时为这个变量分配一个内存空间，内存空间的大小由变量的类型决定。在该内存空间中存放变量的值，为了读取内存空间中的变量值，编译程序会为内存空间分配一个地址，这个"地址"就称为指针。

指针的实质是一种用于储存"另外一个变量的地址"的变量。定义一个指针，需要区别以下一些概念。

1. 指针的类型

这里的指针的类型不是变量的类型，它是指向该变量的指针的类型。就是变量类型后面加一个*号。

例如：

```
char*ip;        //指针的类型是 char*
```

2. 指针所指向的类型

指针所指向的类型就是指这个指针地址内存中存放的变量的类型，在一个语句中就是把*号以及后面的声明去掉剩下的类型。

例如：

```
char*ip;        //指针所指向的类型是 char
```

3. 指针的值

指针的值实质上就是一个内存的地址，这个值在编译过程中被看作一个地址，不是一个具体的数值。

4. 指针本身所占有的内存区

指针本身所占内存空间指的是一个地址所占用的内存空间，而不是指针所指向的变量所占用的内存空间。

8.1.2 为什么要用指针

在 C++中，通过指针的方式访问数据，实质上就是通过内存地址直接访问数据。从而提高了访问效率，节省了访问时间。

使用指针，主要有以下 3 种用途。

(1) 处理堆中存放的大型数据。

(2) 快速访问类的成员数据和函数。

(3) 以别名的形式向函数传递参数。

8.1.3 指针的地址

要想让指针指向某个普通变量，需要通过&来得到该普通变量的地址。

下面通过一个实例来说明这个问题。

【例 8-1】指针地址(代码 8-1.txt)。

新建名为 zzdztest 的 C++ Source File 源程序。源代码如下：

```cpp
#include <iostream>
using namespace std ;
void main()
{
    int n=100;
    int *p;
    p=&n;
    cout<<*p<<endl;//取值
    cout<<&p<<endl;//取地址
    system("pause");
}
```

【代码剖析】

这个程序，首先定义了一个 int 型变量 n，赋值为 100；接下来定义了一个 int 型指针 p；把 n 的地址赋值给指针变量 p，把指针变量的值和地址输出。

运行结果如图 8-1 所示。

从结果来看，分别输出了指针变量对应的值和地址，指针变量对应的值使用*p 标志，地址使用&p 来表示。

图 8-1 指针的地址

8.2 指 针 变 量

要使用指针，指针变量是必须用到的。下面就来介绍关于指针变量的概念。

指针变量是存放变量地址的变量，这个地址变量是指向一个变量在内存中的首地址的。

8.2.1 指针变量的声明

指针变量和其他变量一样，都应遵循 C++变量定义规则。指针定义的形式如下：

类型标识符 * 变量标识符；

定义存放指定类型数据地址的指针变量。

类型标识符是定义指针的基类型，给出指针数据对应存储单元所存放的数据的类型，一般用"指向"这个词来说明这种关系，即类型标识符给出指针所指向的数据类型，可以是简单类型，也可以是复杂类型。用"*"表示定义的是指针变量，不是普通变量。变量标识符给出的是指针变量名。

例如：

```
Int *p1,*p2,*p3;
```

定义指向整型数据的指针变量p1、p2、p3。

```
float *q1,*q2,*q3;
```

定义指向实型数据的指针变量q1、q2、q3。

```
char*r1,*r2,*r3;
```

定义指向字符型数据的指针变量r1、r2、r3。

在定义指针变量时，"*"表示后面的变量为指针变量。但指针变量名是 p1、p2，而不是*p1、*p2。另外，一个指针变量所指向的数据类型不能任意改变。

8.2.2　指针变量的使用

声明完指针变量后就是如何使用的问题。指针变量是代表一个变量的地址，那么怎么给指针变量赋值呢？

对指针变量赋值，有如下几种方法。

1. 用 & 取得普通变量的地址

通过&符号得到普通变量的地址，将地址赋值给指针变量。

```
int k;
int* p = &k;
```

2. 指针之间的赋值

两个指针之间可以直接赋值，因为两个指针都是代表了内存地址，不需要使用&符号。代码如下：

```
int k;
int* p1
int* p2;
p1 = &k; //p1 先指向 k
p2 = p1; //然后, p2 也指向 k
```

3. 让指针指向数组

一个数组名就是一个数组的首地址，所以数组变量也可以直接赋值给数组，不用使用&符号。

```
char name[] = "NanYu";
char* p = name; //不用取址符 &
```

下面通过一个例子来说明指针的使用方法。

【例 8-2】指针的使用(代码 8-2.txt)。

新建名为 zztest 的 C++ Source File 源程序。源代码如下：

```
#include <iostream>
using namespace std ;
void main()
{
    int k = 100;
    int * p = &k;
    cout <<k<<","<<*p<<endl;
    k = 200;
    cout <<k<<","<<*p<< endl;
    *p = 300;
    cout<<k<<","<<*p<< endl;
    system("pause");
}
```

【代码剖析】

这个程序，首先定义了一个 int 型变量 k 并赋值为 100，接着定义指针变量 p，将 k 的地址赋值给指针变量 p，输出 k 和*p 的值(用逗号分开)；再直接改变 k 值为 200，输出此时二者的值；然后通过指针来改变 k 值，输出此时二者的值。

图 8-2 使用指针

运行结果如图 8-2 所示。

从结果来看，当 p 指向 k 以后，修改*p 的值完全等同于直接修改 k 值。

8.3 指针与函数

在实际编程的过程中，指针和函数有着非常紧密的联系。下面详细介绍指针与函数的关系。

8.3.1 指针传送到函数中

函数的指针变量作为参数传递到其他函数中，是函数指针的重要用途之一。

指针变量可以作为函数的参数而存在，即在定义一个函数时，可以定义该函数的参数为一个指针变量。在调用该函数时，将变量地址作为实参传递到该函数中，变量的类型必须与形参指针指向的类型一致。在函数执行过程中，实参的值也会随形参的改变而改变。

不能企图通过改变形参指针变量的值而使实参指针变量的值改变。

下面通过一个例子来说明，指针作为参数传递到函数中的方法。

【例 8-3】 指针参数(代码 8-3.txt)。

新建名为 zzcstest 的 C++ Source File 源程序。源代码如下：

```cpp
#include <string>
#include <iostream>
using namespace std ;
void swap(int *p1,int *p2)
{
    //形参为整型指针变量
    int temp;
    temp=*p1;
    *p1=*p2;
    *p2=temp;
}
int main()
{
    void swap(int*,int*);//参数为整型指针变量
    int i=3,j=4;
    cout<<"i="<<i<<",j="<<j<<endl;
    swap(&i,&j);//变量地址
    cout<<"i="<<i<<",j="<<j<<endl;
    system("PAUSE");
    return 0;
}
```

【代码剖析】

在这个例子中，定义了函数 swap，该函数的参数是两个 int 型指针，在该函数中将两个 int 型指针变量互相对调。在主程序中，首先定义两个 int 型变量 i 和 j，分别给 i 和 j 赋值为 3 和 4，将 i 和 j 输出；接下来，调用 swap 函数，将 i 和 j 的地址作为参数传入，将 i 和 j 的值互换，输出 i 和 j 的结果。

运行结果如图 8-3 所示。

图 8-3　使用指针参数

从结果来看，调用 swap 函数时把变量 i 和 j 的地址传送给形参 p1 和 p2，因此*p1 和 i 为同一内存单元，*p2 和 j 是同一内存单元。这种方式还是"值传递"，只不过实参的值是变量的地址而已。在函数中改变的不是实参的值(即地址，这种改变也影响不到实参)，而是实参地址所指向的变量的值。

8.3.2　返回值为指针的函数

指针变量作为一种数据类型，也可以用作函数的返回值类型。在 C++中，把返回值是指针的函数称为指针函数。

定义指针型函数的函数头的一般语法格式如下：

数据类型　*函数名(参数表)

其中，数据类型是函数返回的指针所指向数据的类型；*函数名声明了一个指针型函数；

参数表是函数的形参列表。

下面通过一个例子来说明指针函数的使用方法。

【例 8-4】指针函数(代码 8-4.txt)。

新建名为 zzhstest 的 C++ Source File 源程序。源代码如下:

```
#include<iostream>
#include<string>
using namespace std;
char *max(char *x,char *y)
{
    if(strcmp(x,y)>0)
    {
        return x;
    }
    else
        return y;
}
void main()
{
    char c1[10],c2[10];
    char *s1=c1,*s2=c2;
    cout<<"请输入字符串 1:"<<endl;
    cin>>c1;
    cout<<"请输入字符串 2:"<<endl;
    cin>>c2;
    cout<<"两个字符串中较大的是:"<<endl;
    cout<<max(s1,s2)<<endl;
    system("pause");
}
```

【代码剖析】

在这个例子中,定义了 max 函数,该函数的输入参数是两个 char 类型的指针,输出类型也是一个 char 类型的指针。在该函数中,将两个 char 类型的指针,也就是两个字符串用 strcmp 函数进行对比,将其中较大的返回。在主程序中,首先定义两个字符串 c1 和 c2,接下来又定义了两个字符类型的指针 s1 和 s2,分别指向了两个字符串的首地址;通过屏幕输入字符串 c1 和字符串 c2,调用 max 函数将 c1 和 c2 进行对比,将其中较大的输出。

运行结果如图 8-4 所示。

从整个示例来看,这个代码中将 c1 和 c2 首地址分别赋给 s1 和 s2,然后将 s1 和 s2 传递给 x 和 y,此时 x 和 y 分别指向 c1 和 c2 的地址。

图 8-4　使用指针函数

8.3.3　函数指针

函数指针是指向函数的指针,该指针存放的是函数的地址。定义函数指针的语法格式如下:

数据类型 (*函数指针名) (参数表);

数据类型是函数指针这个地址存放的函数的返回类型，参数表的参数指的是函数指针指向函数的形参的类型和个数。

函数指针的实质仍然是代表了函数代码的首地址，在对函数指针进行初始化时，直接将函数名赋值给函数指针即可。

函数指针是通过函数名及有关参数进行调用的，调用过程与指针变量相似。假如*f 是指向函数 func(x)的指针，那么*f 就代表了它指向的函数 func，赋值语句使用 f=func。

下面通过一个实例来说明函数指针的应用方法。

【例 8-5】函数指针(代码 8-5.txt)。

新建名为 hszztest 的 C++ Source File 源程序。源代码如下：

```cpp
#include<iostream>
using namespace std;

int fun(int a)
{
    return a;
}
int main()
{
    cout<<fun<<endl;
    int(*fp)(int a);
    fp=fun;
    cout<<fp(5)<<endl;
    cout<<(*fp)(10)<<endl;
    //Sleep(1000);
    system("pause");
    return 0;
}
```

【代码剖析】

在该例中，首先定义了一个函数为 fun，其返回值为 int，参数也为 int；在主程序中，首先把函数 fun 的地址输出；接下来，定义了一个函数指针 fp，它的返回值是 int 型，参数也是 int 型。将函数 fun 赋值给 fp，对 fp 输入参数 5，然后将结果输出；对 fp 输入参数 10，将该函数结果输出。

运行结果如图 8-5 所示。

从结果来看，调用 fp 和*fp 的结果是相同的，都是调用了指定函数本身。

图 8-5 使用函数指针

8.4 指针与数组

在实际应用中，数组和指针有着密切联系。数组与普通的变量不同，数组名是指向该数组首元素的地址。也就是说，指针可以用数组名来初始化。既然如此，经过初始化的指针能否代替原来的数组名呢？答案是肯定的。下面介绍指针与数组的应用。

8.4.1 指针的算术运算

指针的操作与整型变量类似，它们都是使用数值表示，指针可以进行"加""减"操作，对该指针指向地址的前后地址中存在的变量进行操作。指针变量操作又与普通变量有所不同，对指针变量加上 1 或者减去 1，其实是加上或者减去指针所指向的数据类型的大小。当给一个指针加上或者减去整型变量，指针表达式返回的是一个新的地址。

同时，两个指针还可以进行相减运算。如果两个指针相减，得到的是两个指针所指向的地址之间变量的个数。

 对指针进行加 1 操作，得到的是下一个元素的地址，而不是原有地址值直接加 1。

下面通过实例来说明指针算术运算的使用方法。

【例 8-6】指针算术运算(代码 8-6.txt)。

新建名为 zzsstest 的 C++ Source File 源程序。源代码如下：

```cpp
#include <iostream>
using namespace std;
int main(int argc, char* argv[])
{
    int counDown[10]={9,8,7,6,5,4,3,2,1,0};
    int* cdp=&counDown[0];

    do
    {
        std::cout<<*cdp<<"\n";
        cdp++;
    } while (*cdp);
    system("pause");
    return 0;
}
```

【代码剖析】

在该例中，首先声明了一个 int 型数组，数组中的变量是从 9 到 0；接下来，定义一个指针变量 cdp，指向该数组第一个变量的地址。用 do-while 循环，输出指针变量所指地址的值，将指针变量递增，指向下一个地址，直到该数组结束。

运行结果如图 8-6 所示。

从结果来看，程序中将数组第 1 个元素的地址赋给指针 cdp。cdp 递增的语句并不是给指针地址加上整数 1。因为指针被声明为 int 类型，该语句实际上给指针地址加上整数类型的大小。

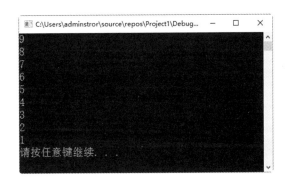

图 8-6 指针的算术运算

8.4.2 利用指针存储一维数组的元素

下面通过一个实例来看看如何利用指针存储一维数组。

指针是用来保存地址的变量，&是用来取地址的。数组名代表数组首元素的地址。

【例8-7】指针存储一维数组(代码8-7.txt)。

新建名为 zzsztest 的 C++ Source File 源程序。源代码如下：

```cpp
#include <iostream>
using namespace std;
int main(int argc, char* argv[])
{
    int counDown[10]={9,8,7,6,5,4,3,2,1,0};
    int cmpd[10]={};
    int i=0;
    int* cdp=&counDown[0];
    int* pp=&cmpd[0];
    do
    {
        /*  std::cout<<*cdp<<"\n";*/
        *pp=*cdp;
        cdp++;
        pp++;
    } while (*cdp);
    for(int j=0;j<=9;j++)
    {
        cout<<cmpd[j]<<"\n";
    }
    system("pause");
    return 0;
}
```

【代码剖析】

在该例中，首先声明了一个 int 型数组，数组中的变量是从 9 到 0；接下来，又定义了一个 cmpd 数组，该数组含有 10 个变量。定义 int 型指针，指向第一个数组的第一个变量地址；定义 int 型指针，指向数组首地址。用 do-while 循环，将指针变量所指地址的值赋给第二个指针变量指向地址的值，将两个指针变量++，指向下一个地址，直到该数组结束。将第二个数组的值输出。

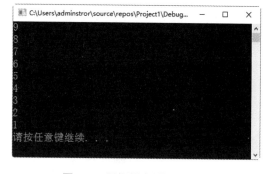

图 8-7 用指针存储一维数组

运行结果如图 8-7 所示。

从结果来看，通过指针调用了数组中的值，并且将结果输出。

8.4.3 利用指针传递一维数组到函数中

下面继续介绍指针的应用，利用指针将数组传递到函数中，调用该函数，对数组进行操作。

【例 8-8】用指针传递数组到函数中(代码 8-8.txt)。

新建名为 zzcstest 的 C++ Source File 源程序。源代码如下：

```cpp
#include <iostream>
using namespace std;
int sumn(int *cdp)
{
    int sum=0;
    do
    {
        sum+=*cdp;
        cdp++;
    }while (*cdp);
    return sum;
}
int main(int argc, char* argv[])
{
    int counDown[10]={9,8,7,6,5,4,3,2,1,0};
    int i=sumn(&counDown[0]);
    cout<<"i="<<i<<"\n";
    system("pause");
    return 0;
}
```

【代码剖析】

在该例中，首先定义了一个函数 sumn，该函数的返回值为 int 型，输入参数为 int 型指针变量，该函数实现将该指针对应的数组的值全部相加，返回该数组元素值的和。在主程序中，定义了一个 int 型数组，该数组包含 0~9 的 10 个数，定义 int 型变量 i，将 sumn 的返回值赋给 i，该函数的参数传入数组的首个元素的地址，将 i 的结果输出。

运行结果如图 8-8 所示。

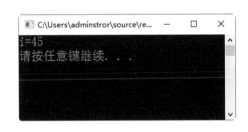

图 8-8　用指针传递数组到函数中

从运行结果来看，把数组的全部值的和都输出了。通过传递数组首元素的地址达到调用该数组的目的。

8.5　指针与字符串

本节介绍指针与字符串的联系。其实，可以把字符串看成是字符型数组，那么就可以用指针来访问该字符串了。

下面通过一个例子来说明如何利用指针访问字符串。

【例 8-9】用指针访问字符串(代码 8-9.txt)。

新建名为 zzzftest 的 C++ Source File 源程序。源代码如下：

```
#include <iostream>
using namespace std;
void main()
{
    const char *p="www.sohu.com";//C 语言风格字符串
    while(*(++p));//循环移动指针到字符串尾
    //指针 p 指向字符串尾中的空字符'\0',因此须先向后移动一个字符,
    //即指向空字符的前一个字符时才开始循环输出字符,
    //判断 p 当前指向的字符是 true 还是 false,true 表明这是除 null 外的任意字符
    while(*(--p))
        cout<<*p;
    cout<<endl;
    system("pause");
}
```

【代码剖析】

在该例中，首先定义了一个静态字符串变量 p，该变量的值定义为 www.sohu.com；接着使用 while 循环，将指针 p 指向字符串最后一个变量的地址；又使用 while 循环，从后往前循环遍历字符串，将字符串反向输出。

运行结果如图 8-9 所示。

从运行结果来看，使用指针对字符串操作与使用指针对数组操作是相同的。

图 8-9 用指针访问字符串

8.6 const 指针

在 C++中，如果指针的前面加上 const 关键字，则表示为 const 指针。例如：

```
const int * p;
```

这里定义一个指向整数常量的指针，该指针指向的值是不能改变的。

如果 const 关键字在变量的前面，则含义和上面的不相同。例如：

```
int * const p;
```

这里也是定义一个指向整数常量的指针，它指向的整数是可以改变的，但是 p 这个指针不能指向其他变量。

【例 8-10】const 指针(代码 8-10.txt)。

代码如下：

```
#include<iostream>
using namespace std;
void  main()
```

```
{
    int a = 10;
    int b = 20;
    int c = 30;
    const int *p1 = 0;
    p1 = &a;
    a = 100;      //正确的
    cout << *p1 << endl;
            //*p1=100;这是错误的，不能通过修改 p1 修改 a
    int * const p2 = &b;      //初始化 p2 时需要指定 p2 的指向
    *p2 = 200; //正确的
                //p2=&c;这是错误的，p2 不能再指向其他变量
    cout << *p2 << endl;
    system("pause");
}
```

【代码剖析】

在该例中，p1 是指向整型常量的指针，该指针指向的值是不能改变的。p1 指向变量 a，p1 指向的值是不能改变的，也就是说通过 p1 是不能改变变量 a 的值的，但是可以直接改变变量 a 的值。

p2 也是一个指向整型常量的指针，它指向的整数是可以改变的，但是 p2 这个指针不能指向其他变量。p2 初始化时就需要明确其指向，它指向了变量 b，可以通过 p2 改变变量 b 的值，但是不能改变 p2 的指向，所以再次赋值 p2 指向变量 c。

运行结果如图 8-10 所示。

图 8-10　使用 const 指针

8.7　void 指针

一个指针有两个基本属性：指向变量的地址和长度。指针是存储地址的，长度取决于指针的类型。在编译过程中，编译器按照指针类型的不同，向后开始寻址。

void 的字面意思是"无类型"，void *则为"无类型指针"，void *可以指向任何类型的数据。

void 只有"注释"和限制程序的作用，主要表现在对函数返回的限定和对函数参数的限定两个方面。

　　void(类型)指针是一种特殊的指针，它能够灵巧地指向任何数据类型的地址空间。

8.8　指向指针的指针

一个指针变量可以指向整型变量、实型变量、字符型变量，当然也可以指向指针类型变量。当这种指针变量用于指向指针类型变量时，称为指向指针的指针变量，其实质就是一个

指针变量的地址就是指向该变量的指针时，这就是一种双重指针的机制。称指向指针的指针为二级指针，这在 C++中是允许定义的。二级指针必须指向一个一级指针，而这个一级指针存放的是一个内存地址。

下面通过一个例子来说明如何使用二级指针。

【例 8-11】指向指针的指针(代码 8-11.txt)。

新建名为 zzzztest 的 C++ Source File 源程序。源代码如下：

```cpp
#include<iostream>
using namespace std;
#define MAX 3
void main()
{
    static int a[MAX]={1,2,3};//此处数组必须是静态数组
    static int *n[MAX]={&a[0],&a[1],&a[2]};
    int **p,i;
    p=n;//指向指针的指针，n 是指针，p 是指向 n 的指针
    for(i=0;i<MAX;i++)
    {
        cout<<**p<<endl;
        p++;
    }
    system("pause");
}
```

【代码剖析】

在该例中，首先定义了静态数组 a，该数组有 3 个变量，分别是 1、2、3。接下来定义了一个指针型数组 n，该数组的 3 个变量分别是 a 数组元素的地址。定义二级指针 p，p 被赋值为 n。p 就指向了 n 数组的首地址。然后，使用 for 循环访问二级地址 p 的内容，并且输出。

运行结果如图 8-11 所示。

从运行结果来看，利用二级指针输出了数组的内容，指针数组的元素只能是地址。

如果一个指针变量中存放的是一个目标变量的地址，这就是单级间址。指向指针的指针用的是二级间址。

图 8-11　使用二级指针

8.9　动态内存配置

对一个程序设计者来说，变量和各种其他对象的内存分配都是由编译器自动分配的。例如，使用一个数组时，必须为数组声明较大空间，指针变量也需要指向一个已经存在的变量或者对象，这样就使得程序员对内存的控制不是很灵活。

虽然为了与 C 语言兼容，C++仍保留 malloc 和 free 函数，但建议用户不用 malloc 和 free 函数，而用 new 和 delete 运算符。

相对于内存占用不确定的情况，C++的动态内存分配机制很好地解决了这个问题。C/C++定义了 4 个内存区间：代码区、全局数据区、栈区和堆(heap)区。

通常，在定义变量的情况下，编译过程中编译器会根据变量的类型，为它们分配适当的内存空间大小，这样的内存分配称为静态存储分配。

如果能够确定内存大小的，使用静态存储分配就可以满足需要。但是，有些时候，内存分配情况不能确定，在编译过程中就不能确定分配内存的大小。那么，这个分配过程就只能在运行过程中，根据实际需求进行内存分配，这种内存分配的方法称为动态存储分配。

动态存储分配是在程序运行到需要动态分配变量和内存时，向堆栈申请一块所需要的存储空间大小，用于存储该变量或者对象。

在变量或者对象的生命周期结束时，显式地释放它们占用的内存空间，堆栈空间就可以被再次分配，重复利用资源。

8.9.1 使用基本数据类型做动态配置

在 C++中，申请和释放堆中分配的存储空间，分别使用 new 和 delete 这两个运算符来完成，其使用的格式如下：

```
指针变量名=new 类型名(初始值);
delete 指针名;
```

其中，关键字 new 的作用是返回一个所分配类型的变量的指针。创建的变量和对象，是通过该指针操作。

一般的变量或者对象，在定义时都要指定一个标识符命名，而动态分配的变量或者对象是没有命名标识符的，称为无名对象。

使用 new 表达式的操作过程首先是从堆栈分配对象，使用括号中的值初始化对象，从堆栈分配对象是调用库操作符 new()。

例如：

```
int *pi=new int(0);
```

说明：pi 现在所指向的变量是由库操作符 new()分配的，位于程序的堆区中，并且该对象未命名。

下面通过一个实例来了解基本数据类型的动态配置。

【例 8-12】基本数据类型的动态内存配置(代码 8-12.txt)。

新建名为 dttest 的 C++ Source File 源程序。源代码如下：

```cpp
#include<iostream>
using namespace std;
void main()
{
    int* p;
    p = new int;
    *p = 100;
    cout << *p << endl;
    delete p;     //p 所指向的内存空间已经被释放
```

```
    cout << *p << endl;  //访问此时 p 所指的内存
    system("pause");
}
```

【代码剖析】

在该例中，首先定义了一个 int 型指针 p，使用 new 为 p 分配了一个 int 空间；给 p 对应的地址赋值为 100，输出 p 地址对应的值；用 delete 释放 p 的空间，再将 p 对应空间的值输出。

运行结果如图 8-12 所示。同时提示异常信息，如图 8-13 所示。

图 8-12　基本数据类型的动态配置

图 8-13　异常信息

从运行结果来看，分别使用了 new 和 delete 申请和释放空间。在释放 p 的空间之后，再次输出 p 空间的值时将会提示异常信息，这是因为 Windows 10 操作系统做了保护性工作，在非法访问时中断了程序。

8.9.2　使用数组做动态配置

对数组进行动态分配的格式如下：

```
指针变量名=new 类型名[下标表达式];
delete [ ] 指向该数组的指针变量名;
```

在上面的格式中，如果 new 是一个带方括号的数组，那么在 delete 的时候必须要加上方括号，两者必须配合使用。如果在使用 delete 释放数组指针的时候，不加方括号，那么就只是释放了数组的第一个元素，并没有释放整个数组的元素。

下面通过一个实例来说明 new[]和 delete[]的使用方法。

【例 8-13】 数组的动态内存配置(代码 8-13.txt)。

新建名为 dtttest 的 C++ Source File 源程序。源代码如下：

```
#include<iostream>
using namespace std;
int main()
{
    int n;
    char *pc;
    cout << "请输入动态数组的元素个数" << endl;
    cin >> n;    //在运行时确定，可输入
    pc = new char[n];
    //申请可以存储几个字符的内存空间
```

```
    strcpy_s(pc, n, "堆内存的动态分配");
    cout << pc << endl;
    delete[]pc; //释放 pc 所指向的 n 个字符的内存空间
    system("pause");
    return 0;
}
```

【代码剖析】

在该例中，首先定义了一个 int 型变量 n，char 型指针变量 pc；接下来，从屏幕输入 n 的值，为 pc 申请一个大小为 n 的内存空间；用 strcpy_s 函数给 pc 赋值，把 pc 的结果输出；最后，释放 pc 空间内容。

运行结果如图 8-14 所示。

图 8-14   数组的动态内存配置

从运行结果来看，分别使用了 new[]和 delete[]申请和释放空间。在申请完 pc 空间之后，便可以对 pc 指向的数组进行操作。在使用完成之后，一定要释放申请的空间。

8.10　实战演练——判断字符串中有多少个整数

输入一个字符串，内有数字和非数字字符，例如：

```
a123jdh34211 djfh37641m? kj8E8#*526
```

将其中连续的数字作为一个整数，依次存到一个数组 a 中，如将 123 放到 a[0]，34211 放到 a[1]……统计共有多少个整数，并输出这些数。代码如下：

```
#include<iostream>
#include<string>
#include<iomanip>
using namespace std;
int findInteger(char *p,int *a)//该函数将字符串中的连续数字存入整型数组 a 中，并返回
                               //a 中整数的个数
{
int j,n=0,i,k;
char temp[100];//存放连续的数字，以便转换成整数
for(i=0;p[i]!='\0';i++)
{
      j=0;
  while(p[i]>='0'&&p[i]<='9')
      {
            temp[j]=p[i];
            j++;
```

```
                i++;
        }
        if(j!=0)//如果存在连续的数字
        {
            *a=atoi(temp);//atoi 函数的功能是将字符串转换成正整数
            a++;
            n++;
            for(k=0;k<j;k++)//将数组 temp 清零，以便存放下一个数字
                temp[k]=0;
            i--;
        }
    }
}
return n;
}
int main()
{
    int i,m,a[100];
    char line[100];
    cout<<"请输入一个字符串:"<<endl;
    gets_s(line);
    m=findInteger(line,a);
    cout<<"字符串中共有："<<m<<"个整数"<<endl;
    for(i=0;i<m;i++)
        cout<<setw(8)<<a[i];
    cout<<endl;
    system("pause");
    return 0;
}
```

【代码剖析】

在该例中，首先定义了 findInteger 函数，该数组返回值为 int 型，返回该字符串中整数的个数，两个参数分别是字符指针 p 和整型指针 a，p 为传入字符串变量，a 为保存整数类型变量。在主函数中，输入字符串，调用 findInteger 函数，分解输入的字符串，将整数保存到数组 a 中，最后将数组结果输出。

运行结果如图 8-15 所示。

图 8-15　判断字符串中有多少个整数

从运行结果来看，输入了一个字符串，经过程序运行将字符串中的整数提取并保存到数组中。在定义 findInteger 函数时，使用字符指针定义字符串，使用 int 型指针定义整型数组，并进行地址传递，在函数中才可以改变数组 a 的值。

8.11　大　神　解　惑

疑问 1　数组指针与指针数组的区别？

(1)　数组指针。

数组名本身就是一个指针，指向数组的首地址。注意声明定长数组时，其数组名指向的数组首地址是常量。声明数组并使某个指针指向其值或指向某个数组的地址(不一定是首地址)，指针取值可以改变。

数组指针是指向数组的一个指针，如 int (*p)[10] 表示一个指向有 10 个 int 元素的数组的指针。

(2)　指针数组。

一个数组，若其元素均为指针类型数据，称为指针数组。也就是说，指针数组中每一个元素都相当于一个指针变量。其详细形式应该如下：*a[0]，*a[1]，…，*a[n]。每一个数组元素里面存储的是其指向的地址。一维指针数组的定义形式为：类型名　*数组名[数组长度]。

疑问 2　指针函数和函数指针的区别？

(1)　指针函数。

当一个函数声明其返回值为一个指针时，实际上就是返回一个地址给调用函数，以用于需要指针或地址的表达式中。

语法格式如下：

类型说明符　*　函数名(参数)

(2)　函数指针。

指向函数的指针包含了函数的地址，可以通过它来调用函数。语法格式如下：

类型说明符　(*函数名)(参数)

其实这里不能称为函数名，应该叫作指针的变量名。这个特殊的指针指向一个返回值的函数。指针的声明必须和它指向函数的声明保持一致。

疑问 3　在 C++中，动态内存分配应注意什么问题？

(1)　动态分配失败。返回一个空指针(NULL)，表示发生了异常，堆资源不足，分配失败。

(2)　指针删除与堆空间释放。删除一个指针 p(delete p)，实际意思是删除了 p 所指的目标(变量或对象等)，释放了它所占的堆空间，而不是删除 p 本身，释放堆空间后，p 成了空指针。

(3)　内存泄漏(memory leak)和重复释放。new 与 delete 是配对使用的，delete 只能释放堆空间。如果 new 返回的指针值丢失，则所分配的堆空间无法回收，称为内存泄漏。同一空间重复释放也是危险的，因为该空间可能已另分配。所以必须妥善保存 new 返回的指针，以保证不发生内存泄漏，也必须保证不会重复释放堆内存空间。

(4) 动态分配的变量或对象的生命期。堆空间也称为自由空间(free store)，但必须记住释放该对象所占堆空间，并只能释放一次，在函数内建立，而在函数外释放，往往会出错。

8.12 跟我学上机

练习 1：编写一个程序，声明并初始化一个数组，其中包含前 50 个偶数，使用数组表示法输出该数组中的数字，每一行显示 10 个数字，再使用数组表示法逆序输出这些数字。

练习 2：创建一个程序，在键盘上读取数组的大小，对这个数组进行动态分配内存，以存储浮点数值，使用指针表示法初始化数值的所有元素，使索引位置为 n，元素值是 1.0 除以 (n+1)的平方，使用指针表示法计算出元素的总和，将总和除以 6，输出该结果的平方根。

第9章

灵活定义数据类型——结构体、共用体和枚举类型

C++提供了结构体和共用体新类型，这些类型对数据的整合有很大的作用，从而使代码更加灵活和简洁。本章带领读者学习结构体和共用体，了解结构体和共用体如何声明和定义，清楚两者之间的异同，掌握结构体和共用体在程序中的初始化和使用，熟练掌握枚举类型的定义和使用。

本章要点(已掌握的在方框中打钩)

☐ 熟悉结构体的声明方法。

☐ 掌握结构体变量的初始化与使用方法。

☐ 掌握结构体数组初始化方法。

☐ 掌握共用体的定义和声明方法。

☐ 掌握共用体的初始化与使用方法。

☐ 掌握 struct 和 union 的差异。

☐ 掌握枚举类型的定义和声明。

☐ 掌握枚举类型的初始化与使用方法。

☐ 掌握创建学生信息登记表的方法。

9.1　结　构　体

在 C++中，由不同数据类型的数据组成的整体称为结构体，结构体的作用就是构造复杂的数据类型。

例如，一个关于学生信息的复杂数据结构，一个学生需要学号、姓名、年龄等属性(见图 9-1)，那么就可以使用结构体来定义这样一个数据结构，学号等属性就称为成员数据，每个成员数据的数据类型都不相同，这样定义的学生信息就更加便于管理。

学生	学号(整型)
	姓名(字符串)
	年龄(整型)
	院系(字符串)
	平均成绩(浮点型)

图 9-1　学生信息

9.1.1　结构体的声明

定义一个结构体类型的一般形式如下：

```
struct    结构体名
{
成员列表
};
```

其中，struct 是定义结构体的关键字。结构体名是一个用户定义的标识符，它规定了所定义的结构体的名称。成员列表是用来定义结构体的组成成员的，每个成员包括成员名称及成员类型。

　　不要误认为凡是结构体类型都有相同的结构。实际上，每一种结构体类型都有自己的结构，可以定义出多种具体的结构体类型。

在程序运行过程中，结构体定义后并不直接分配内存空间，只是说明该结构体由哪些成员类型组成。当程序当中定义了一个结构体类型的变量的时候，编译程序才会给系统分配存储空间。

结构体的定义有以下 3 种形式。

(1)　在定义一个结构体类型之后，把变量定义为该类型。例如：

```
struct   person
{ char    name[20];
  int     age;
  char    sex;
  int     num;
  char    nation;
```

```
    int     education;
    char    address[20];
    int     tel;
};
struct person student, worker;
```

其中，struct person 代表类型名(类型标识符)，就像用 int 定义变量时，int 是类型名一样。在定义变量时 struct 可以省略不写。

(2) 在定义结构体类型的同时说明结构体类型变量。

例如：

```
struct stu{ int num;
      char name[20];
      char sex;
      float score; }boy1,boy2;
```

这种形式的说明的一般形式为：

```
struct 结构体名
    {
    成员列表
}变量名列表;
```

(3) 直接说明结构体类型变量。例如：

```
struct { int num;
    char name[20];
    char sex;
    float score;}boy1,boy2;
```

这种形式的说明的一般形式为：

```
struct {
      成员列表
}变量名列表;
```

 如果成员本身又属于一个结构体类型，则要用若干个成员运算符，一级一级地找到最低的一级成员。只能对最低级的成员进行赋值或存取及运算。

9.1.2 结构体变量的初始化与使用

下面介绍如何初始化和使用结构体变量。

初始化的方法是用花括弧将每个成员的值括起来。例如：

```
struct stu    /*定义结构*/
{ int num;
  char *name;
  char sex;
  float score;
}boy2,boy1={102,"Zhang ping",'M',78.5};
```

在初始化结构体变量时，应该将各个成员的赋值顺序与结构体类型中的说明成员一一对应，如果跳过前一个成员而直接赋值后面的成员变量，在编译过程中会产生错误。但是，如果只赋值前面的成员变量，对后面的成员变量不进行赋值，编译过程中会直接给后面的成员变量赋值为 0。

结构体变量的使用主要包括以下一些要点。

(1) 结构体变量之间可以相互赋值。

(2) 结构体变量中的某个成员的值可以单独被引用，形式如下：

结构体变量名. 成员名

其中，"."是成员运算符。

(3) 结构体变量可以嵌套使用，也就是说一个结构体变量的成员也可以是一个结构体类型变量。

(4) 结构体的每个成员都可以单独地输入或者输出，但是不能作为整体进行输入或者输出。

(5) 结构体中的成员变量性质与普通变量一样，可以进行各类操作。

(6) 访问结构体变量时，可以通过结构体地址访问，也可以通过结构体变量地址直接访问。

 一个结构体变量占用内存的实际大小，也可以利用 sizeof 函数运算求出。它的表达形式为：sizeof(运算量)。

下面通过一个实例来说明结构体的使用方法。

【例 9-1】结构体的使用(代码 9-1.txt)。

新建名为 strtest 的 C++ Source File 源程序。源代码如下：

```cpp
#include <string>
#include <iostream>
using namespace std ;
struct test//定义一个名为test的结构体
{
    int a;//定义结构体成员a
    int b;//定义结构体成员b
};
void main()
{
    test pn1;//定义结构体变量pn1
    test pn2;//定义结构体变量pn2
    pn2.a=10;//通过成员操作符"."给结构体变量pn2中的成员a赋值
    pn2.b=3;//通过成员操作符"."给结构体变量pn2中的成员b赋值
    pn1=pn2;//把pn2中所有的成员值赋值给具有相同结构的结构体变量pn1
    cout<<pn1.a<<"|"<<pn1.b<<endl;
    cout<<pn2.a<<"|"<<pn2.b<<endl;
    system("pause");
}
```

【代码剖析】

这个程序，首先声明了一个名为 test 的结构体，test 中有两个结构体成员，分别是 int 型的 a 和 b；在主程序中，定义了两个结构体变量 pn1 和 pn2，给 pn1 的成员变量 a 赋值为 10，

给 pn2 的成员变量 b 赋值为 3；把 pn2 的值赋值给
pn1，将 pn1 和 pn2 两个变量的成员全部输出。

运行结果如图 9-2 所示。

从结果来看，正确地输出了 pn1 和 pn2。要访问
pn1 和 pn2 的成员，需要用 pn2.a 这种形式来访问，同
时两个相同类型的结构体可以相互赋值。

图 9-2　使用结构体

9.1.3　结构体数组初始化

在 C++中，一个数组中的元素可以是结构体类型，这样一组数组表示具有相同数据结构
的一组变量。

结构体数组的定义方法如下。

(1)　在定义结构体数组前，必须首先定义结构体类型。

(2)　定义结构体类型与定义结构体数组同时进行。

(3)　定义结构体数组，而不定义结构体类型名。

结构体数组各元素是连续存放的，不能对结构体数组做整体操作，可以对结构体数组进
行初始化赋值。

 提示　　　结构体数组适合于处理由若干具有相同关系的数据组成的数据集合体。

下面通过一个实例来说明结构体数组初始化的过程。

【例 9-2】结构体数组初始化(代码 9-2.txt)。

新建名为 strctest 的 C++ Source File 源程序。源代码如下：

```cpp
#include <string>
#include <iostream>
using namespace std ;
struct student
{
    int idNumber;
    char name[15];
    int age;
    char department[20];
    float gpa;
};
void main()
{
    student S[3]={ {428004, "Tomato",20, "ComputerScience",84.5},
    {428005, "OOTTMA",20, "ComputerScience",85.0},
    {428006, "OTA",20, "ComputerScience",89.8}};
    for(int i=0;i<3;i++)
    {
        cout<<"id="<<S[i].idNumber<<"; name="<<S[i].name<<";
age="<<S[i].age<<"; depart="<<S[i].department<<"; gpa="<<S[i].gpa<<endl;
    }
    system("pause");
}
```

【代码剖析】

这个程序，首先定义了一个 student 的结构体，该结构体包含 5 个结构体成员；在主程序中，定义了 student 数组，并且初始化了 3 个数组变量；接下来，使用 for 循环将数组对应的每个结构体变量都输出。

运行结果如图 9-3 所示。

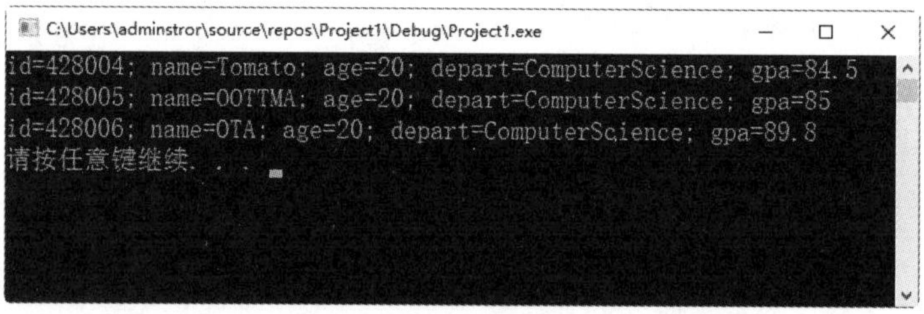

图 9-3　结构体数组初始化

从结果来看，正确地输出了结构体数组中的元素。在初始化时，连续初始化了 3 个数组变量。访问结构体数组和普通数组相同，只是数组的类型是结构体而已。

9.2　将结构体变量作为函数参数

由前面的介绍可知，结构体也是一种数据类型，变量作为函数的参数，那么结构体变量也可以作为函数的参数来使用。

9.2.1　将整个结构体传送到函数

作为函数的参数，可以传送数据类型，也可以传送数据地址。下面通过一个例子来说明如何将整个结构体作为参数传送到函数。

【例 9-3】 结构体参数(代码 9-3.txt)。

新建名为 strcstest 的 C++ Source File 源程序。源代码如下：

```
#include <string>
#include <iostream>
using namespace std ;
struct student
{
    int idNumber;
    char name[15];
    int age;
    char department[20];
    float gpa;
};
void display(student arg);//结构体变量作为参数
int main()
{
    student s1={428004, "Tomato",20, "ComputerScience",84.5};//声明 s1，并对
        //s1 进行初始化
```

```
    display(s1);
    system("pause");
    return 0;
}
void display(student arg)
{
    cout <<"学号: " <<arg.idNumber <<"姓名: " <<arg.name <<"年龄: " <<arg.age
<<endl <<"院系: " <<arg.department <<"成绩: " <<arg.gpa <<endl;
    cout <<"arg.name 的地址" <<&arg.name <<endl;
}
```

【代码剖析】

这个程序，首先定义一个结构体 student，该结构体有 5 个结构体成员；声明一个 display 函数，该函数的参数为 student 结构体变量；在主程序中，初始化一个结构体变量 s1，调用 display 函数，把 s1 作为参数传入，将变量 s1 的成员都输出。

运行结果如图 9-4 所示。

图 9-4　使用结构体参数

从结果来看，把 s1 的成员全部输出，并且把 s1 的地址也输出。可见，把整个结构体传送到函数中，它的访问方式和把基本数据类型传送到函数中是相同的。

9.2.2　传送结构体的地址到函数

在定义函数时，如果需要修改实参的值就需要使用传址调用。在进行传址调用时，如果调用实参是一个结构体中的成员数据时，由于成员数据数量较多，使用不便。在 C++中，允许结构体变量与普通参数一样，作为实参进行参数传递。

下面用一个实例来说明结构体传址到函数的过程。

【例 9-4】结构体传址(代码 9-4.txt)。

新建名为 strcztest 的 C++ Source File 源程序。源代码如下：

```
#include <iostream>
#include <string>
using namespace std;
struct Student
{
    int num;
    string name;
    float score[3];
}stu={12345,"Li Li",67.5,89,78.5};

void main( )
{
    void print(Student &);
    //函数声明，形参为 Student 类型变量的引用
    print(stu);
    //实参为结构体 Student 变量
    system("pause");
```

```
}
//函数定义，形参为结构体 Student 变量的引用
void print(Student &stud)
{
    cout<<stud.num<<" "<<stud.name<<" "<<stud.score[0]<<" "
    <<stud.score[1]<<" "<<stud.score[2]<<endl;
}
```

【代码剖析】

在这个例子中，首先定义了结构体 Student，并且初始化了变量 stu；在主程序中，调用 print 函数，将 stu 的地址传送到 print 函数；接下来，定义 print 函数，该函数参数值为 Student 结构体变量的地址，在该函数中利用参数的引用来访问该结构体变量，把结构体变量的成员值输出。

图 9-5　结构体传址

运行结果如图 9-5 所示。

从结果来看，正确地输出了结构体变量值的内容，实参是结构体 Student 类型变量，而形参用 Student 类型的引用，虚实结合时传递的是 stu 的地址，因而效率较高。引用变量主要用作函数参数，它可以提高效率，而且保持程序良好的可读性。

9.3　共　用　体

在 C++中，共用体功能与结构体非常类似，其作用就是对于不同的数据类型使用共同的存储区域。共用体在运行过程中只有一个成员是处于活动状态，而结构体中所有的成员都处于活动状态。正是由于这样的不同特性，共用体所占用的内存空间只是成员变量中最大的长度，而结构体中所占用的内存长度是所有内存的和。

下面介绍共用体的使用方法。

9.3.1　共用体的定义和声明

共用体变量定义的一般形式如下：

```
union 共用体名
{ 类型名    共用体成员名
}变量列表;
```

定义共用体类型变量的方法与定义结构体类型变量的方法相似，也有以下 3 种方法。

(1) union 类型定义后面直接跟变量名：

```
union 共用体名
{
成员列表;
}变量列表;
```

例如：

```
union gy
{
int i;
char c;
float f;
}a,b,c;
```

(2) 将 union 类型定义与 union 变量定义分开：

```
union gy
{
    int i;
    char c;
    float f;
};
union gy a,b,c;
```

(3) 直接定义 union 变量：

```
union
{
    int i;
    char c;
    float f;
}a,b,c;
```

上面几种方法都是定义了一个 union 类型 union data，又定义了几个 union 类型变量 a、b、c。

9.3.2 共用体类型的初始化和使用

在共用体变量说明的时候可以直接赋值初始化，但是在初始化的时候，只能初始化其中一个成员类型。

 能够访问的是共用体变量中最后一次被赋值的成员，在对一个新的成员赋值后原有的成员就失去了作用。

例如：

```
union mixed
{
  int num;
  char ch;
  float fl;
};
union mixed m1={0},m2;
```

引用共用体成员的两个运算符："."和"->"。对于共用体的应用有以下一些形式。
形式一：

共用体变量.成员名

形式二：

(*共用体指针变量).成员名

形式三：

共用体指针变量->成员名

下面通过一个例子来说明共用体的使用方法。

【例 9-5】共用体的使用(代码 9-5.txt)。

新建名为 gyttest 的 C++ Source File 源程序。源代码如下：

```cpp
#include <iostream>
#include <string>
using namespace std;
union data
{
    char c;
    int i;
    double d;
};
void main()
{
    union  data u={'a'};
    cout<<u.c<<endl;
    u.i=25;u.d=2.89;
    cout<<u.d<<endl;
    cout<<u.i<<endl;
    system("pause");
}
```

【代码剖析】

在这个例子中，首先定义了共用体 data，该共用体包含 3 个成员，类型分别是 char、int 和 double；在主程序中，定义一个共用体变量 u，该变量初始化为 a，输出 u.c 的结果；给 u.i 赋值为 25，给 u.d 赋值为 2.89；输出 u.d 的值，再输出 u.i 的值。

图 9-6　使用共用体

运行结果如图 9-6 所示。

从整个示例来看，初始化 u 时，a 是赋值给了 u.c。输出 u.d 的结果就是在程序中赋值的结果，但是输出 u.i 时没有输出 25。这是因为，同一时间只能存放其中一种，而不是同时存放几种。能够访问的是共用体变量中最后一次被赋值的成员，在对一个新的成员赋值后原有的成员就失去了作用。所以 u.i 在访问时已经失去了作用。

9.3.3　struct 和 union 的差异

struct 和 union 的差异如下。

struct 是指不同的数据类型的变量按照一定的实际情况组合在一起的数据结构，由一种数据对象的不同属性组成的，所占用的内存空间等于各个成员所占空间的组合。

union 是将不同的数据类型变量组合到一起，使用共用体的优点是可以共享数据空间，最大的成员所占用的空间就是共用体的空间，节省了内存空间。

9.4　枚　举　类　型

在现实中，一个对象的性质可能有几种不同的值，那么在 C++中就可以使用枚举类型。枚举类型是由一组整数类型的标识符组成的集合。下面介绍枚举类型的使用。

9.4.1　枚举类型的定义和声明

枚举类型是 C++提供的一种可由程序员自行定义的数据类型，是一种简单类型，而不是构造类型。

枚举类型的定义形式如下：

```
enum 枚举名
{
    枚举值名表
};
```

其中枚举值名表格式如下：

```
标识符 1,标识符 2,…,标识符 n
```

例如

```
enum colors
{
  RED,YELLOW,BLUE,WHITE,BLACK
};
enum sexes
{
  MALE,FEMALE
};
```

枚举类型的变量称为枚举变量，在使用前需要先说明。

定义和声明枚举变量也有 3 种方法。

(1) 先定义，后声明。例如：

```
enum primarycolor
{
 RED,YELLOW,BLUE
};
enum primarycolor myfavorcolor;
```

(2) 定义和声明同时进行。例如：

```
enum sexes
{
  MALE,FEMALE
} Wang,Zhang;
```

(3) 直接定义。例如：

```
enum
{
  MON,TUE,WED,THU,FRI,SAT,SUN
} today,yesterday,tomorrow;
```

9.4.2 枚举类型的初始化和使用

下面介绍枚举类型的初始化和使用。

 枚举元素作为常量，它们是有值的，C++编译按定义时的顺序对它们赋值为 0,1,2,3,…。也可以在声明枚举类型时另行指定枚举元素的值。

枚举类型的初始化形式如下：

```
enum [枚举名]
{
  标识符1 [=整型常量],
  标识符2 [=整型常量],
  ...
  标识符n [=整型常量]
};
```

例如：

```
enum colors
{
  RED,     /* RED 的值为 0 */
  YELLOW=50,
  BLUE=100,
  WHITE,   /* WHITE 的值为 101 */
  BLACK    /* BLACK 的值为 102 */
};
enum colors col1,col2;
```

下面通过一个实例来说明一下枚举类型的使用方法。

【例9-6】枚举类型的使用(代码9-6.txt)。

新建名为 mjtest 的 C++ Source File 源程序。源代码如下：

```
#include <iostream>
#include <string>
using namespace std;
enum city{ Shanghai,Beijing,Nanjing,Tianjin=5,Guangzhou};
void ff(enum city x)
{
    switch(x)
    {
    case 0:  cout<<"上海\n";  break;
    case 1:  cout<<"北京\n";  break;

    case 2:  cout<<"南京\n";  break;
```

```
    case 5:  cout<<"天津\n";  break;
    case 6:  cout<<"广州\n"; break;
    default: cout<<"非法城市!\n";
    }
}
void main()
{
    enum city c1,c2,c3,c4;
    int i=7;
    c1=(enum city)i; //不能写成 c1=i;
    c2=Nanjing;
    c3=(enum city)5;
    c4=Shanghai;
    ff(c1); ff(c2); ff(c3); ff(c4);
    cout<<c1<<" "<<c2<<" "<<c3<<" "<<c4<<endl;
    system("pause");
}
```

【代码剖析】

在该例中，首先定义了一个枚举类型 city，city 中定义了 5 个城市；接下来，定义了一个函数 ff，它的输入参数是 city 类型，根据不同 city 值把相应的城市名称输出；在主程序中，首先定义了 city 的 4 个变量，分别是 c1、c2、c3、c4，c1 利用强制转换赋值为 7，c2 赋值为 Nanjing，c3 赋值为 5，c4 赋值为 Shanghai；分别以 c1、c2、c3、c4 为参数，调用 ff 函数，接下来将结果输出。

运行结果如图 9-7 所示。

从结果来看，c1 输出的是非法城市，因为 c1 的值是 7，在定义枚举类型时，5 个城市的编号分别是 0、1、2、5、6，而 c1 为 7，所以输出了非法城市。其他几个都输出了相应的城市。最后把每个枚举变量都输出。可以看出，实质上枚举变量就是一个 int 值，只是代表不同的含义而已。

图 9-7　使用枚举类型

9.5　实战演练——学生信息登记表

建立 50 名学生信息登记表(结构体数组)，每个学生的数据包括学号、姓名、性别和三门成绩，实现如下效果。

(1) 输入 3 名学生的数据。

(2) 显示每个学生三门课的平均分。

(3) 显示每门课程的全班平均分。

(4) 按平均分高低排名，并按名次顺序输出学生所有数据。

源代码如下：

```
#include<iostream>
#include<string>
#include<iomanip>
using namespace std;
```

```cpp
#define LEN 3 //学生的数量
struct student
{
    int num;//学号
    string name;//姓名
    bool sex;//性别,用bool可以有效避免出现第三种状态,如既是男的又是女的,或者非男非女
    float chinese;//语文
    float math;//数学
    float english;//英语
    float ave;//三门课平均分
}node[LEN];//申请LEN个节点的内存空间,用于存储LEN个人的信息

void input(int num)
{
    cout<<"输入姓名:";
    cin>>node[num].name;
    char sex;
    cout<<"输入性别:(输入1表示'男',输入其他字符表示'女')";
    cin>>sex;
    switch(sex)
    {
    case '1':
        node[num].sex=true;
        break;
    default:
        node[num].sex=false;
        break;
    }
    cout<<"输入语文成绩:";
    cin>>node[num].chinese;
    cout<<"输入数学成绩:";
    cin>>node[num].math;

    cout<<"输入英语成绩:";
    cin>>node[num].english;
    //求平均分,这里求平均分的优点:输入完一个学生的信息后,
//自动计算其平均分,避免为求平均分而单独遍历记录
//平均分=(语文成绩+数学成绩+英语成绩)/3
    node[num].ave=(node[num].chinese+node[num].math+node[num].english)/(float)3;
}
void show()
{
    cout<<"当前只能输入"<<LEN<<"个人"<<endl;
    for(int num=0;num<LEN;num++)
        cout<<node[num].num<<" "
        <<node[num].name<<" "
        <<(node[num].sex=='1'?"男":"女")<<" "
        <<node[num].chinese<<" "
        <<node[num].math<<" "
        <<node[num].chinese<<" "
        <<node[num].ave
        <<endl;
}
```

```cpp
void sort()
{
    student temp;
    for(int num=0;num<LEN-1;num++)
    {
        for(int j=0;j<LEN-1-num;j++)
        {
            if(node[j].ave<node[j+1].ave)//分数小的往后排
            {
                temp=node[j];
                node[j]=node[j+1];
                node[j+1]=temp;
            }
        }
    }
}
void main()
{
    for(int num=0;num<LEN;num++)
        input(num);
    cout<<"排序前是这样的:"<<endl;
    show();
    sort();
    cout<<"排序后是这样的:"<<endl;
    show();
    system("pause");
}
```

【代码剖析】

在该例中，首先定义了一个学生的结构体，该结构体数组 node 保存学生的学号、姓名、性别、语文成绩、数学成绩、英语成绩和平均成绩等信息。定义 input 函数，参数是 int 型变量，为学生个数，初始化结构体数组 node。定义函数 show 把结构体数组内容显示，定义函数 sort 对结构体按照平均成绩进行排序，并且把排序结果保存到结构体数组中。

运行结果如图 9-8 所示。

图 9-8　建立学生信息登记表

从结果来看，输入了三个学生的信息，然后调用 show 函数把三个学生的信息显示出来，调用 sort 函数对三个学生进行排序，再将结果显示出来。在程序中，定义了结构体数组，并且对其进行了初始化，从这个例子中可以学会如何对结构体数组进行操作。

9.6 大 神 解 惑

疑问 1   C 和 C++中的 struct 有什么不同？

C 中的 struct 不可以含有成员函数，而 C++中的 struct 可以。C++中 struct 和 class 的主要区别在于默认的存取权限不同，struct 默认为 public，而 class 默认为 private。

疑问 2   定义结构体类型变量要注意什么问题？

要注意以下几点。

(1) 不要误认为凡是结构体类型都有相同的结构。

(2) 类型与变量是不同的概念。

只能对结构体变量中的成员赋值，而不能对结构体类型赋值。在编译时，是不会为类型分配空间的，只会为变量分配空间。

(3) 对结构体中的成员(即"域")，可以单独使用，它的作用与地位相当于普通变量。

(4) 成员可以是一个结构体变量。

疑问 3   C++中共用体有什么特点？

共用体的特点如下。

(1) 使用共用体变量的目的是希望用同一个内存段存放几种不同类型的数据。要注意：在同一时间只能存放其中一种，而不是同时存放几种。

(2) 能够访问的是共用体变量中最后一次被赋值的成员，在对一个新的成员赋值后原有的成员就失去了作用。

(3) 共用体变量的地址和它的各成员的地址都是同一地址。

(4) 不能对共用体变量名赋值，不能企图引用变量名来得到一个值，不能在定义共用体变量时对它初始化，不能用共用体变量名作为函数参数。

9.7 跟我学上机

练习 1：请定义一个"圆"的结构体，并编写三个函数分别实现：求圆周长，求圆面积，让指定的圆周长增加一倍。

练习 2：设有一个教师与学生通用的表格，教师数据有姓名、年龄、职业、教研室 4 项。学生数据有姓名、年龄、职业、班级 4 项。编程实现输入人员数据并以表格形式输出。

第 10 章

主流的编程思想——
认识面向对象编程

C++是一种完全面向对象的程序设计语言。面向对象的程序设计方法提出了一个全新的概念——类，它的主要思想是将数据(数据成员)及处理这些数据的相应方法(函数成员)封装到类中，类的实例称为对象。本章带领读者学习 C++的类，了解类的构成，掌握类的数据成员和成员函数，学会定义一个类，熟练掌握类成员的访问控制，并且能够应用静态数据成员和静态成员函数。

本章要点(已掌握的在方框中打钩)

- 熟悉面向对象的概念。
- 掌握类和对象的定义方法。
- 掌握类对象指针的定义方法。
- 掌握成员函数的使用方法。
- 掌握嵌套类的使用方法。
- 掌握类成员的访问控制方式。
- 掌握静态成员的使用方法。
- 掌握友元函数的使用方法。
- 掌握实现栈类的方法。

10.1 面向对象编程概述

C++语言经过多年的发展，既具备了支持面向过程的程序设计方法，也具备了面向对象的程序设计方法。下面着重介绍面向对象编程的概念。

10.1.1 面向对象编程的几个概念

面向对象编程(Object Oriented Programming，OOP)是一种程序设计方法，它的核心就是将现实世界中的概念、过程和事务抽象成为 C++中的模型，使用这些模型来进行程序的设计和构建。下面来解释一些关于面向对象的概念。

1. 对象

对象的概念既是面向对象编程中的概念，也是现实生活中的概念，就是使用对象这个概念将我们的程序设计和现实日常生活联系起来。对象在现实生活中可以指自然物体等，每个对象都含有静态属性，如"长、宽、高"等，这些属性就抽象成一个类的数据成员。每个对象也有动态属性，通过动态属性和外界进行相互联系，这就可以抽象成类的成员函数。

2. 抽象

抽象的概念在现实生活中是一个常用的概念，就是将一个事务对象进行归纳总结的过程。在面向对象编程中的抽象就是指将有相同特征的事务抽象成为一个类，一个事务成为这个类的一个对象。

3. 封装

封装在现实生活中的理解就是将某个事物封闭在一个环境中，与外界隔离开来。在面向对象编程过程中的封装概念就是将一个类的数据成员和成员函数封闭在一个对象中，每个对象之间相互独立，互不干扰，只留下一个公开接口与外界进行通信。

4. 继承

在面向对象的编程过程中继承的概念与现实中继承的概念是相似的，就是某一个类继承了另外一个类特性，那么继承的类就称为派生类，被继承的类称为基类。派生类中包含了基类的数据成员和成员函数，同时也有自己的数据成员和成员函数。

5. 多态

在现实生活中，每个个体接收到相同的信息，翻译不同。在面向对象的过程中，也有类似的情况，对于相似的类的对象，接收到同一个指令，它们执行的操作不同，称之为多态性。在面向对象程序设计中，多态性主要表现在同一个基类继承的不同派生类的对象，这些对象对同一消息产生不同的响应。

10.1.2　面向对象编程与面向过程编程的区别

面向对象编程与传统的面向过程编程有哪些区别呢？具体介绍如下。

(1) 面向过程程序设计方法采用函数(或过程)来描述对数据的操作，但又将函数与其操作的数据分离开来；面向对象程序设计方法将数据和对数据的操作封装在一起，作为一个整体来处理。

(2) 面向过程程序设计方法以功能为中心来设计功能模块，难以维护；而面向对象程序设计方法以数据为中心来描述系统，数据相对于功能而言具有较强的稳定性，因此更易于维护。

(3) 面向过程程序的控制流程由程序中预定顺序来决定；面向对象程序的控制流程由运行时各种事件的实际发生来触发，而不再由预定顺序来决定，更符合实际需要。

(4) 面向对象程序设计方法可以利用框架产品(如 MFC，Microsoft Foundation Classes)进行编程。面向对象和面向过程的根本差别，在于封装之后，面向对象提供了面向过程不具备的各种特性，最主要的就是继承和多态。

通过上面的对比可以看出，面向对象技术具有程序结构清晰、自动生成程序框架、实现简单、减少程序的维护工作量、代码重用率高、软件开发效率高等优点。

10.2　认　识　类

在传统的程序设计过程中，数据和实现方法是分离的，这样做的缺点是如果某个方法需要修改或者删除时，整个程序中与数据和方法相关的部分都需要修改。正是为了避免这样的情况，C++中使用了面向对象的设计方法，在面向对象的实现中类是非常重要的一个概念。下面详细介绍类的相关概念。

10.2.1　类的基本概念

类是面向对象的主要概念，是由不同的数据类型的数据和与这些数据相关的操作封装在一起的集合。类这个概念与结构体有些类似，但是结构体中并未用与数据相关的操作。与数据相关的操作就是我们通常讲的方法，正因为如此，类具有更好的抽象性、隐蔽性、封装性等优点。

类可以看作一种数据类型，与整型、字符型等有相同的特性。使用类定义的一个变量就是一个对象，对象通过类将属性和方法封装在一起，将实现部分全部隐藏起来，通过接口与外界进行数据交换。

10.2.2　类的定义

一个类的定义可以分为说明部分和操作部分。说明部分的作用是说明类中的成员，类中的成员包含类中数据成员的说明和成员函数的说明，成员函数的作用是用来对数据成员来操作的，称之为一个类的方法。总体来说，说明部分是说明这个类是想要做什么的，操作部分是说明这个类是怎么实现的。

类的一般定义格式如下：

```
class  <类名>
{
public:
<成员函数或数据成员的说明>
private:
<数据成员或成员函数的说明>
};
<各个成员函数的实现>
```

下面简单地对上面的格式进行说明。class 是定义类的关键字，在 class 后面跟的类名是代表类的标识符，通常类名的命名需要和该类表达的对象相符。大括号中是对类的说明，包括类的数据成员的说明和类的成员函数的说明。

在说明类的成员的时候，需要在说明前面加一个访问权限，类中的成员访问权限分为以下 3 类。

(1) 由 public 定义的公有成员。定义为公有成员的往往是该类对外的接口，外部成员可以通过公有成员访问内部数据。

(2) 由 private 定义的私有类型。私有类型通常是用来定义一些数据成员，这些成员不能被外部函数直接访问和调用，被类封装起来。如果需要调用私有类型的数据成员，必须通过公有类型的成员函数来进行访问。

(3) 由 protected 定义的保护类型。该类型与私有成员非常相似，在类的继承特性中有比较重要的作用。

关键字 public、private 和 protected 被称为访问权限修饰符或访问控制修饰符。它们在类体内(即一对花括号内)出现的先后顺序无关，并且允许多次出现，用它们来说明类成员的访问权限。

提示　类就是对象的类型。实际上，类是一种广义的数据类型。类这种数据类型中的数据既包含数据也包含操作数据的函数。

其中，"<各个成员函数的实现>"是类定义中的实现部分，这部分包含所有在类体内说明的函数的定义。如果一个成员函数在类体内定义了，实现部分将不出现。如果所有的成员函数都在类体内定义，则实现部分可以省略。

例如，定义一个 Clock 类。代码如下：

```
class  Clock
{
public:
    void setTime(int newH, int newM, int newS);
    void showTime();
private:
    int hour, minute, second;
};
void Clock :: setTime(int h, int m,int s)
```

```
{
    hour=h; minute=m; second=s;
}
void Clock :: showTime()
{
    cout<<hour<<":"<<minute<<":"<<second;
}
```

10.2.3 类对象的生成

类的对象是该类的某一特定实体，即类类型的变量。
声明形式：

类名 对象名;

对象成员的引用方法如下。
对象成员表示：

```
<对象名>.<数据成员>        //public 有意义
<对象名>.<成员函数>（ 参数 ）
```

或

```
<对象指针名>-> <数据成员>
<对象指针名>-> <成员函数>（ 参数 ）
```

或

```
(*<对象指针名>). <数据成员>
(* <对象指针名>). <成员函数>（ 参数 ）
```

　　　　　类是抽象的，不占用内存，而对象是具体的，占用存储空间。

下面用一个实例来说明类对象是如何生成的。

【例 10-1】类对象生成(代码 10-1.txt)。

新建名为 classtest 的 C++ Source File 源程序。源代码如下：

```
#include <iostream>
#include <string>
using namespace std;
class Clock //时钟类的声明
{
public: //外部接口，公有成员函数
    void SetTime(int NewH, int NewM, int NewS);
    void ShowTime();
private:     //私有数据成员
    int Hour, Minute, Second;
};
//时钟类成员函数的具体实现
void Clock::SetTime(int H, int M, int S)
{
```

```
    Hour = H;
    Minute = M;
    Second = S;
}
void Clock::ShowTime()
{
    cout << Hour << ":" << Minute << ":" << Second << endl;
}
void main()
{
    Clock myClock;
    myClock.SetTime(20, 40, 26);
    myClock.ShowTime();
    system("pause");
}
```

【代码剖析】

这个程序，首先定义了一个 Clock 类，该类有 3 个数据成员，分别是 Hour、Minute、Second；有两个成员函数，分别是 SetTime 和 ShowTime。接下来定义成员函数 SetTime，给三个成员变量赋值；定义成员函数 ShowTime，将该类的成员全部输出。在主程序中，定义了类 Clock 的对象 myClock，并对对象进行初始化，调用 myClock 的两个成员函数。

运行结果如图 10-1 所示。

从结果来看，把 myClock 的成员函数都输出了。在定义类对象时使用的格式和定义普通数据类型相同。访问数据对象的成员函数时，使用<对象名>.<成员函数>这种格式。

图 10-1　类对象的生成

10.2.4　类对象指针

指针是 C++中重要的一个概念，前面介绍过如何使用指针定义基本数据类型。类的指针变量是一个用于保存类对象在内存中的存储空间首地址的指针变量，它与普通数据类型的指针变量有相同的性质。

类的指针变量声明的形式如下：

<类名>　*<指针变量名>;

例如，声明类 Clock 的指针变量为：

```
Clock * ptr;
```

对象指针是一个对象在内存中的首地址，取得一个对象在内存中首地址的方法与取得一个变量在内存中首地址的方法一样，都是通过取地址运算符&实现的。例如，若有：

```
Clock *ptr, ptr1;
```

则

```
ptr=&ptr1;
```

该语句表示表达式&ptr1 取对象 ptr1 在内存中的首地址并赋给指针变量 ptr，指针变量 ptr
指向对象 ptr1 在内存中的首地址。

此时，首先要定义对象指针，再把它指向一个已创建的对象或对象数组，然后引用该对象
的成员或数组元素。用对象的指针引用对象成员或数组元素使用操作符 "->"，而不是 "."。

下面通过一个例子看看如何使用类对象指针。

【例 10-2】使用类对象指针(代码 10-2.txt)。

新建名为 classdxtest 的 C++ Source File 源程序。源代码如下：

```cpp
#include <iostream>
#include <string>
using namespace std;
class Clock //时钟类的声明
{
public: //外部接口，公有成员函数
    void SetTime(int NewH, int NewM, int NewS);
    void ShowTime();
private:      //私有数据成员
    int Hour, Minute, Second;
};
//时钟类成员函数的具体实现
void Clock::SetTime(int H, int M, int S)
{
    Hour = H;
    Minute = M;
    Second = S;
}
void Clock::ShowTime()
{
    cout << Hour << ":" << Minute << ":" << Second << endl;
}
void main()
{
    Clock myClock, *tClock;
    myClock.SetTime(20, 40, 26);
    tClock = &myClock;
    myClock.ShowTime();
    tClock->ShowTime();
    system("pause");
}
```

【代码剖析】

这个程序，首先定义了一个 Clock 类，该类有 3 个数据成员，分别是 Hour、Minute、
Second；有 2 个成员函数，分别是 SetTime 和 ShowTime。接下来定义成员函数 SetTime，给
3 个成员变量赋值，定义成员函数 ShowTime，将该类的成员全部输出。在主程序中，定义了
类 Clock 的对象 myClock 和指针对象 tClock；并对对象 myClock 进行初始化，将 myClock 的
地址赋值给 tClock，两个变量都调用 ShowTime 函数。

运行结果如图 10-2 所示。

图 10-2　使用类对象指针

从结果来看，两个变量的成员函数都成功输出了。在定义类对象时使用的格式和定义普通数据类型相同。访问数据对象的成员函数时，使用<对象名>.<成员函数>这种格式。在访问指针对象的成员函数时，要使用"->"符号。

10.3　成　员　函　数

在上一节介绍的例子中，每个类对象都调用了 showtime 函数。showtime 函数称为成员函数。成员函数：在类中说明原型，可以在类外给出函数体实现，并在函数名前使用类名加以限定。也可以直接在类中给出函数体，形成内联成员函数。成员函数允许声明重载函数和带默认形参值的函数。

 类函数必须先在类体中作原型声明，然后在类外定义，也就是说类体的位置应在函数定义之前，否则编译时会出错。

类中含有两种成分，即数据成员和函数成员。函数成员又称为成员函数，成员函数的定义有以下两种方式。

(1) 类声明时给出函数原型，函数体在外部定义。函数定义形式如下：

```
返回类型 类名::函数名(参数列表)
{
}
```

类中函数的定义的形式与普通函数的定义相似，与普通函数定义不同之处主要是某个成员函数一定属于某一个类，不同的类有可能有相同的函数名，因此在函数名前面就需要添加一个类名来说明是哪个类的成员函数，即添加"类名::"来说明这个类的成员函数。

(2) 第二种方法是将成员函数在类的内部定义，这样的定义称为内置函数。在类的内部直接编写函数体，称为隐式定义；如果函数仍然写在类的外部，在函数定义前面加关键字 inline，称为显式定义。

下面用一个例子看看如何定义成员函数。

【例 10-3】成员函数的使用(代码 10-3.txt)。

新建名为 cyhstest 的 C++ Source File 源程序。源代码如下：

```
#include <iostream>
#include <string>
using namespace std;
class Student
{
```

```
public :
    void display();
    //公用成员函数原型声明
public :
    int num;
    string name;
    char sex;
};
void Student::display()
//在类外定义display类函数
{
    cout<<"num:"<<num<<endl;
    //函数体
    cout<<"name:"<<name<<endl;
    cout<<"sex:"<<sex<<endl;
}
void main()
{
    Student stu1;
    stu1.name="wanger";
    stu1.num=25;
    stu1.sex='M';
    stu1.display();
    system("pause");
}
```

【代码剖析】

这个程序，首先定义一个 Student 类，该类有 3 个成员变量，同时声明一个 display 成员函数，该函数的参数为 student 结构体变量；接下来，定义成员函数，把成员变量输出。在主程序中，初始化一个类对象 stu1，对 stu1 的 3 个成员变量赋值，调用 stu1 的 display 函数，把 stu1 的每个成员变量都输出。

运行结果如图 10-3 所示。

图 10-3　使用成员函数

从结果来看，把赋值的成员变量全部输出，在类体中直接定义函数时，不需要在函数名前面加上类名，因为函数属于哪一个类是不言而喻的。但成员函数在类外定义时，必须在函数名前面加上类名，予以限定(qualified)，"::"是作用域限定符(field qualifier)，或称作用域运算符，用它声明函数是属于哪个类的。

如果在作用域运算符"::"的前面没有类名，或者函数名前面既无类名又无作用域运算符"::"，例如：

```
::display( ) 或 display( )
```

则表示 display 函数不属于任何类，这个函数不是成员函数，而是全局函数，即非成员函数的一般普通函数。

10.4　嵌　套　类

在一个类的内部再定义另外一个类，称为嵌套类或者嵌套类型。嵌套类作为外部类的底层实现，同时具有隐藏底层实现的作用。

虽然嵌套类是定义在外围类内部的，但是它和外部类没有相互关联的关系。嵌套类的成员与外围类的成员互不相干，嵌套类的成员并不属于外部类。如果嵌套类与外部类相互访问，遵循两个普通类之间相互访问的规则，两者对对方的数据成员并没有任何特权。

对于嵌套类内部的成员定义，如果不在嵌套类内部定义，则必须写到与外围类相同的作用域内，不能将定义写到外围类中。

前面说过，之所以使用嵌套类的另一个原因是达到底层实现隐藏的目的。为了实现这种目的，需要在另一个头文件中定义该嵌套类，而只在外围类中提前声明这个嵌套类即可。当然，在外围类外面定义这个嵌套类时，应该使用外围类进行限定。使用时，只需要在外围类的实现文件中包含这个头文件即可。

嵌套类的定义格式如下。

```
class A
{  public :
    class B
    {  …}
private : …
}
```

10.5　const 成员函数

在需要定义类成员函数的时候，有些函数的作用并不改变类的数据成员，在 C++中称之为"只读"函数，通常使用 const 关键字进行标识。在编译过程中，如果定义为 const 的成员函数企图修改数据成员值，编译程序就会报错，这样提高了程序的可靠性。

const 函数是不能调用非 const 函数的。

下面通过一个实例来说明如何定义 const 成员函数。

【例 10-4】const 成员函数(代码 10-4.txt)。

新建名为 constcytest 的 C++ Source File 源程序。源代码如下：

```cpp
#include <iostream>
#include <string>
using namespace std;
```

```
class Student
{
public :
    void display() const;
    //公用成员函数原型声明
public :
    int num;
    string name;
    char sex;
};
void Student::display() const
//在类外定义display类函数
{
    cout<<"num:"<<num<<endl;
    //函数体
    cout<<"name:"<<name<<endl;
    cout<<"sex:"<<sex<<endl;
}

void main()
{
    Student stu1;
    stu1.name="wanger";
    stu1.num=25;
    stu1.sex='M';
    stu1.display();
    system("pause");
}
```

【代码剖析】

这个程序，首先定义一个 Student 类，该类有 3 个成员变量，同时声明一个 const 类型的 display 成员函数，该函数的参数为 Student 结构体变量；接下来，定义成员函数，在定义 display 时，强调使用 const 类型，把成员变量输出。主程序中，初始化一个类对象 stu1，对 stu1 的三个成员变量赋值，调用 stu1 的 display 函数，把 stu1 的每个成员变量都输出。

运行结果如图 10-4 所示。

图 10-4　代码运行结果

从结果来看，把赋值的成员变量全部输出，const 成员函数的声明与其他函数的声明不同，const 关键字只能放在函数声明的尾部；C++采用将 const 关键字放在函数的括号后面的方法，来保证函数不会修改调用对象。同样，在定义的时候，也应该将 const 放到函数的后面。

如果在编写 const 成员函数时，不慎修改了数据成员，或者调用了其他非 const 成员函数，编译器将指出错误，这无疑会提高程序的健壮性。

例如，定义 display 函数时修改成员数据和调用 pp()函数，下面的方式将会报错。

```
void Student::display() const
//在类外定义 display 类函数
{
    ++ num; // 编译错误，企图修改数据成员 num
    pp();// 编译错误，企图调用非 const 函数
}
```

10.6 类成员的访问控制

在前面已经介绍过，类中的数据成员和函数成员分别对对象的属性和行为进行描述说明，相互依存。类中数据成员的声明方式同普通变量相似，将声明放到类的大括号中即可。类中的成员函数的定义与普通函数定义相似，在类中定义或者在类外定义都可以。类中的数据成员和数据变量与普通的变量和函数的区别在于访问权限的控制是由类内部来定义的。在C++中，用户可以通过类来定义类内部的数据成员和成员函数的访问权限。

 类中被操作的数据是私有的，实现的细节对用户是隐蔽的，这种实现称为私有实现，这种"类的公用接口与私有实现的分离"形成了信息隐蔽。

10.6.1 私有成员

私有类型成员用 private 声明(若私有类型成员紧接着类名称，可省略关键字)，私有类型的成员只允许本类的成员函数来访问，而类外部的任何访问都是非法的。这样完成了私有成员的隐蔽。

下面通过一个实例来说明私有成员的使用方法。

【例 10-5】使用私有成员(代码 10-5.txt)。

新建名为 privatecytest 的 C++ Source File 源程序。源代码如下：

```
#include <iostream>
#include <string>
using namespace std;
class test
{
private://私有成员类外不能够直接访问
    int number;
    //public://公有成员类外能够直接访问
    //    float score;
public:
    int rp()
    {
        return number;
    }
    void setnum(int a)
    {
```

```
            number=a;
        }
};

void main()
{
    test a;
    //a.number=10;//错误的,私有成员不能外部访问
    //a.score=99.9f;
    //cout<<a.score<<endl;//公有成员可以外部访问
    a.setnum(100);//通过公有成员函数 setnum()间接对私有成员 number 进行赋值操作
    cout<<a.rp();//间接返回私有成员 number 的值
    cin.get();
    system("pause");
}
```

【代码剖析】

在该例中，首先定义了 test 类，该类有 1 个私有成员 number，定义了 2 个公有成员函数，rp 函数是取得 number 的值，而 setnum 的作用是将参数 a 的值赋给 number。在主程序中，定义一个 test 的对象 a，调用 a 的 setnum 函数，给 a 的 number 赋值 100；调用 a 的 rp 函数，将 a 的 number 输出。

运行结果如图 10-5 所示。

图 10-5   使用私有成员

从结果来看，正确地输出了 a 的 number。对于私有成员的访问，必须定义公有成员函数来访问，私有成员不能被外部直接访问，这也是 C++类的一个安全特性。

10.6.2   公有成员

公有类型成员用 public 关键字声明，任何一个来自类外部的访问都必须通过这种类型的成员来访问(对象.公有成员)。公有类型声明了类的外部接口。

下面通过一个实例来说明公有成员的访问过程。

【例 10-6】 使用公有成员(代码 10-6.txt)。

新建名为 publiccytest 的 C++ Source File 源程序。源代码如下：

```
#include <iostream>
#include <string>
using namespace std;
class test
{
private://私有成员类外不能够直接访问
    int number;
```

```
public://公有成员类外能够直接访问
    float score;
public:
    int rp()
    {
        return number;
    }
    void setnum(int a)
    {
        number=a;
    }
};

void main()
{
    test a;
    //a.number=10;//错误的,私有成员不能外部访问
    a.score=99.9f;
    cout<<a.score<<endl;//公有成员可以外部访问
    //a.setnum(100);//通过公有成员函数 setnum()间接对私有成员 number 进行赋值操作
    //cout<<a.rp();//间接返回私有成员 number 的值
    cin.get();
    system("pause");
}
```

【代码剖析】

在该例中，首先定义了一个 test 类，在该类中定义了私有成员 number，公有成员 score；已经定义了两个公有成员函数 rp 和 setnum 对私有成员 number 进行读写操作。在主程序中，首先定义了 test 类的对象 a，给 a 的 score 赋值为 99.9，将 a 的 score 输出。

运行结果如图 10-6 所示。

图 10-6　使用公有成员

从结果来看，正确地输出了 a 的 score 变量；对于公有类型成员，无论是数据成员还是成员函数，外部程序都可以直接访问。这个与私有成员访问权限正好是完全相反的。

10.6.3　保护成员

保护类型(protected)的性质和私有类型的性质一致，其差别在于继承过程中对产生的新类影响不同。

10.7 静 态 成 员

使用静态类成员的目的就是实现数据之间共享的问题。使用全局变量也可以实现数据共享，但是全局变量有其局限性。

下面主要讲述用类的静态成员来实现数据的共享。

　　类的静态成员是属于类的，而不是属于哪一个对象的，所以静态成员的使用应该是"类名称+域区分符+成员名称"。

10.7.1 静态数据成员

在类中的静态成员可以实现多个该类的对象之间的数据共享，在实现共享的同时还保证了数据的安全性，不会被外部成员访问。一个类的静态成员是所有该类的对象的成员，并不是某一个对象的成员。

使用静态数据成员的另一个好处是可以节省内存空间，对同一个类的多个对象来说，静态数据成员是多个对象所公有的，存储在固定的内存空间中，供所有该类的对象共同使用。静态成员的值每个类的对象都可以进行更新，只要有一个对象对该静态成员进行更新了，那么其他的对象访问该静态成员时，就访问的是该类的最新更新的值。

静态数据成员的使用方法和注意事项如下。

(1) 静态数据成员在定义或说明时前面加关键字 static。

(2) 静态成员初始化与一般数据成员初始化不同，静态数据成员初始化的格式如下：

<数据类型><类名>::<静态数据成员名>=<值>

这表明：

① 初始化在类体外进行，而前面不加 static，以免与一般静态变量或对象相混淆。

② 初始化时不加该成员的访问权限控制符 private、public 等。

③ 初始化时使用作用域运算符来标明它所属的类，因此，静态数据成员是类的成员，而不是对象的成员。

(3) 静态数据成员是静态存储的，它具有静态生存期，必须对它进行初始化。

(4) 引用静态数据成员时，采用如下格式：

<类名>::<静态成员名>

如果静态数据成员的访问权限允许的话(即 public 的成员)，可在程序中，按上述格式来引用静态数据成员。

下面通过一个实例来说明静态数据成员的使用方法。

【例 10-7】使用静态数据成员(代码 10-7.txt)。

新建名为 jtcytest 的 C++ Source File 源程序。源代码如下：

```
#include <iostream>
#include <string>
```

```
using namespace std;
class Myclass
{
public:
    Myclass(int a, int b, int c);
    //void GetNumber();
    void GetSum();
private:
    int A, B, C;
    static int Sum;
};
int Myclass::Sum = 0;
Myclass::Myclass(int a, int b, int c)
{
    A = a;
    B = b;
    C = c;
    Sum += A+B+C;
}
//void Myclass::GetNumber()
//{
//cout<<"Number="< }
void Myclass::GetSum()
{
    cout<<"Sum="<<Sum<<endl;
}
void main()
{
    Myclass M(3, 7, 10),N(14, 9, 11);
    //M.GetNumber();
    //N.GetNumber();
    M.GetSum();
    N.GetSum();
    system("pause");
}
```

【代码剖析】

在该例中，首先定义了一个 Myclass 类，在该类中定义了私有成员 A、B、C，静态数据成员 Sum；定义了构造函数 Myclass，对 A、B、C 赋值，把 A、B、C 三个数的和赋值给 Sum；定义了 GetSum 函数把 Sum 的值输出。在主程序中，首先定义了 Myclass 类的两个对象 M 和 N，并且调用类的构造函数对 M 和 N 进行赋值。最后调用 M 和 N 的 GetSum 函数，分别把 Sum 值输出。

运行结果如图 10-7 所示。

图 10-7　使用静态数据成员

从结果来看，Sum 的值对 M 对象和对 N 对象都是相等的。这是因为在初始化 M 对象时，将 M 对象的 3 个 int 型数据成员的值求和后赋给了 Sum，于是 Sum 保存了该值。在初始化 N 对象时，将 N 对象的 3 个 int 型数据成员的值求和后又加到 Sum 已有的值上，于是 Sum 保存最后的值。无论是通过对象 M 还是通过对象 N 来引用的值都是一样的，即为 54。

10.7.2　静态成员函数

静态的成员函数和静态成员数据相同，它们都属于某一个类的静态成员而不是属于某个对象的成员。因此，在使用静态成员，不需要好似用对象名。

下面用一个例子来说明一下静态成员函数如何使用。

【例 10-8】静态成员函数的使用(代码 10-8.txt)。

新建名为 jtlcytest 的 C++ Source File 源程序。源代码如下：

```cpp
#include <iostream>
#include <string>
using namespace std;
class M
{
public:
    M(int a) { A=a; B+=a;}
    static void f1(M m);
private:
    int A;
    static int B;
};

void M::f1(M m)
{
    cout<<"A="<<m.A<<endl;
    cout<<"B="<<B<<endl;
}

int M::B=0;
void main()
{
    M P(5),Q(10);
    M::f1(P); //file:调用时不用对象名
    M::f1(Q);
    system("pause");
}
```

【代码剖析】

在该例中，首先定义了一个 M 类，在该类中定义了私有成员数据 A 和静态成员数据 B；同时，定义了该类的构造函数 M，M 中对 A 进行赋值，并且将 A 的值全部累加到 B 上。定义了一个静态成员函数 f1，把 A 的值和 B 的值输出。在主程序中，首先定义了 M 类的两个对象 P 和 Q，分别把 P 和 Q 作为参数调用 M 类的 f1 函数。

运行结果如图 10-8 所示。

从结果来看，在把 P 作为参数调用 f1 时，输出了 A 为 5，这个 5 就是在对 P 进行初始化时赋的值，B 为 15 是因为 B 是静态变量，在分别对 P 和 Q 进行初始化的时候就对 B 进行了累加计算，所以两次调用 f1 的时候 B 值都为 15。在对 f1 进行定义的时候，如果操作静态变量 B，则不必指定某个对象，如果是非静态变量 A，则需指定是哪个对象的成员。调用静态成员函数使用如下格式：

<类名>::<静态成员函数名>(<参数表>)。

图 10-8　使用静态成员函数

10.8　友　元　函　数

对于一般的函数来说，如果想要访问类中的保护数据成员，必须通过类的公共函数来访问，对于公共函数来说，任何外部函数都可以调用，对安全性有一定的影响。在 C++中引入友元函数的概念，使用 friend 关键字来定义友元函数。通过友元函数，可以直接调用类中的保护成员，不需要将成员全部设置成 public，使数据的安全性得到了保障。利用友元函数访问类中的数据成员，这样就避免了总是调用类的成员函数所造成的内存开销大，效率低的问题。

　　友元关系是单向的，不具有交换性和传递性。

在类里声明一个普通函数，在前面加上 friend 修饰，那么这个函数就成了该类的友元，可以访问该类的一切成员。

下面通过一个实例来说明友元函数的使用方法。

【例 10-9】友元函数的使用(代码 10-9.txt)。

新建名为 yytest 的 C++ Source File 源程序。源代码如下：

```cpp
#include <iostream>
#include <string>
using namespace std;
class Internet
{
public:
    Internet(char *name,char *address)
    {
        strcpy(Internet::name,name);
        strcpy(Internet::address,address);
    }
    friend void ShowN(Internet &obj);//友元函数的声明
protected:
```

```
    char name[20];
    char address[20];
};


void ShowN(Internet &obj)//函数定义,不能写成void Internet::ShowN(Internet &obj)
{
    cout<<obj.name<<endl;
}
void main()
{
    Internet a("新浪","www.sina.com");
    ShowN(a);
    cin.get();
    system("pause");
}
```

【代码剖析】

在该例中，首先定义了 Internet 类，在该类中定义了两个保护数据成员 name 和 address；定义了构造函数，对两个数据成员进行初始化；定义了友元函数 ShowN，该函数将参数指定的 Internet 类的 name 成员函数输出。在主程序中，定义了 Internet 类 a，调用 ShowN 函数以 a 为参数，把 a 的 name 输出。

运行结果如图 10-9 所示。

从结果来看，成功地访问到了 a 对象的保护成员 name。友元函数并不能看作是类的成员函数，它只是个被声明为类友元的普通函数，所以在类外部函数的定义部分不能够写成 void Internet::ShowN(Internet &obj)，这一点要注意。

图 10-9 使用友元函数

10.9 实战演练——栈类的实现

栈(stack)是程序设计过程中经常遇到的一种数据结构形式，它对于数据的存放和操作有下面这样的特点。

(1) 它只有一个对数据进行存入和取出的端口。

(2) 后进者先出，即最后被存入的数据将首先被取出。其形式很像一种存储硬币的小容器，每次只可以从顶端压入一个硬币，而取出也只可以从顶端进行，即后进先出。

这样的数据存储和管理形式在一些程序设计中很有用。例如编译系统(这是一类比较复杂的程序)，对于函数调用的处理、表达式计算的处理，都利用了栈这样的数据结构。代码如下：

```
#include<iostream>
#include<string>
#include<iomanip>
using namespace std;
const int maxsize=6;
// enum boola{false,true}; /*注：如果在 TC 中调试，应加上这一句*/
class stack{
```

```cpp
    float data[maxsize];
    int top;
public:
    stack(void);
    ~stack(void);
    bool empty(void);
    void push(float a);
    float pop(void);
};
stack::stack(void)
{
    top=0;
    cout<<"stack initialized."<<endl;
}
stack::~stack(void)
{
    cout<<"stack destroyed."<<endl;
}
bool stack::empty(void)
{
    return top==0?true:false;
}
void stack::push(float a)
{
    if(top==maxsize)
    {
        cout<<"Stack is full!"<<endl;
        return;
    }
    data[top]=a;
    top++;
}
float stack::pop(void)
{
    if(top==0)
    {
        cout<<"Stack is underflow!"<<endl;
        return 0;
    }
    top--;
    return data[top];
}
void main()
{
    stack s1,s2;
    for(int i=1;i<=maxsize;i++)
        s1.push(2*i);
    cout<<endl;
    for(i=1;i<=maxsize;i++)
        cout<<s1.pop()<<" ";
    for(i=1;i<maxsize;i++)
        s1.push(2.5*i);
    for(i=1;i<=maxsize;i++)
        s2.push(s1.pop());
```

```
    do
    cout<<s2.pop()<<" ";
    while(!(s2.empty()));
    system("pause");
}
```

【代码剖析】

在该例中，首先定义了 stack 类，该类有两个数据成员，分别是 float 型数组 data 和 int 型 top；3 个成员函数，empty 判断该栈是否为空，push 压栈，pop 出栈。同时，定义了构造函数和析构函数。接下来实现了定义的函数。在主程序中，定义了两个 stack 类对象 s1 和 s2，使用 for 循环对 s1 压栈，然后对 s1 出栈。对 s1 压栈，然后对 s2 压栈，把 s2 出栈输出。

运行结果如图 10-10 所示。

图 10-10　栈类的实现

从结果来看，使用类实现了按后进先出的规则进行压栈和出栈操作。这是一个完整的使用类实现一种数据结构的实例。

10.10　大神解惑

疑问 1　定义类要注意哪些事项？

定义类要注意的事项如下。

(1) 在类体中不允许对所定义的数据成员进行初始化。

(2) 类中数据成员的类型可以是任意的，包括整型、浮点型、字符型、数组、指针和引用等。也可以是对象，一个类的对象可以做另一个类的成员，但是自身类的对象是不可以的，而自身类的指针或引用又是可以的。当一个类的对象用作另一个类的成员时，如果这个类的定义在后，需要提前声明。

(3) 一般来说，在类体内先声明公有成员，它们是用户所关心的，后声明私有成员，它们是用户不感兴趣的。在说明数据成员时，一般按数据成员的类型大小，由小至大声明，这样可以提高时空利用率。

(4) 习惯地将类定义的声明部分或者整个定义部分(包含实现部分)放到一个头文件中。

疑问 2　如何选择使用类和结构？

选择使用类和结构时参考方法如下。

(1) 堆栈的空间有限，对于大量的逻辑对象，创建类要比创建结构好一些。

(2) 结构表示如点、矩形和颜色这样的轻量对象。例如，如果声明一个含有 1000 个点对象的数组，则将为引用每个对象分配附加的内存。在此情况下，结构的成本较低。

(3) 在表现抽象和多级别的对象层次时，类是最好的选择。

(4) 大多数情况下该类型只是一些数据时，结构是最佳的选择。

疑问 3　在 C++中，const 成员和 const 对象的区别是什么？

const 成员和 const 对象的区别如下。

(1) const 数据成员跟 const 常量一样，只是一个在类里，一个在类外而已，都必须初始化。

(2) const 成员函数即普通成员函数前面加了 const。它可以读取数据成员的值，但不能修改它们。若要修改，数据成员前必须加 mutable，以指定其可被任意更改。mutable 是 ANSI C++考虑到实际编程时，可能要修改 const 对象中的某个数据成员而设的。

(3) const 对象仅能调用 const 成员函数。

10.11　跟我学上机

练习 1：编写一个类 Sequence，在自由存储区中按照升序存储整数数值，序列的长度和起始值在构造函数中提供，确保该序列至少有 2 个值，默认有 10 个值，从 0 开始(0，1，2，3，4，5，6，7，8，9)，需要足够的内存空间来存储该序列，再用要求的值来填充内存。提供 show() 函数列出该序列，释放分配给该序列的内存(注意：确保释放所有的内存)，创建并输出 5 个随机长度(长度有限)的序列和一个默认的序列来演示这类的操作。

练习 2：创建一个简单的类 Integer，它只有一个私有数据成员 int，为这个类提供构造函数，并使用它们输出创建对象的消息，提供类的成员函数，获取和设置数据成员，并输出该值。编写一个测试程序，创建和操作至少 3 个 Integer 对象，验证不能直接给数据成员赋值，在测试程序中获取、设置和输出每个对象的数据成员值，以验证这些函数。

第11章

类的特殊函数——
构造函数和
析构函数

本章带领读者学习类对象的初始化和清除，了解类的构造函数和析构函数，掌握构造函数和析构函数的用法，熟练使用默认构造函数和构造函数的重载，能够定义类的对象数组。

本章要点(已掌握的在方框中打钩)

- 熟悉构造函数的概念。
- 掌握使用构造函数的方法。
- 熟悉析构函数的概念。
- 掌握析构函数的调用方法。
- 掌握默认构造函数的使用方法。
- 掌握重载构造函数的方法。
- 掌握类对象数组初始化的方法。
- 掌握拷贝构造函数的方法。
- 掌握构造函数和析构函数综合应用的方法。

11.1　构造函数初始化类对象

在上一章中，大家已经对类的概念有了一个清晰的认识。那么，如何使用类来实例化对象呢？这就不得不提到构造函数这个概念。

11.1.1　什么是构造函数

在 C++的类中，构造函数是一种特殊的函数，它的主要功能就是在创建对象的时候，给对象变量赋值。在定义一个类的对象时，使用 new 关键字时，都会隐式或者显式地调用构造函数。一个类中的构造函数可以重载，也就是说一个类可以有多个构造函数。

C++的构造函数有以下一些特点。

(1)　构造函数的命名必须和类名完全相同。

(2)　构造函数的功能主要在类的对象创建时定义初始化的状态。它没有返回值，也不能用 void 来修饰。这就保证了它不仅什么也不用自动返回，而且根本不能有任何选择。

(3)　构造函数不能被直接调用，必须通过 new 运算符在创建对象时才会自动调用。

(4)　当定义一个类的时候，通常情况下都会显示该类的构造函数，并在函数中指定初始化的工作也可省略。

 　　　构造函数没有返回值，因此也不需要在定义构造函数时声明类型，这是它和一般函数的一个重要的不同点。

11.1.2　使用构造函数

前面已经介绍了什么是构造函数。那么，怎样定义构造函数呢？如何使用构造函数定义一个类的对象呢？

C++的构造函数定义格式如下：

```
class <类名>
{
public:
<类名>(参数表)
//...(还可以声明其他成员函数)
};
<类名>::<函数名>(参数表)
{
//函数体
}
```

 　　　构造函数不需要用户调用，也不能被用户调用。

下面通过一个例子来说明如何通过构造函数来初始化类对象。

【例 11-1】认识构造函数(代码 11-1.txt)。

新建名为 gzhstest 的 C++ Source File 源程序。源代码如下：

```cpp
#include <iostream>
using namespace std;
class time
{
public:
    time(int,int,int); //声明带参数的构造函数
    void show_time();  //声明函数
private:
    int hour;          //3 个私有数据
    int minuter;
    int sec;
};
time::time(int h,int m,int s)  //定义构造函数
{
    hour=h;
    minuter=m;
    sec=s;
}
void time::show_time()  //定义函数
{
    cout<<hour<<":"<<minuter<<":"<<sec<<endl;
}
void main()
{
    time t1(1,2,3);  //定义 time 类对象 t1(1,2,3)有参数
    time t2(4,5,6);
    t1.show_time();  //调用 time 类对象 t1 的 show_time 函数
    t2.show_time();
    system("pause");
}
```

【代码剖析】

首先，定义一个 time 类，该类包括 3 个私有参数，分别是 hour、minute 和 sec。

在以上类中，定义了 time 的构造函数，这个构造函数带有 3 个参数，分别是 h、m、s。在构造函数中，分别将这 3 个参数赋值给 time 类的 hour、minute 和 sec。

同时，定义了该类的显式函数 show_time，这个函数的作用就是将这个类的 3 个变量分别输出。

那么，如何调用该类的构造函数，生成一个对象呢？在 main 函数中，定义了两个 time 类的对象，分别是 t1 和 t2。在定义 t1 和 t2 时调用了该类的构造函数，t1 的 hour 初始化为 1，t1 的 minute 初始化为 2，t1 的 sec 初始化为 3。t2 的 hour 初始化为 4，t2 的 minute 初始化为 5，t2 的 sec 初始化为 6。

最后，对于 t1 和 t2 分别调用显示函数，将变量输出。

运行结果如图 11-1 所示。

图 11-1　使用构造函数

在本例中，定义了两个 time 类的对象，分别是 t1 和 t2，然后将 t1 和 t2 输出。从结果来看，在生成 t1 和 t2 时，都调用了该类的构造函数。

11.2 析构函数清除类对象

在 C++中，构造函数是为了初始化对象的，与构造函数相反，C++中还定义了析构函数的概念。当对象脱离其作用域时(例如对象所在的函数已调用完毕)，系统自动执行析构函数。

 析构函数不返回任何值，没有函数类型，也没有函数参数，因此它不能被重载。一个类可以有多个构造函数，但只能有一个析构函数。

11.2.1 析构函数的概念

析构函数是另外一个在类中比较特殊的函数，它可以理解成为反向的构造函数。调用的时机与构造函数相反，它是在对象被撤销的时候调用。析构函数的命名规则就是在类名的前面加一个"～"符号，它的主要作用就是在此对象撤销的时候释放所占用的资源。

在建立一个类的对象时，首先调用构造函数，对这个对象进行初始化。当这个对象的生命周期结束的时候，则调用析构函数。

例如，定义了一个类，在该类的构造函数中申请了内存空间，在对该类实例操作过程中应用内存空间进行操作，那么在该类的析构函数中，就要释放该内存空间。析构函数和构造函数相互呼应，完成内存空间的申请和释放。

那么，在什么情况下才需要释放对象呢？

(1) 使用运算符 new 分配的对象被 delete 删除。

(2) 一个具有块作用域的本地(自动)对象超出其作用域。

(3) 临时对象的生存期结束。

(4) 程序结束运行。

(5) 使用完全限定名显示调用对象的析构函数。

在定义析构函数时，需要注意以下几个方面。

(1) 析构函数不能带有参数。

(2) 析构函数不能有任何返回值。

(3) 在析构函数中不能使用 return 语句。

(4) 析构函数不能定义为 const、volatile 或 static。

11.2.2 析构函数的调用

析构函数的作用是由其执行时间决定的，其作用往往是为了善后事宜，因为它是在对象结束时调用的。例如，在对象结束时，释放构造函数定义的内存空间。

析构函数的结构如下：

```
class <类名>
{
```

```
public:
~<类名>();
};
<类名>::~<类名>()
{
//函数体
}
```

下面通过一个例子来说明析构函数怎么定义以及在什么时候被调用。

【例 11-2】认识析构函数(代码 11-2.txt)。

新建名为 xgtest 的 C++ Source File 源程序。源代码如下：

```
#include<iostream>
#include<string>
using namespace std;
class myPeople
{
public :
    myPeople()
    {
        cout<<"Construct"<<std::endl;
    }
    ~myPeople()
    {
        cout<<"Dispose"<<std::endl;
    }
};
void myMethod()
{
    myPeople my;
    cout<<"Complete"<<std::endl;
}
int main()
{
    myMethod();
    system("pause");
}
```

【代码剖析】

首先，定义一个类 myPeople，分别定义该类的构造函数和析构函数。

在该类的构造函数中，输出 Construct 这个单词。在析构函数中，输出 Dispose 这个单词。同时，定义了一个方法，在该方法中首先定义了一个 myPeople 类的对象 my，在定义完该类后，输出 Complete。再调用 main 方法，来看看析构函数在什么时候被调用。

在 main 方法中，首先执行析构函数，输出 Construct；接着执行 myMethod 中的输出命令，输出 Complete；在程序结束时，执行析构函数，输出 Dispose。

运行结果如图 11-2 所示。

图 11-2 使用析构函数

在本例中，先输出了 Construct，说明首先调用了构造函数。接着输出 Complete，最后输出 Dispose，说明在对象 my 的作用域结束后，才调用该对象的析构函数。

11.3 默认构造函数

在 C++的类中必须有一个构造函数，这个构造函数可以是 C++自身提供的一个默认的构造函数，也可以是程序员自己定义的构造函数。如果是使用 C++提供的默认函数，该函数不带任何参数，只是创建一个对象，并不会对类中的数据成员进行赋值操作。

如果不想使用默认的构造函数，就需要我们自己定义一个构造函数。只要显式地定义了构造函数，那么 C++就不会再提供默认的构造函数了。

在 C++中，并不是在一个类中没有定义构造函数，就一定会有一个默认的构造函数，只有在下面 4 种情况下，C++才会构造一个默认的构造函数。

(1) 在一个类中，带有含有默认构造函数的成员类，才会自动生成一个构造函数。

(2) 一个类继承于带有默认构造函数的基类。

(3) 类中带有虚函数会生成默认构造函数。

(4) 带有虚基类的类会生成默认构造函数。

> 如果构造函数的全部参数都指定了默认值，则在定义对象时可以给出一个或几个实参，也可以不给出实参。

除了以上 4 种情况，是不会产生默认构造函数的。下面用一个例子来说明默认构造函数。

【例 11-3】认识默认构造函数(代码 11-3.txt)。

新建名为 mrgztest 的 C++ Source File 源程序。源代码如下：

```
#include <iostream>
using namespace std;

class AA
{
public:
    AA(){cout<<"自定义默认构造函数"<<endl;}
    AA(int a, int b){}
};

int main()
{
    AA *a=new AA();
    system("pause");
    return 0;
}
```

【代码剖析】

在该例中，首先定义了一个类 AA，在该类中定义了两个构造函数。一个是默认的构造函数，另一个是带有参数的构造函数。在主程序中，生成一个 AA 类的对象。

运行结果如图 11-3 所示。

图 11-3　使用默认构造函数

11.4　重载构造函数

前面已经介绍过，一个类可以有多个构造函数，这些构造函数有着不同的参数个数或者不同的参数类型，这些构造函数称为重载构造函数。

11.4.1　重载构造函数的作用

在 C++中，允许使用构造函数，可以使用不同的参数个数和参数类型对不同的对象进行初始化，实现了类定义的多元性。

 尽管在一个类中可以包含多个构造函数，但是对每一个对象来说，建立对象时只执行其中一个构造函数，并非每个构造函数都被执行。

11.4.2　重载构造函数的调用

C++允许重载构造函数，那么什么是重载构造函数呢？下面通过一个例子说明怎样重载构造函数，并且怎样调用重载的构造函数？

【例 11-4】认识构造函数重载(代码 11-4.txt)。

新建名为 gzhztest 的 C++ Source File 源程序。源代码如下：

```cpp
#include  <iostream>
using namespace std;
class  Score
{
    float  computer;
    float  english;
    float  mathe;
public:
    Score(float  x1, float  y1, float  z1);//*
    Score();                                        //*
    void  print();
    void  modify(float  x2, float  y2, float  z2);
};

Score::Score(float  x1, float  y1, float  z1)
{
    computer = x1;
```

```
    english = y1;
    mathe = z1;
}
Score::Score()
{
    computer = 0;
    english = 0;
    mathe = 0;
}

void  Score::print()
{
    cout << "computer=" << computer << " english=" << english << " math= "
<< mathe << endl;
}
int  main()
{
    Score  a, b(10, 11, 12);
    a.print();
    b.print();
    system("pause");
    return 0;
}
```

【代码剖析】

在这个例子中，定义了分数这个类，在该类中分别定义了 computer、english、math 三门课程的分数。并且在定义构造函数时，实现了构造函数的重载。定义了两个构造函数，不带参数的构造函数，将该对象对应的 3 个变量默认赋值为 0。带参数的构造函数则将 3 个参数分别赋值给该对象对应的 3 个变量。同时，定义了该类的一个输出函数，目的就是将该对象的 3 个变量全部输出。

运行结果如图 11-4 所示。

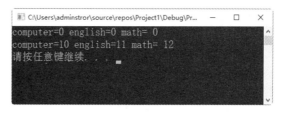

图 11-4　使用构造函数重载

从输出的结果可以看出，定义的两个构造函数都发挥了作用。

11.5　类对象数组的初始化

类对象与 C++中其他数据类型一致，也可以为其建立数组，数组的表示方法和结构一样。那么，接下来就来学习一下，如何调用一个类对象数组，理解构造函数和析构函数在对象数组调用过程中的作用。

提示　　　编译系统只为每个对象元素的构造函数传递一个实参，所以在定义数组时提供的实参个数不能超过数组元素个数。

11.5.1　类对象数组调用

前面介绍了如何调用构造函数和初始化一个类对象。那么，如果类对象是一个数组，怎么来初始化呢？

【例 11-5】类对象数组初始化(代码 11-5.txt)。

新建名为 ldxtest 的 C++ Source File 源程序。源代码如下：

```cpp
#include <iostream>
using namespace std;
class Point
{
public:
    float x,y;
    Point(){}
    ~Point(){}
    Point(float x,float y)
    {
        x=x;y=y;
    }
    void setPoint(float x,float y)
    {
        this->x=x;this->y=y;
    }
};
int main(int argc, char** argv)
{
    //数值对象应该这样创建或
    //Point p[5];
    Point *p= new Point[5];
    for (int i=0;i <5;i++)
    {
        //对象已创建,初始化值就 OK
        p[i].setPoint(i,i);
    }
    for (int i=0;i <5;i++)
    {
        cout <<p[i].x <<"," <<p[i].y <<endl;
    }
    //删除堆中的对象,该语句对应 Point *p[5]= new Point[5];
    delete []p;
    system("pause");
    return 0;
}
```

【代码剖析】

在该例中，定义了一个 Point 类，该类中分别有两个数据成员，就是这个点的 x 坐标和 y 坐标，这两个坐标点的类型都是 float 型。同时，定义了 Point 类的带参数的构造函数，将

Point 类的两个参数赋值给该对象的 x 坐标和 y 坐标。类 Point 的 setPoint 方法就是对该类的一个对象赋值。

为了该类成员的安全性，一般不直接对对象成员进行操作，采用函数的方式对一个类的对象进行赋值或者读取。

在 main 函数中，使用了指针定义了 Point 类的一个数组，该数组有 5 个成员。使用了一个 for 循环对 Point 数组进行赋值。在赋值后，将数组输出。

在程序的最后，使用了 delete []p，这条语句的作用是将在初始化中申请的空间释放，这在 C++中是十分重要的，如果释放已经申请的空间，将产生内存溢出的错误。

运行结果如图 11-5 所示。

图 11-5　类对象数组初始化

从整个示例来看，在定义类的数组变量时，采用了指针定义了数组，并且在程序结束后，释放了该数组的空间。

11.5.2　类对象数组和默认构造函数

前面已经了解，不带参数或者所有参数都有默认值的构造函数叫作默认构造函数。

当类的对象为数组时，在编译过程中会为每个数组的元素调用默认的构造函数。在进行对象数组实例化的时候，则必须使用默认的构造函数，因为在初始化数组过程中，不会通过匹配参数来进行初始化。

下面通过一个实例来说明生成类对象时，调用默认构造函数的情况。该程序去掉了构造函数的默认参数值，并且增加了一个默认构造函数。

【例 11-6】类对象数组调用默认构造函数(代码 11-6.txt)。

新建名为 ldxsztest 的 C++ Source File 源程序。源代码如下：

```cpp
#include <iostream>
using namespace std;
class Point
{
public:
    float x,y;
    Point()
    {
        cout <<"create default constructer"<<endl;
    }
    ~Point(){}
```

```
    Point(float x,float y)
    {
        x=x;y=y;
    }
    void setPoint(float x,float y)
    {
        this->x=x;this->y=y;
    }

};
int main(int argc, char** argv)
{
    //数值对象应该这样创建或
    //Point p[5];
    Point *p= new Point[5];

    //for (int i=0;i <5;i++)
    //{
    //    //对象已创建,初始化值就 OK
    //    p[i].setPoint(i,i);
    //}
    //for (int i=0;i <5;i++)
    //{
    //    cout <<p[i].x <<"," <<p[i].y <<endl;
    //}

    //删除堆中的对象,该语句对应 Point *p[5]= new Point[5];
    delete []p;
    system("pause");
    return 0;
}
```

【代码剖析】

还是利用上面的一个例子来说明问题。在这个例子中，定义了一个不带参数的默认构造函数，该默认构造函数输出一个字符串。在主函数中，声明了一个 Point 类数组的 5 个对象，在声明过程中，调用了该类的默认构造函数。

运行结果如图 11-6 所示。

图 11-6 类对象数组调用默认构造函数

从运行结果来看，在声明该类的 5 个数组时，每生成一个变量就调用一次该类的默认构造函数。

11.5.3　类对象数组和析构函数

前面讲了类对象数组在初始化时调用了默认构造函数。那么，当类对象离开作用域时，编译器会为每个对象数组元素调用析构函数。

下面仍然用一个实例来说明这个问题。

【例 11-7】类对象数组调用析构函数(代码 11-7.txt)。

新建名为 ldxszgztest 的 C++ Source File 源程序。源代码如下：

```cpp
#include<iostream>
#include<string>
using namespace std;
class myPeople
{
public :
    myPeople()
    {
        cout<<"Construct"<<std::endl;
    }
    ~myPeople()
    {
        cout<<"Dispose"<<std::endl;
    }
};
void myMethod()
{
    myPeople my[2];
    cout<<"Complete"<<std::endl;
}
int main()
{
    myMethod();
    system("pause");
}
```

【代码剖析】

在该例中，定义了一个 myPeople 类，定义了默认构造函数和析构函数。在主程序中，生成了含有两个对象的该类的数组。在程序运行过程中，首先调用两次默认构造函数，在两个数组变量作用域结束时，调用两次析构函数。

运行结果如图 11-7 所示。

图 11-7　类对象数组调用析构函数

从该例的运行结果上来看，声明数组时调用了该类的默认构造函数，在程序结束时，又调用了两次该类的析构函数。从上例中，请注意在什么时候调用构造函数，在什么时候调用析构函数。

11.6 拷贝构造函数

在 C++中，如果将一个 int 型的变量值赋给另外一个 int 型变量是很容易完成的。但是，自己定义的类对象也是对象，它们之间的赋值怎样来实现呢？

11.6.1 拷贝构造函数的概念

C++类中的拷贝构造函数就实现了这个功能。

在定义拷贝构造函数时必须遵循以下一些规则。

(1) 拷贝构造函数的名字必须与类名相同，并且没有返回值。

(2) 拷贝构造函数只能有一个参数，这个参数是这个类的一个地址引用。

(3) 在类中，如果不定义拷贝构造函数，系统会生成一个默认的拷贝构造函数。

拷贝构造函数的格式如下：

```
class 类名
{
public:
类名(形参参数) //构造函数的声明/原型
类名(类名&对象名) //拷贝构造函数的声明/原型
...
};
```

下面通过一个例子来说明拷贝构造函数的定义和使用。

【例 11-8】拷贝构造函数(代码 11-8.txt)。

新建名为 cpgztest 的 C++ Source File 源程序。源代码如下：

```
#include <iostream>
using namespace std;

class Test
{
public:
    Test(int temp)
    {
        p1=temp;
    }
    Test(Test &c_t) //这里就是自定义的拷贝构造函数
    {
        cout<<"进入 copy 构造函数"<<endl;
        p1=c_t.p1; //如果去掉这句就不能完成复制工作了,此句是复制过程的核心语句
    }
public:
    int p1;
};
```

```
void main()
{
    Test a(99);
    Test b=a;
    cout<<b.p1;
    cin.get();
    system("pause");

}
```

【代码剖析】

在该例中，定义了一个 Test 类，Test 类有一个成员为 p1，并且定义了该类的带参数的构造函数和拷贝构造函数。在定义拷贝构造函数时，它的形参是 Test 类的一个引用。

在 main 函数中，首先定义了一个 Test 类的对象 a。a 的成员 p1 在调用构造函数时赋值为 99。并且，在下一步定义一个 test 类的对象 b，将对象 a 直接赋值给对象 b，将 b 的成员 p1 输出。

运行结果如图 11-8 所示。

图 11-8　使用拷贝构造函数

从运行结果来看，对象 a 已经将它的成员 p1 成功地赋值给了 b 的成员 p1。通过这个例子，能够学习到拷贝构造函数的声明和调用，深刻理解其作用。

11.6.2　深拷贝和浅拷贝

在程序运行过程中，如果一个对象的变量 B 动态开辟了一个内存空间，在进行位拷贝时，就把 B 的值完全赋值给 A。在赋值过程中，就是 A 中的变量与 B 中的变量指向同一内存空间。但是，如果 B 将内存释放，A 中的指针就没有了指向，也就是野指针，这样就会发生运行错误。从这一个实例，就引出了深拷贝和浅拷贝的概念。

深拷贝和浅拷贝可以简单理解为：如果一个类拥有一个资源，当这个类的对象发生复制过程的时候，资源重新分配，这个过程就是深拷贝；反之，没有重新分配资源，就是浅拷贝。

【例 11-9】 深拷贝(代码 11-9.txt)。

新建名为 skbtest 的 C++ Source File 源程序。源代码如下：

```
#include <iostream>
using namespace std;
class Test
{
public:
```

```
    Test(char *name,char *address)
    {
        cout<<"载入构造函数"<<endl;
        strcpy(Test::name,name);
        strcpy(Test::address,address);
        cname=new char[strlen(name)+1];
        if(cname!=NULL)
        {
            strcpy(Test::cname,name);
        }
    }
    Test(Test &temp)
    {
        cout<<"载入 COPY 构造函数"<<endl;
        strcpy(Test::name,temp.name);
        strcpy(Test::address,temp.address);
        cname=new char[strlen(name)+1];//深拷贝申请空间
        if(cname!=NULL)
        {
            strcpy(Test::cname,name);
        }
    }
    ~Test()
    {
        cout<<"载入析构函数!";
        delete[] cname;
        cin.get();
    }
    void show();
protected:
    char name[20];
    char address[30];
    char *cname;
};
void Test::show()
{
    cout<<name<<":"<<address<<cname<<endl;
}
void test(Test ts)
{
    cout<<"载入 test 函数"<<endl;
}
void main()
{
    Test a("深拷贝","试试");
    Test b = a;
    b.show();
    test(b);
    system("pause");
}
```

【代码剖析】

在上例中，定义了一个 Test 类，该类有 3 个字符串作为其成员，还定义了 2 个构造函数。其中，带参数的构造函数声明了一个字符串空间，在拷贝构造函数中，同样也需要声明一个字符串空间，来存放该类对象的字符串。在析构函数中，将申请的空间释放。

运行结果如图 11-9 所示。

从运行结果可以看出，两个类对象进行赋值时，声明了一个存放该类对象的空间，实现了深拷贝。

图 11-9　深拷贝

11.7　实战演练——构造函数和析构函数的应用

在学习该实例的过程中，请大家加深理解以下知识要点。

(1) 默认构造函数的定义。

(2) 带参构造函数的定义。

(3) 析构函数的定义。

(4) 构造函数在什么时候执行。

(5) 析构函数在什么时候执行。

为了让大家对构造函数和析构函数有总体的把握，首先定义一个类。代码如下：

```
Class clxBeginEnd
{
Public:
clxBeginEnd();
clxBeginEnd(int a);
~clxBeginEnd();
}
```

在下面的对构造函数和析构函数的定义中，只是简单的输出，是为了让读者更加容易理解在何时调用该函数。代码如下：

```
clxBeginEnd::clxBeginEnd()
{
cout<<"Output from constructor of class  clxBeginEnd!"<<endl;
}
clxBeginEnd::clxBeginEnd(int a)
{
cout<<"Output  from  constructor of class clxBeginEnd with "+ a <<endl;
}

clxBeginEnd::~clxBeginEnd()
{
  cout<<"Output from destructor of calss clxBeginEnd!"<<endl;
}
```

定义了两个构造函数，分别是没有参数的和有参数的，同时定义了一个析构函数。

在定义完 clxBeginEnd 类后，下一步就通过定义类的实例，来看看构造函数和析构函数都

是在什么时候被调用的。代码如下:

```
void  main( )
{
    clxBeginEnd  b;
    clxBeginEnd  c( 2002 );

}
```

在这个调用过程中,定义了该类的两个对象 b 和 c。定义 b 时调用的是没有参数的构造函数,定义 c 时使用的是有参数的构造函数。执行完成后,输出结果如下:

```
Output from constructor of calss clxBeginEnd!
Output from constructor of calss clxBeginEnd with 2000
Output from destructor of calss clxBeginEnd
Output from destructor of calss clxBeginEnd
```

思考一下,为什么会出现这样的输出?通过思考掌握构造函数和析构函数。

【例 11-10】构造函数和析构函数的应用(代码 11-10.txt)。代码如下:

```
#include <iostream>
using namespace std;
class clxBeginEnd
{
public:
    clxBeginEnd();
    clxBeginEnd(int a);
    ~clxBeginEnd();
};
clxBeginEnd::clxBeginEnd()
{
    cout << "Output from constructor of calss clxBeginEnd!" << endl;
}
clxBeginEnd::clxBeginEnd(int a)
{
    cout << "Output from constructor of calss clxBeginEnd with "<<a<< endl;
}

clxBeginEnd::~clxBeginEnd()
{
    cout << "Output from destructor of calss clxBeginEnd!" << endl;
}
int  main()
{
    clxBeginEnd  b;
    clxBeginEnd  c( 2018 );
    return 0;
}
```

【代码剖析】

在上例中,定义了 clxBeginEnd 类,重载了构造函数,两个构造函数一个有 int 型参数,另一个没有参数,还定义了析构函数。在主程序中,定义了该类的两个对象 b 和 c,调用了构造函数,在程序结束时,调用析构函数。

运行结果如图 11-10 所示。

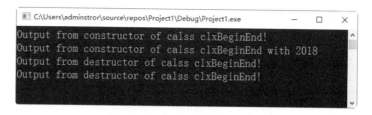

图 11-10　使用构造函数和析构函数

从运行结果可以看出，该例中使用了构造函数的重载，在程序结束时，隐式调用了析构函数。

11.8　大神解惑

疑问 1　派生类如何初始化基类继承的成员？

派生类构造函数间接调用基类的构造函数来实现。派生类的初始化列表必须明确指出基类的初始化形式。

疑问 2　基类和派生类的构造函数的执行顺序是什么？

最基础类的构造函数首先被执行，然后才是上一层的构造函数，如此到最外层的继承类，这个过程必须严格执行。否则，继承类就有机会访问还没有构建好的基类的数据或者函数。

疑问 3　基类和派生类的析构函数的执行顺序是什么？

与构造函数的执行顺序正好相反，析构函数是从最外层开始执行的，基础类的析构函数是最后一个执行的，就如同剥壳一样。

11.9　跟我学上机

练习 1：编写一个 box 类，该类有长、宽、高 3 个属性。

练习 2：给该类编写构造函数和析构函数。编写两个构造函数，一个构造函数没有参数，3 个属性赋值全为 0；另一个构造函数，带 3 个参数，分别将参数值赋给 3 个属性。析构函数输出"析构函数"。

练习 3：给该类编写一个 show 函数，输出该类对象的长、宽、高和体积。

练习 4：在主程序中用默认构造函数定义一个对象，调用该对象的 show 函数。

练习 5：在主程序中声明一个 box 类对象的数组，该数组的长度是 3。分别用(1，2，3)、(4，5，6)和(7，8，9)来声明该数组的对象，最后调用各个对象的 show 函数。

第 III 篇

高级应用

第 12 章

赋予新功能——
运算符的重载

对于用户自定义的数据类型，C++中预定义的运算符将无能为力。为此，C++提供了重载运算符的功能，从而解决自定义数据类型的运算。本章带领读者学习运算符的重载，了解什么是运算符重载，掌握前置运算符和后置运算符的使用，熟练掌握"<"运算符、"+"运算符、"="运算符的重载。

本章要点(已掌握的在方框中打钩)

☐ 熟悉重载运算符的概念。

☐ 掌握重载前置运算符的方法。

☐ 掌握重载后置运算符的方法。

☐ 掌握重载插入运算符的方法。

☐ 掌握重载析取运算符的方法。

☐ 掌握重载"<"运算符的方法。

☐ 掌握重载"+"运算符的方法。

☐ 掌握重载"="赋值运算符的方法。

☐ 掌握重载运算符的综合应用。

12.1 什么是运算符重载

对于 C++中预定义的运算符操作对象，只是针对 C++中的基本数据类型。如果对于用户自己定义的结构体或者类进行运算操作，那么 C++中定义的运算符就对此没有什么作用了。

为了解决这类问题，C++通过运算符重载的操作赋予了运算符新的功能，使得预定义的运算符可以对我们自己定义的数据类型进行操作，扩展了运算符的功能。

运算符重载的实现主要是通过运算符函数实现的。运算符函数定义了重载的运算符的操作。运算符函数定义格式如下：

```
<返回类型说明符>operator<运算符符号>(<参数表>)
{
<函数体>
}
```

运算符重载时要遵循以下规则。

(1) 在 C++中，除了类属关系运算符、成员指针运算符和作用域运算符外，其他所有运算符都可以重载。

(2) 重载运算符只能重载 C++语言中已有的运算符，不能另外重新创建新的运算符。

(3) 运算符重载的实质是函数重载，因此遵循函数重载的选择原则。

(4) 重载之后的运算符不能改变运算符的优先级和结合性，也不能改变运算符操作数的个数及语法结构。

(5) 运算符重载不能改变该运算符用于内部类型对象的含义。

(6) 运算符重载是针对新类型数据的实际需要对原有运算符进行适当的改造，不能与原功能有太大出入。

12.1.1 运算符重载的形式

运算符函数重载一般有两种形式：重载为类的成员函数和重载为类的友元函数。对于友元函数的重载，如果想要访问私有成员和保护成员，需要使用类的公共接口提供的 get 和 set 函数。

1. 成员函数运算符

运算符重载为类的成员函数的一般格式如下：

```
<函数类型>operator<运算符>(<参数表>)
{
 <函数体>
}
```

当运算符重载为类的成员函数时，函数的参数个数比原来的操作数要少一个(后置单目运算符除外)，这是因为成员函数用 this 指针隐式地访问了类的一个对象，它充当了运算符函数最左边的操作数。

因此得出如下结论。

(1) 双目运算符重载为类的成员函数时，函数只显式说明一个参数，该形参是运算符的右操作数。

(2) 前置单目运算符重载为类的成员函数时，不需要显式说明参数，即函数没有形参。

(3) 后置单目运算符重载为类的成员函数时，函数要带有一个整型形参。

调用成员函数运算符的格式如下：

```
<对象名>.operator<运算符>(<参数>)
```

它等价于：

```
<对象名><运算符><参数>
```

若一个运算符的操作需要修改对象的状态，选择重载为成员函数比较好。

下面通过一个例子来介绍怎样对运算符进行重载。

【例 12-1】认识运算符重载(代码 12-1.txt)。

新建名为 ysfztest 的 C++ Source File 源程序。源代码如下：

```cpp
#include <iostream>
using namespace std;
class com{
private:
    int real;
    int img;
public:
    com(int real = 0, int img = 0){
        this->real = real;
        this->img = img;
    }
    com operator + (com x){
        return com(this->real + x.real, this->img + x.img);
    }
    com operator + (int x){
        return com(this->real + x, this->img);
    }
    friend com operator + (int x, com y);
    void show(){
        cout << real << "," << img << endl;
    }
};
com operator +(int x, com y){
    return com(x + y.real, y.img);
}
int main()
{
    com a, b(1, 2), c(2, 3);
    a = b + c;
    a.show();
    a = b + 3;
    a.show();
    a = 3 + c;
    a.show();
```

```
    system("pause");
}
```

【代码剖析】

在该例中，定义了一个 com 类，该类有两个成员，分别是 real 和 img，并且，将"+"运算符重载。第一个重载函数的输入参数为 com 类，分别将两个类的 real 和 img 相加，得到新类。第二个重载函数的参数是 int 型，实现了参数与该类的 real 相加。第三个重载函数的参数是 com 类和 int 型，适用于一个 com 类的对象和一个 int 型数据相加。

运行结果如图 12-1 所示。

在本例中，定义了 3 个 com 的对象，b 对象调用 com 的析构函数，b 的 real 赋值为 1，img 赋值为 2。c 的 real 赋值为 2，img 赋值为 3。在主程序中，分别调用 3 个重载的运算符，将结果输出。

图 12-1　代码运行结果

2. 友元函数运算符

运算符重载为类的友元函数的一般格式如下：

```
friend<函数类型>operator<运算符>(<参数表>)
{
<函数体>
}
```

当运算符重载为类的友元函数时，由于没有隐含的 this 指针，因此操作数的个数没有变化，所有的操作数都必须通过函数的形参进行传递，函数的参数与操作数自左至右一一对应。

调用友元函数运算符的格式如下：

```
operator<运算符>(<参数 1>,<参数 2>)
```

它等价于：

```
<参数 1><运算符><参数 2>
```

一般情况下，单目运算符最好重载为类的成员函数；双目运算符则最好重载为类的友元函数。=、()、[]、->不能重载为类的友元函数。

　　　　运算符被重载后，其原有的功能仍然保留，没有丧失或改变。通过运算符重载，扩大了 C++已有运算符的作用范围，使之能用于类对象。

12.1.2　可重载的运算符

C++中的大部分运算符都可以被重载，但是也有一部分是不能重载的。重载不能重载的运算符是个语法错误。

能够重载的运算符如下。

+	-	*	/	%	^	&	|
~	!	=	<	>	+=	-=	*=
/=	%=	^=	&=	|=	<<	>>	>>=
<<=	==	!=	<=	>=	&&	||	++
--	->*	,	->	[]	()	new	delete
new[]	delete[]						

不能够重载的运算符如下。

.	.*	::	?:	sizeof

重载不能改变运算符的优先级、结合律，并且不能改变运算符操作数的个数。

12.2 重载前置运算符和后置运算符

在 C++中，自增运算符可以放到操作数前或者后，将++运算符放到运算符前面表示先加 1，然后再进行赋值；把++放到运算符后面，表示先赋值，然后再加 1。

那么要怎么重载它们，才可以有效地区分开来呢？下面就来说明 C++中是怎么处理前置运算符和后置运算符的重载的。

12.2.1 重载前置运算符

在 C++中编译器是根据运算符重载函数参数表里是否插入关键字 int 来区分前置还是后置运算的。

成员运算符函数形式：ob.operator ++()。

友元运算符函数形式：operator ++(x& obj)。

下面使用一个实例来说明前置运算符如何重载。

【例 12-2】前置运算符重载(代码 12-2.txt)。

新建名为 qztest 的 C++ Source File 源程序。源代码如下：

```cpp
#include <iostream>
using namespace std;
class TDPoint//三维坐标
{   private:
int x;
int y;
int z;
public:
    TDPoint(int x=0,int y=0,int z=0)
    {
        this->x=x;
        this->y=y;
        this->z=z;
```

```
    }
    TDPoint operator++();//成员函数重载前置运算符++
    //TDPoint operator++(int);//成员函数重载后置运算符++
    friend TDPoint operator++ (TDPoint& point);//友元函数重载前置运算符++
    //friend TDPoint operator++(TDPoint& point,int);//友元函数重载后置运算符++
    void showPoint();
};

TDPoint TDPoint::operator++()
{
    ++this->x;
    ++this->y;
    ++this->z;
    return *this;//返回自增后的对象
}

TDPoint operator++ (TDPoint& point)
{
    ++point.x;
    ++point.y;
    ++point.z;
    return point;//返回自增后的对象
}
void TDPoint::showPoint()
{
    std::cout<<"("<<x<<","<<y<<","<<z<<")"<<std::endl;
}

int main()
{
    TDPoint point(1,1,1);
    point.operator++();//或++point
    point.showPoint();//前置++运算结果
    operator++(point);//或++point;
    point.showPoint();//前置++运算结果
    system("pause");
    return 0;
}
```

【代码剖析】

在该例中，定义了 TDPoint 类，还定义了 3 个成员，分别是 x、y、z。并且，分别使用成员函数和友元函数重载了前置的++，以及显示程序，将该类的 3 个成员全都输出。在主程序中，首先使用(1，1，1)初始化了一个该类的对象，分别调用重载的前置函数++，然后输出当前的成员数据。

运行结果如图 12-2 所示。

在运行结果中可以看到，分别输出了(2，2，2)和(3，3，3)，说明重载的前置++起到了作用，分别将类的成员全部加 1。

图 12-2　重载前置运算符

12.2.2 重载后置运算符

上一节对前置运算符重载做了阐述。本节将阐述如何对后置运算符进行重载。

后置运算符重载格式如下。

成员运算符函数形式：ob.operator ++(int)。

友元运算符函数形式：operator ++(x& obj，int)。

下面通过一个实例来说明如何重载后置运算符。

【例 12-3】后置运算符重载(代码 12-3.txt)。

新建名为 hztest 的 C++ Source File 源程序。源代码如下：

```
#include <iostream>
using namespace std;

class TDPoint//三维坐标
{    private:
int x;
int y;
int z;
public:
    TDPoint(int x=0,int y=0,int z=0)
    {
        this->x=x;
        this->y=y;
        this->z=z;
    }
    //TDPoint operator++();//成员函数重载前置运算符++
    TDPoint operator++(int);//成员函数重载后置运算符++
    //friend TDPoint operator++ (TDPoint& point);//友元函数重载前置运算符++
    friend TDPoint operator++(TDPoint& point,int);//友元函数重载后置运算符++
    void showPoint();
};
TDPoint TDPoint::operator++(int)
{
    TDPoint point(*this);
    this->x++;
    this->y++;
    this->z++;
    return point;//返回自增前的对象
}
TDPoint operator++(TDPoint& point,int)
{
    TDPoint point1(point);
    point.x++;
    point.y++;
    point.z++;
    return point1;//返回自增前的对象
}

void TDPoint::showPoint()
{
```

```
        std::cout<<"("<<x<<","<<y<<","<<z<<")"<<std::endl;
}

int main()
{
        TDPoint point(1,1,1);
        point=point.operator++(0);//或 point=point++
        point.showPoint();//后置++运算结果
        point=operator++(point,0);//或 point=point++;
        point.showPoint();//后置++运算结果
        system("pause");
        return 0;
}
```

【代码剖析】

在该例中定义了 TDPoint 类，在该类中定义了 3 个成员，分别是 x、y、z。并且，分别使用成员函数和友元函数重载了后置的++，以及显示程序，将该类的 3 个成员全都输出。在主程序中，首先使用(1，1，1)初始化了一个该类的对象，分别调用重载的后置函数++，然后输出当前的成员数据。

运行结果如图 12-3 所示。

在运行结果中可以看到，分别输出了(1，1，1)和(1，1，1)，说明重载的后置++起到了作用，在运算结束后才能加 1，所以输出数字仍然全为 1。

图 12-3　重载后置运算符

12.3　插入运算符和析取运算符的重载

在 C++中，预编译的析取运算符 ">>" 和插入运算符 "<<" 可以对标准的输入输出数据进行处理，也可以处理包含指针在内的预定义的任何数据类型。在 C++中，同样也允许对两个输入运算符 ">>" 和输出运算符 "<<" 进行重载。

 析取和插入运算符重载函数必须通过友元函数实现，不能通过成员函数实现。因为这两个运算符的操作数不可能是用户自定义类的对象，而是流类的对象 cin、cout 等。

12.3.1　插入运算符重载

在头文件 iostream 中，对运算符<<进行重载，能输出各种标准类型的数据，其原型形式如下：

```
Ostream& operator<<(ostream& 类型名 )
```

下面通过一个具体事例来说明如何对插入运算符进行重载。

【例 12-4】插入运算符重载(代码 12-4.txt)。

新建名为 zrtest 的 C++ Source File 源程序。源代码如下：

```
#include <iostream>
using namespace std;
class Time {
public:
    Time(int h=0, int m=0, int s=0);
    friend istream & operator >> (istream &,Time &);
    friend ostream & operator << (ostream &,Time &);
private:
    int hour, minute, second;
};

Time::Time(int h/* =0 */, int m/* =0 */, int s/* =0 */)
{
    hour = h;
    minute = m;
    second = s;
}
istream& operator>>(istream &,Time& temp )
{
    return cin>>temp.hour>>temp.minute>>temp.second;
}
ostream & operator << (ostream &,Time&temp)
{
    return cout<<temp.hour<<":"<<temp.minute<<":"<<temp.second;
}
int main()
{
    Time mytime(10,5,50);
    cout<<mytime<<endl;
    system("pause");
    return 0;
}
```

【代码剖析】

在该例中，定义了 Time 类，在该类中定义了 3 个成员，分别是时、分、秒，定义了带参数的构造函数，对该类中的 3 个成员进行赋值。同时，重载了插入运算符，使得该类对象能够直接使用插入运算符。在主函数中，定义了一个 Time 类的对象，并且对该类对象成员进行赋值 (10，5，50)。在定义完对象后，使用重载的插入运算符，将对象输出。

运行结果如图 12-4 所示。

从输出结果能够看到，该例使用了重载插入运算符，输出了 Time 类对象。

图 12-4 重载插入运算符

12.3.2 析取运算符重载

在头文件 iostream 中，对运算符>>进行重载，能输入各种标准类型的数据，其原型形式如下：

```
istream& operator<<(istream& 类型名& )
```

223

下面使用一个具体事例来说明如何对析取运算符进行重载。

【例 12-5】析取运算符重载(代码 12-5.txt)。

新建名为 tqtest 的 C++ Source File 源程序。源代码如下:

```cpp
#include <iostream>
class Complex //复数类
{    private://私有
double real;//实数
double imag;//虚数
public:
    Complex(double real=0,double imag=0)
    {    this->real=real;
    this->imag=imag;
    }
    friend std::ostream& operator<<(std::ostream& o,Complex& com);//友元函数
    //重载插入运算符"<<"
    friend std::istream& operator>>(std::istream& i,Complex& com);//友元函数
    //重载析取运算符">>"
};

std::ostream& operator<<(std::ostream& o,Complex& com)
{
    std::cout<<"输入的复数:";
    o<<com.real;
    if(com.imag>0)
        o<<"+";
    if(com.imag!=0)
        o<<com.imag<<"i"<<std::endl;
    return o;
}

std::istream& operator>>(std::istream& i,Complex& com)
{
    std::cout<<"请输入一个复数:"<<std::endl;
    std::cout<<"real(实数):";
    i>>com.real;
    std::cout<<"imag(虚数):";
    i>>com.imag;
    return i;
}

int main()
{

    Complex com;
    std::cin>>com;
    std::cout<<com;
    system("pause");
    return 0;
}
```

【代码剖析】

在该例中，定义了复数类，定义了复数的两个成员，分别是实部和虚部。定义了带参数的构造函数，并且对插入运算符和析取运算符进行了重载实现，使得两个运算符可以直接被该类对象调用。在主程序中，首先定义了一个类对象，通过析取运算符进行重载，输入该复数的实部和虚部，再调用重载的插入运算符将结果输出。

运行结果如图 12-5 所示。

从输出结果可以看出，输入了一个复数的实部为 15、虚部为 25，后面调用插入运算符，将输入的复数输出。从该例可以看出，插入运算符和析取运算符在类的实现过程当中的妙用。

图 12-5 重载析取运算符

 提示 重载 ">>" 和 "<<" 运算符时，函数返回值必须是类 istream/ostream 的引用。

12.4 常用运算符的重载

以上各节介绍了运算符的概念以及如何定义运算符。下面介绍几个常用运算符的例子，使读者更深入地理解运算符的重载。

12.4.1 "<" 运算符的重载

在 C++中，"<" 是对比运算符，比较小于号两侧的运算值，如果左侧的值小于右侧的值，则返回真，否则返回假。

下面通过一个实例来说明重载小于号的方法。

【例 12-6】 "<" 运算符重载(代码 12-6.txt)。

新建名为 xytest 的 C++ Source File 源程序。源代码如下：

```
#include "iostream"
using namespace std;
class test
{
public:
    int a;
    int b;
public:
    test(){
        a=0;
        b=0;
        cout<<"默认构造函数"<<endl;
    }
public:
    test(int tempa,int tempb){
        a= tempa;
```

```
        b= tempb;
    }

    bool operator <(const test& mytest){//重载运算符 "<"
        cout<<"<运算符的重载>"<<endl;
        return (a< mytest.a) && (b< mytest.b);
    }
};
int main()
{
    test int1(1,2);
    test int2(2,3);
    if (int1<int2)
        cout<<"ok!"<<endl;
    else
        cout<<"false!"<<endl;
    system("pause");
    return 0;
}
```

【代码剖析】

在该例中，定义了一个 test 类，该类有两个 int 型成员，并且定义了该类带参数的构造函数为该类的成员赋值。重载了 "<" 运算符，只有两个成员变量同时小于另外一个对象的成员变量才返回真。在主程序中，首先声明了 test 类的两个对象，分别是 int1 和 int2，再对该类对象进行比较，如果为真，则输出 "ok！"；如果为假，则输出 "false！"。

运行结果如图 12-6 所示。

从输出结果可以看出，输出 "〈运算符的重载〉"，说明调用了构造函数；输出 "ok！"，说明对两个数的比较成功了。重载的 "<" 发挥了作用。深刻理解运算符重载的意义，思考一下运算符重载的重要作用。

图 12-6　重载运算符 "<"

12.4.2　"+" 运算符的重载

本节介绍 "+" 运算符的重载。在 C++中，"+" 运算符的功能是实现两个数值相加。下面使用一个例子来说明 "+" 运算符重载的具体方法。

【例 12-7】 "+" 运算符重载(代码 12-7.txt)。

新建名为 jtest 的 C++ Source File 源程序。源代码如下：

```
#include "iostream"
using namespace std;
class test
{
public:
    int a;
    int b;
public:
```

```
    test(){
        a=0;
        b=0;
        cout<<"默认构造函数"<<endl;
    }
public:
    test(int tempa,int tempb){
        a= tempa;
        b= tempb;
    }

    test operator +(const test& temp) const {
        cout<<"+运算符的重载"<<endl;
        test result;
        result.a=a+temp.a;
        result.b=b+temp.b;
        return result;
    }
};
int main()
{
    test int1(1,2);
    test int2(2,3);
    test int3;
    int3=int1+int2;
    cout<<"int3.a="<<int3.a<<endl;
    cout<<"int3.b="<<int3.b<<endl;
    system("pause");
}
```

【代码剖析】

在该例中，定义了一个 test 类，该类有两个 int 型成员，并且定义了该类带参数的构造函数为该类的成员赋值。重载了"+"运算符，将该类的两个成员分别相加。在主程序中，首先声明了 test 类的两个对象，分别是 int1 和 int2，int1 的成员为(1,2)，int2 的成员为(2,3)，同时定义了 int3，该对象调用默认构造函数。最后，将 int1 和 int2 相加，赋值给 int3，并且把 int3 的值输出。

运行结果如图 12-7 所示。

从输出结果可以看到，输出"默认构造函数"，说明调用了构造函数；输出了"+运算符的重载"，说明调用了重载的运算符；输出 int3 的两个成员(3,5)，说明重载运算符计算正确。

图 12-7　重载"+"运算符

12.4.3　"="赋值运算符重载

对于一个类的两个对象，赋值运算符"="是可以使用的，在编译过程中会生成一个默认的赋值函数，将两个对象的成员逐一赋值，实现浅拷贝。但是，如果数据成员是指针类型的变量，这种浅拷贝就会产生内存泄漏的错误。在这种情况下，就必须重载赋值运算符"="，实现两个对象的赋值运算。

自定义类的赋值运算符重载函数的作用与内置赋值运算符的作用类似。下面通过一个实例来说明赋值运算符的重载方法。

【例 12-8】 "="运算符重载(代码 12-8.txt)。

新建名为 dtest 的 C++ Source File 源程序。源代码如下：

```cpp
#include <iostream>
#pragma warning(disable:4996)
using namespace std;
class Internet
{
public:
    Internet(char *name,char *url)
    {
        Internet::name = new char[strlen(name)+1];
        Internet::url = new char[strlen(url)+1];
        if(name)
        {
            strcpy(Internet::name,name);
        }
        if(url)
        {
            strcpy(Internet::url,url);
        }
    }
    Internet(Internet &temp)
    {
        Internet::name=new char[strlen(temp.name)+1];
        Internet::url=new char[strlen(temp.url)+1];
        if(name)
        {
            strcpy(Internet::name,temp.name);
        }
        if(url)
        {
            strcpy(Internet::url,temp.url);
        }
    }
    ~Internet()
    {
        delete[] name;
        delete[] url;
    }
    Internet& operator =(Internet &temp)//赋值运算符重载函数
    {
        delete[] this->name;
        delete[] this->url;
        this->name = new char[strlen(temp.name)+1];
        this->url = new char[strlen(temp.url)+1];
        if(this->name)
        {
            strcpy(this->name,temp.name);
        }
```

```
        if(this->url)
        {
            strcpy(this->url,temp.url);
        }
        return *this;
    }
public:
    char *name;
    char *url;
};
int main()
{
    Internet a("试试","www.shishi.com");
    Internet b = a;//b 对象还不存在，所以调用拷贝构造函数，进行构造处理
    cout<<b.name<<endl<<b.url<<endl;
    Internet c("看看","www.kankan.com");
    b = c;//b 对象已经存在，所以系统选择赋值运算符重载函数处理
    cout<<b.name<<endl<<b.url<<endl;
    system("pause");
}
```

【代码剖析】

在该例中，定义了一个 Internet 类，该类有两个成员，分别是 Internet 的名字和 url 地址。并且定义了两个该类的带参数的构造函数为该类的成员赋值，两个构造函数的参数分别是字符串和该类的一个指针。重载了 "=" 运算符，对两个成员进行赋值。定义了析构函数，删除申请的空间地址。在主程序中，首先声明了 Internet 类的对象 a，把 a 赋值给 b，输出 b 的成员。定义了一个对象 c，把 c 赋值给 b，同时输出 b 的结果。

上例代码中的 Internet& operator =(Internet &temp)就是赋值运算符重载函数的定义，内部需要先删除的指针就是涉及深拷贝问题的地方。由于 b 对象已经构造过，name 和 url 指针的范围已经确定，所以在复制新内容之前必须把堆区清除，区域的过大和过小都不好，所以跟在后面重新分配堆区大小，而后进行复制工作。

> 注意　因为 Visual Studio 2017 认为 strcpy()函数的安全性比较低，所以在运行时会报错。为了解决这个问题，在代码的开头，加入#pragma warning(disable:4996)，就是为了忽略这个错误。

运行结果如图 12-8 所示。

从输出结果看到，输出了 a 和 c 的成员，说明赋值运算符重载是正确执行的。

在类对象还未存在的情况下，赋值过程是通过拷贝构造函数进行构造处理(代码中的 "Internet b = a;"就是这种情况)，但当对象已经存在，那么赋值过程就是通过赋值运算符重载函数处理(例子中的 "b = c;"就属于此种情况)。

图 12-8　重载赋值运算符 "="

提示　用于类对象的运算符一般必须重载，但有两个例外，运算符 "=" 和 "&" 不必用户重载。

(1) 赋值运算符 "=" 可以用于每一个类对象，可以利用它在同类对象之间相互赋值。

(2) 地址运算符 "&" 也不必重载，它能返回类对象在内存中的起始地址。

12.5　实战演练——重载运算符综合应用

结合本章知识点，设计编写综合实例，以此来加深对本章所介绍知识点的理解。代码如下：

```cpp
#include<iostream>
#include<string>
#include<iomanip>
using namespace std;
class Complex
{
public:
    Complex() { real=0; imag=0; }
    Complex ( double r, double i ) { real=r; imag=i; }
    Complex operator + (Complex &c1);
    Complex operator - (Complex &c1);
    void display();
private:
    double real;
    double imag;
};
Complex Complex::operator + (Complex &c1)
{
    Complex c;
    c.real=real+c1.real;
    c.imag=imag+c1.imag;
    return c;
}
Complex Complex::operator - (Complex &c1)
{
    Complex c;
    c.real=real-c1.real;
    c.imag=imag-c1.imag;
    return c;
}
void Complex::display()
{
    cout<<"("<<real<<","<<imag<<"i)"<<endl;
}
int main()
{
    Complex c(3,4),c1(2,5),c2,c3;
    c2=c+c1;
    c3=c-c1;
```

```
        cout<<"c+c1=";
        c2.display();
        cout<<"c-c1=";
        c3.display();
        system("pause");
        return 0;
}
```

【代码剖析】

在该例中，首先定义了一个复数类，该类有两个数据成员，一个实部和一个虚部，成员函数定义中重载了构造函数，定义了重载运算符"+"和"–"和 display 函数显示复数。接下来，实现运算符"+"，是把两个复数的实部和虚部相加，运算符"–"是把两个复数的实部和虚部相减。在主程序中，定义复数类的对象 c、c1、c2、c3，初始化 c1 和 c，把 c1+c 赋值给 c2，把 c-c1 赋值给 c3，调用 c2 和 c3 的 display 函数，将结果输出。

运行结果如图 12-9 所示。

从输出结果可以看出，通过重载运算符"+"和"–"实现了复数的加减运算。

图 12-9 重载运算符的综合应用

12.6 大神解惑

疑问 1 在什么情况下使用运算符重载？

在完成同样操作的情况下，如果运算符重载能够比用明确的函数调用使程序更清晰，则应该使用运算符重载。

疑问 2 重载一元运算符时，应该用友元函数重载吗？

重载一元运算符时，把运算符函数用作类的成员而不用作友元函数。因为友元的使用破坏了类的封装，所以除非绝对必要，否则应尽量避免使用友元函数和友元类。

疑问 3 是否可以用一个重载的运算符，重载另一个运算符？

要保证相关运算符的一致性，可以用一个运算符实现另一个运算符(例如重载的运算符+实现重载的运算符+=)。

疑问 4 在 Visual Studio 2017 中无法使用 strcpy()函数怎么办？

由于 Visual Studio 2017 认为 strcpy()函数安全性比较低，所以在使用时会报错。虽然 strcpy_s 函数可以代替 strcpy()函数，但是很多人仍想使用 strcpy()函数，可以采用以下方案解决。

(1) 设置不进行兼容性检查。

在 Visual Studio 2017 主界面中，选择【项目】→【项目属性】命令，打开属性页对话

框，在左侧列表中，选择【配置属性】→C/C++→【预处理器】选项，在右侧窗口中，单击
【预处理器定义】右侧的下拉按钮，在弹出的菜单中选择【<编辑>】选项，如图 12-10 所示。

打开【预处理器定义】对话框，输入_CRT_SECURE_NO_WARNINGS，单击【确定】按
钮即可，如图 12-11 所示。

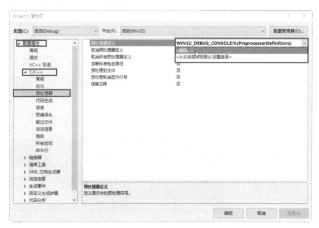 

图 12-10　属性页对话框　　　　　图 12-11　【预处理器定义】对话框

(2)　在代码中忽略错误。

读者仔细观察报错信息，会发现错代号是"error C4996:"。所以在程序的开头加入一
句：#pragma warning(disable:4996)，代表忽略此错误。例如，在本章的【例 12-8】中，就是
使用这种方法解决这个问题的。

12.7　跟我学上机

练习 1：建立一个分数类，该类有两个 int 型成员，分别是分子和分母。

练习 2：建立带参数的构造函数，在声明时对该类的两个对象进行赋值。

练习 3：使用友元函数重载分数的加减乘除运算。

练习 4：使用友元函数，重载插入运算符和析取运算符。

练习 5：在主程序中，利用析取运算符输入两个分数。对两个分数进行加减乘除操作，
最后操作后的分数利用析取运算符输出。

第 13 章

实现代码重用——
类的继承

继承是面向对象程序设计的一个重要特征。一方面，它提供了一种源代码级的软件重用手段，在程序中引入新的特性或功能时，可以充分利用系统中已定义的程序资源，避免了重复开发。另一方面，它也为抽象类的定义提供了一种基本模式。本章带领读者学习 C++ 中类的继承的用法，熟练使用 C++ 中派生类和基类之间的继承和转换。

本章要点(已掌握的在方框中打钩)

☐ 熟悉继承的基本概念。

☐ 掌握调用父类中构造函数的方法。

☐ 掌握子类存取父类成员的方法。

☑ 掌握多继承的方法。

☐ 掌握综合使用继承的方法。

13.1 继承的基本概念

C++是支持面向对象编程的语言,通过子类继承父类这种方式来实现继承。下面详细介绍 C++中继承的使用方法和技巧。

13.1.1 基类和继承类

在 C++语言中,一个派生类可以从一个基类派生,也可以从多个基类派生。从一个基类派生的继承称为单继承;从多个基类派生的继承称为多继承。

单继承的定义如下:

```
.class B:public
.{
<派生类新定义成员>
.};
```

多继承的定义如下:

```
class C:public A,private B
.{  .
<派生类新定义成员>
};
```

大家可能看到在上例中,public 和 private 不能很好地理解其含义。下面就详细地讲讲这几个关键字的含义。

派生类共有 3 种 C++类继承方式:公有继承(public)、私有继承(private)和保护继承(protected)。

1. 公有继承

公有继承的特点是基类的公有成员和保护成员作为派生类的成员时,它们都保持原有的状态,而基类的私有成员仍然是私有的,不能被这个派生类的子类所访问。

2. 私有继承

私有继承的特点是基类的公有成员和保护成员都作为派生类的私有成员,并且不能被这个派生类的子类所访问。

3. 保护继承

保护继承的特点是基类的所有公有成员和保护成员都成为派生类的保护成员,并且只能被它的派生类成员函数或友元访问,基类的私有成员仍然是私有的。

在 3 种不同的继承方式中,继承类对基类的成员访问权限有所不同,下面利用表 13-1 来阐述这个问题。

表 13-1　继承类对基类成员的访问权限

	public	protected	private
公有继承	public	protected	不可见
私有继承	private	private	不可见
保护继承	protected	protected	不可见

通过表 13-1 可以看出来，公有继承中，继承类的对象可以访问基类中的公有成员；派生类的成员函数可以访问基类中的公有成员和保护成员；在私有继承中，基类的成员只能由直接派生类访问，而无法再往下继承；而保护继承与私有继承相似，两者的区别仅在于对派生类的成员而言，对基类成员有不同的可见性。

 继承方式是可选的，默认为 private(私有的)。

13.1.2　简单的基础实例

下面对每种方式进行举例说明，以加深读者对这 3 种方式的理解。

1. 公有继承

【例 13-1】公有继承(代码 13-1.txt)。

新建名为 gjctest 的 C++ Source File 源程序。源代码如下：

```cpp
#include <iostream>
#include <string>
using namespace std;

class CBase {
    string name;
    int age;
public:
    string getName() {
        return name;
    }
    int getAge() {
        return age;
    }
protected:
    void setName(string s) {
        name = s;
    }
    void setAge(int i) {
        age = i;
    }
};
class CDerive : public CBase {    //用 public 指定公有继承
public:
    void setBase(string s, int i) {
```

```
        setName(s);      //调用基类的保护成员
        setAge(i);       //调用基类的保护成员
        //调用基类的私有成员
        //cout << name << "   " << age << endl;    //编译出错
    }
};
int main ( )
{
    CDerive d;
    d.setBase("abc", 100);
    //调用基类的私有成员
    //cout << d.name << "   " << d.age << endl;    //编译出错
    //调用基类的公有成员
    cout << d.getName() << "   " << d.getAge() << endl;
    //调用基类的保护成员
    //d.setName("xyz");    //编译出错
    //d.setAge(20);        //编译出错
    system("pause");
    return 0;
}
```

【代码剖析】

首先，定义一个类 Cbase 的基类，在该类中定义了两个成员，分别是 name 和 age，还定义了两个 public 的函数和两个 protected 函数。使用公有继承的方式，定义了 Cbase 类的继承类 CDerive，在该继承类中，调用了基类的保护成员和私有成员，但是在编译时，调用私有成员出错，说明继承类不能直接访问基类的私有成员。在主函数中，声明了一个继承类的对象，并且通过继承类分别调用了基类的私有成员、公有成员、保护成员。

运行结果如图 13-1 所示。

图 13-1　公有继承

从本例中可以看出，在进行公有继承时，对于基类的私有成员，在派生类和外部都不可以访问；对于基类的保护成员，在派生类可以访问，在外部不可以访问；对于基类的公有成员，在派生类和外部都可以访问。

2. 私有继承

私有继承是将基类的公有成员和保护成员变成自己的私有成员，而基类的私有成员在派生类里本身就不能访问。

【例 13-2】私有继承(代码 13-2.txt)。

新建名为 sjctest 的 C++ Source File 源程序。源代码如下：

```cpp
#include <iostream>
#include <string>
using namespace std;
class CBase {
    string name;
    int age;
public:
    string getName() {
        return name;
    }
    int getAge() {
        return age;
    }
protected:
    void setName(string s) {
        name = s;
    }
    void setAge(int i) {
        age = i;
    }
};

class CDerive : private CBase {      //用 private 指定私有继承，private 可以省略
public:
    void setBase(string s, int i) {
        setName(s);      //调用基类的保护成员
        setAge(i);       //调用基类的保护成员
        //调用基类的私有成员
        //cout << name << "   " << age << endl;    //编译出错
    }
    string getBaseName() {
        return getName();      //调用基类的公有成员
    }
    int getBaseAge() {
        return getAge();       //调用基类的公有成员
    }
};

int main ( )
{
    CDerive d;
    d.setBase("abc", 100);

    //调用基类的私有成员
    //cout << d.name << "   " << d.age << endl;      //编译出错

    //调用基类的公有成员
    //cout << d.getName() << "   " << d.getAge() << endl;      //编译出错
    cout << d.getBaseName() << "   " << d.getBaseAge() << endl;

    //调用基类的保护成员
    //d.setName("xyz");        //编译出错
    //d.setAge(20);            //编译出错
```

```
    system("pause");
    return 0;
}
```

【代码剖析】

首先，定义一个类 CBase 的基类，在该类中定义了两个成员，分别是 name 和 age，还定义了 2 个 public 的函数和 2 个 protected 函数。使用私有继承的方式，定义了 CBase 类的继承类 CDerive，在该继承类中，调用了基类的公有成员、私有成员、保护成员，但是在编译时，调用私有成员出错，说明继承类不能直接访问基类的私有成员。在主函数中，声明了一个继承类的对象，并且通过继承类分别调用了基类的私有成员、公有成员、保护成员。

运行结果如图 13-2 所示。

图 13-2　私有继承

在本例中可以看出，在进行私有继承时，对于基类的私有成员，在派生类和外部都不可以访问；对于基类的公有成员，在派生类可以访问，在外部不可以访问；对于基类的保护成员，在派生类可以访问，在外部不可以访问。

3. 保护继承

保护继承是将基类的公有成员和保护成员变成自己的保护成员，而基类的私有成员在派生类里本身就不能访问。

【例 13-3】保护继承(代码 13-3.txt)。

新建名为 bjctest 的 C++ Source File 源程序。源代码如下：

```
#include <iostream>
#include <string>
using namespace std;

class CBase {
    string name;
    int age;
public:
    string getName() {
        return name;
    }
    int getAge() {
        return age;
    }
protected:
    void setName(string s) {
        name = s;
    }
    void setAge(int i) {
```

```
            age = i;
        }
};

class CDerive : protected CBase {      //用 protected 指定保护继承
public:
    void setBase(string s, int i) {
        setName(s);      //调用基类的保护成员
        setAge(i);       //调用基类的保护成员
        //调用基类的私有成员
        //cout << name << "    " << age << endl;      //编译出错
    }
    string getBaseName() {
        return getName();      //调用基类的公有成员
    }
    int getBaseAge() {
        return getAge();       //调用基类的公有成员
    }
};

int main ( )
{
    CDerive d;
    d.setBase("abc", 100);
    //调用基类的私有成员
    //cout << d.name << "    " << d.age << endl;      //编译出错
    //调用基类的公有成员
    //cout << d.getName() << "    " << d.getAge() << endl;      //编译出错
    cout << d.getBaseName() << "    " << d.getBaseAge() << endl;
    //调用基类的保护成员
    //d.setName("xyz");        //编译出错
    //d.setAge(20);            //编译出错
    system("pause");
    return 0;
}
```

【代码剖析】

首先，定义一个类 CBase 的基类，在该类中定义了两个成员，分别是 name 和 age，还定义了 2 个 public 函数和 2 个 protected 函数。使用保护继承的方式，定义了 CBase 类的继承类 CDerive。在该继承类中，调用了基类的公有成员、私有成员、保护成员，但是在编译时，调用私有成员出错，说明继承类不能直接访问基类的私有成员。在主函数中，声明了一个继承类的对象，并且通过继承类分别调用了基类的私有成员、公有成员、保护成员。

运行结果如图 13-3 所示。

图 13-3　保护继承

在本例中可以看出，在进行保护继承时，对于基类的私有成员，在派生类和外部都不可以访问；对于基类的公有成员，在派生类可以访问，在外部不可以访问；对于基类的保护成员，在派生类可以访问，在外部不可以访问。

13.2 调用父类中的构造函数

构造函数也是类的一种方法，那么在继承过程中，构造函数是怎样被使用的呢？

构造函数用来初始化类的对象，与基类的其他成员不同，它不能被继承类继承(继承类可以继承父类所有的成员变量和成员方法，但不继承父类的构造方法)。因此，在创建子类对象时，为了初始化从父类继承来的数据成员，系统需要调用其父类的构造方法。

 在类中对派生类构造函数做声明时，不包括基类构造函数名及其参数列表。

下面通过实例来说明子类如何调用父类的构造函数。

【例13-4】默认调用父类构造函数(代码13-4.txt)。

新建名为 fgztest 的 C++ Source File 源程序。源代码如下：

```cpp
#include <iostream>
#include <string>
using namespace std;

class Animal//这儿定义Animal的3种特性
{
public:
    void eat()//吃的方法(Animal会吃食物)
    {
        cout<<"animal eat"<<endl;
    }
    void sleep()//睡觉的方法(Animal会睡觉)
    {
        cout<<"animal sleep"<<endl;
    }
    void breathe()//呼吸的方法(Animal会呼吸)
    {
        cout<<"animal breathe"<<endl;
    }
    Animal()//类中构造函数
    {
        cout<<"animal construct"<<endl;
    }
};
class Fish:public Animal//鱼继承了吃的方法、睡的方法以及呼吸的方法。因此现在鱼也会吃
    //食物、睡觉、呼吸
{
public:
    Fish()//类Fish中的构造函数
    {
```

```
        cout<<"fish construct"<<endl;
    }
};

void main()
{
    //Animal cat;//产生一个对象叫作小猫, 此对象继承了动物拥有的 3 种属性
    //cat.sleep();//测试一下小猫会不会睡觉?
    Fish smallFish;//实例化一条小鱼, 此对象继承了鱼类拥有的 3 种属性
    //smallFish.breathe();//测试一下小鱼会不会呼吸?
    system("pause");
}
```

【代码剖析】

首先, 定义一个类 Animal 的基类, 在该类中定义了 Animal 的 3 种特性, 分别是 eat、sleep、breathe 方法, 并且定义了该类的构造函数, 输出一段文字。接下来, 定义了一个 Fish 的子类, 并且定义了该类的构造函数, 在定义子类的构造函数中, 没有显式地调用父类的构造函数。

运行结果如图 13-4 所示。

图 13-4 默认调用父类构造函数

从本例的运行结果可以看出, 在调用子类的构造函数以前首先调用了父类的构造函数, 即使没有显式地在定义子类构造函数中调用父类的构造函数, C++已经自动调用了。

如果基类的构造函数带有参数, 应该怎样调用呢? 下面通过一个实例来说明。

【例 13-5】调用父类带参的构造函数(代码 13-5.txt)。

新建名为 fcstest 的 C++ Source File 源程序。源代码如下:

```
#include <iostream>
#include <string>
using namespace std;
class Document//基类
{
public:
    Document(string D_newName);
    void getName();
    string D_Name;
};
Document::Document (string D_newName)
{
    D_Name=D_newName;
}
void Document::getName()
{
```

```
    cout<<"Document 类的名字是: "<<D_Name<<endl;
}

class Book:public Document//派生类
{
public:
    Book(string D_newName,string newName);
    void getName();
    void setPageCount(int newPageCount);
    void getPageCount();
private:
    int PageCount;
    string Name;
};
Book::Book(string D_newName,string newName):Document(D_newName)
{
    Name=newName;
}
void Book::getName ()
{
    cout<<"Book 类的名字是: "<<Name<<endl;
}
void Book::setPageCount (int newPageCount)
{
    PageCount=newPageCount;
}
void Book::getPageCount ()
{
    cout<<"Book 类的页数是: "<<PageCount<<endl;
}
void main()//主程序
{
    Book x("杂志","童话大王");
    x.getName ();
    x.setPageCount (123);
    x.getPageCount ();
    system("pause");
}
```

【代码剖析】

首先，定义一个类 Document 的基类，在该类中定义带参数的构造函数，以及一个 getname 输出函数，将该类的成员输出。定义了一个基类的子类 Book，在该类中显式地调用了父类的构造函数，将参数传递给父类的构造函数。

运行结果如图 13-5 所示。

图 13-5   调用父类带参数的构造函数

从本例的运行结果可以看出，在调用子类的构造函数以前首先调用了父类的构造函数，并且将子类的参数传递给了父类的构造函数。

13.3 子类存取父类成员

对于父类中的成员，子类是怎样存取的呢？下面详细介绍这方面的内容。

13.3.1 私有成员的存取

父类中的 private 属性和方法，子类虽然继承了，但这些属性和方法对子类是隐藏的，其访问权限仍然只局限在父类的内部，无法在子类中访问和重写。那么，子类如何访问父类的私有成员呢？只有在父类中建立访问接口函数，通过该函数来访问父类的私有成员。

下面通过一个例子说明怎样利用接口来处理私有成员的访问。

【例 13-6】父类私有成员访问(代码 13-6.txt)。

新建名为 scytest 的 C++ Source File 源程序。源代码如下：

```cpp
#include <iostream>
#include <string>
using namespace std;
class CBase {
private:
    string name;
    int age;
public:
    string getName() {
        return name;
    }
    int getAge() {
        return age;
    }
protected:
    void setName(string s) {
        name = s;
    }
    void setAge(int i) {
        age = i;
    }
};

class CDerive : protected CBase {      //用 protected 指定保护继承
public:
    void setBase(string s, int i) {
        setName(s);      //调用基类的保护成员
        setAge(i);        //调用基类的保护成员
        //调用基类的私有成员
        //cout << name << "   " << age << endl;      //编译出错
    }
    string getBaseName() {
        return getName();      //调用基类的公有成员
```

```
    }
    int getBaseAge() {
        return getAge();      //调用基类的公有成员
    }
};

int main ( )
{
    CDerive d;
    d.setBase("abc", 100);

    //调用基类的私有成员
    //cout << d.name << "   " << d.age << endl;     //编译出错
    //调用基类的公有成员
    //cout << d.getName() << "   " << d.getAge() << endl;     //编译出错
    cout << d.getBaseName() << "   " << d.getBaseAge() << endl;
    //调用基类的保护成员
    //d.setName("xyz");        //编译出错
    //d.setAge(20);            //编译出错
    system("pause");
    return 0;
}
```

【代码剖析】

首先，定义一个类 CBase 的基类，在该类中定义了 2 个私有成员，分别是 name 和 age，还定义了 2 个 public 的函数和 2 个 protected 函数，这 2 个函数就是为了访问私有成员的接口。使用保护继承的方式，定义了 CBase 类的继承类 CDerive。在该继承类中，调用了基类的公有成员、私有成员、保护成员，但是在编译时，调用私有成员出错，说明继承类不能直接访问基类的私有成员。在主函数中，声明了一个继承类的对象，并且通过继承类分别调用了基类的私有成员、公有成员和保护成员。

运行结果如图 13-6 所示。

图 13-6　访问父类私有成员

在本例中可以看出，在进行保护继承时，对于基类的私有成员，在派生类和外部都不可以访问；对于基类的公有成员，在派生类可以访问，在外部不可以访问；对于基类的保护成员，在派生类可以访问，在外部不可以访问。

13.3.2　继承与静态成员

对于父类中的静态成员，子类也是共享此变量的，因为这个变量在编译时就进行了内存分配，所以对该变量的操作都是对同一地址段进行的。当然，在子类中要使用父类的成员变量，肯定不能声明为 private，也不能用 private 方式继承。

提示　　基类和其派生类将共享该基类的静态成员变量内存。

【例 13-7】 父类静态成员访问(代码 13-7.txt)。

新建名为 jtcytest 的 C++ Source File 源程序。源代码如下：

```cpp
#include <iostream>
using namespace std;
class   A
{
public:
    static int a;
    static int b;
    static int c;
};

int A::a = 1;
int A::b = 2;
int A::c = 3;

class B : public A
{
public:
    void out()
    {
        cout <<a<<b<<c<<endl;
    }
    void plus()
    {
        ++a;
        ++b;
        ++c;
    }
};

void main()
{
    B bb;
    bb.plus();
    bb.out();
    cout<<A::a<<A::b<<A::c<<endl;
    system("pause");
}
```

【代码剖析】

在该例中，首先定义了基类 A，并且定义了 3 个静态变量，分别是 a、b、c。接下来分别对这 3 个变量进行赋值。后面，定义了 A 类的子类 B 类，在 B 类中对 A 的 3 个静态变量进行读取和自加操作。在主程序中，定义 B 类的对象，利用 B 类的成员函数对 A 类的静态变量进行操作，最后输出各个静态变量。

运行结果如图 13-7 所示。

图 13-7　访问父类静态成员

在本例中可以看出，在子类中对父类定义的静态函数进行访问和数据修改，从而知道，父类中的静态成员是可以访问的。

13.4　多　继　承

前面介绍了单继承，多继承可以看作是单继承的扩展。所谓多继承，是指派生类具有多个基类，派生类与每个基类之间的关系仍可看作是一个单继承。

提示　经过多次派生后，人们很难清楚地记住哪些成员可以访问，哪些成员不能访问，很容易出错。因此，在实际中，常用的是公有继承。

多继承下派生类的定义格式如下：

```
class <派生类名>:<继承方式 1><基类名 1>,<继承方式 2><基类名 2>,…
{
<派生类类体>
};
```

其中，<继承方式 1><继承方式 2>…是 public、private、protected 三种继承方式之一。

【例 13-8】多继承(代码 13-8.txt)。

新建名为 djctest 的 C++ Source File 源程序。源代码如下：

```
#include  <iostream>
using namespace std;
class B1
{
public:
    B1(int i)
    {
        b1 = i;
        cout<<"构造函数 B1."<<endl ;
    }
    void print()
    {
        cout<<b1<<endl ;
    }

private:
    int b1;
};

class B2
```

```
{
public:
    B2(int i)
    {
        b2 = i;
        cout<<"构造函数 B2."<<endl;
    }
    void print()
    {
        cout<<b2<<endl ;
    }

private:
    int b2;
};

class B3
{
public:
    B3(int i)
    {
        b3 = i;
        cout<<"构造函数 B3."<<endl;
    }
    int getb3() { return b3; }
private:
    int b3;
};
class A : public B2, public B1
{
public:
    A(int i, int j, int k, int l):B1(i), B2(j), bb(k)
    {
        a = l;
        cout<<"构造函数 A."<<endl;
    }
    void print()
    {
        B1::print();
        B2::print();
    }
private:
    int a;
    B3 bb;
};

void main()
{
    A aa(1, 2, 3, 4);
    aa.print();
    system("pause");
}
```

【代码剖析】

在该例中，首先定义了 3 个类，分别是 B1、B2、B3，定义了它们的子类 A，A 类继承 B1 类和 B2 类，同时定义了一个 B3 类的对象作为成员。在 A 类中，调用了 B1 类和 B2 类的构造函数，并且调用了各个类的输出函数，将私有变量输出。

运行结果如图 13-8 所示。

图 13-8　多继承

从本例的运行结果可以看出，调用了各个父类的构造函数。注意构造函数调用的顺序，并且作用域运算符::用于解决作用域冲突的问题。在派生类 A 中 print()函数的定义中，使用了 "B1::print;"和"B2::print();"语句，分别指明调用了哪一个类中的 print()函数，这种用法应该学会。

13.5　实战演练——继承的综合应用

本节通过一个例子来定义父类和继承类，学习如何定义和使用继承方法。在练习该例的过程中，请大家加深理解以下知识要点。

(1)　理解面向对象的概念。

(2)　继承的三种方式。

(3)　如何访问父类的成员。

代码如下：

```cpp
#include <iostream>
#include <string>
#include <iomanip>
using namespace std;
class Animal{
public:
    Animal(string theName,int wt);
    void who()  const;
private:
    string name;
    int weight;
};
class Lion: public Animal {
public:
    Lion(string theName,int wt):Animal(theName,wt)
    {}
```

```
};
class Aardvark:public Animal{
public:
    Aardvark(string theName,int wt): Animal(theName,wt)
    {}
};
Animal::Animal(string thename,int wt)
{
    name=thename;
    weight=wt;
}
void Animal::who() const{
    cout<<"\nMy name is "<<name<<"and I weight "<<weight<<endl;
}
void main(){
    Lion lion1(" Leo",400);
    Aardvark aardvark1(" Algernon",50);
    lion1.who();
    aardvark1.who();
    system("pause");
}
```

【代码剖析】

定义一个基类 Animal，它包含 2 个私有数据成员，一个是 string，存储动物的名称；另一个是整数成员 weight，包含该动物的重量。该类还包含一个公共成员函数 who()，它可以显示一个消息，给出 Animal 对象的名称和重量。把 Animal 用作公共基类，派生两个类 Lion 和 Aardvark。再编写一个 main() 函数，创建 Lion 对象 ("Leo"，400) 和 Aardvark 对象 ("Algernon"，50)。为派生类对象调用 who()成员，说明 who()成员在两个派生类中是继承得来的。

运行结果如图 13-9 所示。

图 13-9　继承的综合应用

从本例的运行结果可以看出，两个继承类继承了基类中的 who 函数，定义继承类构造函数时调用了基类的构造函数，在定义继承类对象时，使用的构造函数发生作用。

13.6 大 神 解 惑

疑问 1　在类继承中，构造函数的执行顺序是什么？

子类的构造函数的执行顺序为：父类的构造函数→初始化列表→子类的构造函数。如果父类的构造函数在初始化列表中出现，则执行指定的构造函数；如果没有出现，则执行父类的默认构造函数。按照成员数据声明的次序依次初始化这些成员，如果这些成员在初始化列表中显式初始化，则调用指定的构造函数；如果没有，则调用默认构造函数。

疑问 2　在多继承中，如果两个基类有同名的变量，如何消除二义性？

这是因为编译器不知道子类中要使用的成员是哪一个父类的成员。为了消除此种二义性，应该用作用域分辨符"::"指明要用哪个类中的成员。另外，如果子类重新定义了同名成员，它将覆盖对基类的定义，这时再使用重新定义后的成员不会出错，编译器认为使用的是子类中定义的版本；如果要使用基类中定义的版本，必须用作用域分辨符"::"予以指明。

疑问 3　类不能继承基类的哪些特征？

在 C++中，派生类几乎可以继承基类的所有特征，但也有例外。下面的这些特征不能为派生类所继承。

- 构造函数。
- 析构函数。
- 用户定义的 new 运算符。
- 用户定义的赋值运算符。
- 友元关系。

13.7　跟我学上机

练习 1：设计一个基类 base，包含姓名和年龄私有数据成员以及相关的成员函数，由它派生出老师类，包含职称、教学科目私有数据成员以及相关的成员函数。再由 base 派生出学生类 teacher，包含专业和班级私有数据成员以及相关的成员函数。

练习 2：定义一个继承与派生关系的类体系，在派生类中访问基类成员。

(1) 定义一个点类，包含 x、y 坐标数据成员，再定义显示函数和计算面积的数据成员。

(2) 以点类为基类，派生一个圆类，增加一个表示半径的数据成员，重载显示和计算面积的函数。

(3) 定义一个线段类，以两个点类对象作为数据成员，定义显示、面积、长度的函数。

(4) 建立主程序，定义一个点类、一个圆类、一个线段类，分别调用显示点类、圆类、线段类的面积或者长度的函数。

第 14 章

实现多态性——
虚函数和抽象类

　　C++具有多态性，主要是通过虚函数来实现。本章带领读者学习 C++中的虚函数，了解虚函数的作用，掌握虚函数的应用，熟练使用虚函数。同时，了解什么是抽象类，掌握抽象类的作用，熟练使用抽象类和纯虚函数。

本章要点(已掌握的在方框中打钩)

☐ 理解虚函数的概念。

☐ 掌握动态绑定和静态绑定的方法。

☐ 掌握定义纯虚函数的方法。

☐ 理解抽象类的作用。

☐ 掌握虚析构函数的使用方法。

☐ 掌握抽象类的多重继承方法。

☐ 掌握虚函数表的使用方法。

☐ 掌握抽象类的综合应用方法。

☐ 理解虚函数的作用。

14.1 什么是虚函数

在 C++程序中，经常可以看到用 virtual 来定义一个函数，那么这个 virtual 代表什么呢？说到这里，就必须引入虚函数的概念，什么是虚函数呢？在某基类中声明为 virtual 并在一个或多个派生类中被重新定义的成员函数称为虚函数。

14.1.1 虚函数的作用

在 C++中，虚函数是实现多态性的主要手段之一。对于发送消息的类的对象来说，不论它们属于什么类，发送的消息的形式一样，而对于处理信息的类的对象，对同一信息反应不同称为多态性。在一个基类中定义一个虚函数，其派生类继承该基类的虚函数，并且实现该函数。对于不同派生类的对象接收同一个信息，调用相同的函数名，则操作不同。这样就用虚函数实现了多态。

虚函数首先是一种成员函数，它可以在该类的派生类中被重新定义并被赋予另外一种处理功能。

虚函数定义的结构如下：

```
class 类名{
   public:
      virtual 成员函数说明;
}
class 类名: 基类名{
   public:
         virtual 成员函数说明;
}
```

下面通过一个实例来理解虚函数是如何定义的。

【例 14-1】定义虚函数(代码 14-1.txt)。

新建名为 xhstest 的 C++ Source File 源程序。源代码如下：

```cpp
#include   <iostream>
using namespace std;
class base{
public:
    virtual void vfunc(){
        cout<<"This is base's vfunc()\n";
    }
};

class derived1:public base{
public:
    void vfunc(){
        cout<<"This is derived1's vfunc()\n";
    }
};
```

```
class derived2:public base{
public:
    void vfunc(){
        cout<<"This is derived2's vfunc()\n";
    }
};

int main()
{
    base *p,b;
    derived1 d1;
    derived2 d2;
    //point to base
    p=&b;
    p->vfunc(); //access base's vfunc()
    //point to derived1
    p=&d1;
    p->vfunc(); //access derived1's vfunc()
    //point to derived2
    p=&d2;
    p->vfunc(); //access derived2's vfunc()
    system("pause");
    return 0;
}
```

【代码剖析】

在本例中，在 base 里说明了虚函数 vfunc().base 被 derived1 和 derived2 继承，在每一个类定义中，vfunc()都被重定义。在 main()里，说明了 4 个变量：p 为基类指针，b 为基类对象，d1 为 derived1 的对象，d2 为 derived2 的对象。接着，把 b 的地址赋给 p 并通过 p 调用 vfunc()。由于 p 指向类型 base 的对象，所以执行与此对应的 vfunc()形式。然后，把 p 设置为 d1 的地址，并通过 p 再次调用 vfunc()，这次 p 指向类型 derived1 的对象。这导致执行 derived1::vfunc()。最后，把 d2 的地址赋给 p，且 p->vfunc()导致执行在 derived2 中重定义的那个 vfunc()形式。

运行结果如图 14-1 所示。

图 14-1 定义虚函数

在本例中可以看出，p 所指的对象的类型决定了执行 vfunc()的哪个形式。此外，在运行时也可以得出这个结论，且这个过程形成了运行时多态性的基础。在 derived1 和 derived2 重定义 vfunc()时，不再需要关键字 virtual。

  C++虚函数的实现要求对象携带额外的信息，这些信息用于在运行时确定该对象应该调用哪一个虚函数。

14.1.2 动态绑定和静态绑定

C++为了支持多态性，引入了动态绑定和静态绑定。理解它们的区别有助于更好地理解多态性，以及在编程的过程中避免犯错误。

静态绑定的是对象的静态类型，某特性(如函数)依赖于对象的静态类型，发生在编译期。动态绑定的是对象的动态类型，某特性(如函数)依赖于对象的动态类型，发生在运行期。

只有采用"指针->函数()"或"引用变量. 函数()"的方式调用 C++类中的虚函数才会执行动态绑定。对于 C++中的非虚函数，因为其不具备动态绑定的特征，所以不管采用什么样的方式调用，都不会执行动态绑定。

下面通过一个例子来说明动态绑定和静态绑定的方法。

【例 14-2】动态绑定和静态绑定(14-2.txt)。

新建名为 ddbdtest 的 C++ Source File 源程序。源代码如下：

```cpp
#include <iostream>
using namespace std;

class CBase
{
public:
    virtual int func() const     //虚函数
    {
        cout<<"CBase function! "<<endl;
        return 100;
    }
};
class CDerive : public CBase
{
public:
    int func() const            //在派生类中重新定义虚函数
    {
        cout<<"CDerive function! "<<endl;
        return 200;
    }
};

void main()
{
    CDerive obj1;
    CBase* p1=&obj1;
    CBase& p2=obj1;
    CBase obj2;
    obj1.func();     //静态绑定：调用对象本身(派生类 CDerive 对象)的 func 函数
    p1->func();      //动态绑定：调用被引用对象所属类(派生类 CDerive)的 func 函数
    p2.func();       //动态绑定：调用被引用对象所属类(派生类 CDerive)的 func 函数
    obj2.func();     //静态绑定：调用对象本身(基类 CBase 对象)的函数
    system("pause");
}
```

【代码剖析】

在本例中，定义了一个基类，在基类中定义了一个虚函数。接下来，定义了该基类的子类，在该子类中重新定义了虚函数。在主函数中，首先定义了一个子类的对象，一个基类的指针指向父类的地址。定义了有父类的引用也指向第一个地址。然后使用了动态绑定和静态绑定来调用 func 函数。

运行结果如图 14-2 所示。

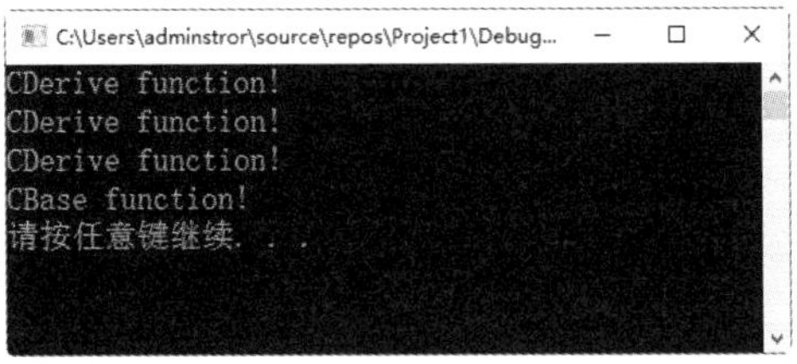

图 14-2　动态绑定和静态绑定

从运行结果可以看出，使用动态绑定可以较好地实现多态。定义的两个基类对象通过动态绑定都实现了对子类的虚函数的访问。

 执行动态绑定的只有通过地址，即只有通过指针或引用变量才能实现，而且还必须是虚函数。从概念上来说，虚函数机制只有在应用于地址时才有效，因为地址在编译阶段提供的类型信息不完全。

14.2　抽象类与纯虚函数

在 C++中，在许多情况下，在基类中不能对虚函数给出有意义的实现，而把它说明为纯虚函数，它的实现留给该基类的派生类去做。带有纯虚函数的类称为抽象类。下面详细介绍下纯虚函数和抽象类。

14.2.1　定义纯虚函数

纯虚函数是一种特殊的虚函数，它的一般格式如下：

```
class <类名>
{
 virtual <类型><函数名>(<参数表>)=0;
};
```

 纯虚函数应该只有声明，没有具体的定义，即使给出了纯虚函数的定义也会被编译器忽略。

下面用一个实例来说明如何定义纯虚函数。

【例 14-3】定义纯虚函数(代码 14-3.txt)

新建名为 cxhstest 的 C++ Source File 源程序。源代码如下：

```
#include <iostream>
using namespace std;
class shape
{
public:
    shape(){};
    virtual void draw()=0;//纯虚函数
```

```
};
class rectangle : public shape
{
public: rectangle(){};
        void draw()
        {
             cout<<"绘制一个长方形!"<<endl;
        }
};
class round : public shape
{ public:
round(){};
void draw()
{
    cout<<"绘制一个圆!"<<endl;
}
};
void main()
{
    shape * s;
    s = new rectangle();
    s->draw();
    s = new round();
    s->draw();
    system("pause");
}
```

【代码剖析】

在本例中，定义了一个基类 shape，在基类中定义了一个纯虚函数 draw。接下来，定义了该基类的两个子类，在两个子类中分别实现了纯虚函数 draw。在主函数中，首先定义了一个基类的指针对象，该指针对象又分别赋值了两个子类，并对子类的 draw 函数实现了调用。

运行结果如图 14-3 所示。

从运行结果可以看出，两个子类的 draw 函数实现了调用，纯虚函数的作用体现了出来。

图 14-3　使用纯虚函数

14.2.2　抽象类的作用

抽象类首先是一种类，它没有具体的实现方法，只是为了作为一个基类来实现对事物的抽象。一个抽象类是不能定义对象的，只能作为基类来被继承。

抽象类的主要作用就是作为基类来被继承，由它作为一个公共的接口，每个派生类都是从这个公共接口派生出来的。

一个抽象类，描述了相同属性的事物的一组公共操作接口，派生类继承抽象类，然后将抽象类定义的公共接口实现，体现多态性。

当一个类继承了一个基类时，派生类就实现了基类中定义的虚函数。如果一个派生类没有将基类的纯虚函数全部实现，那么这个派生类仍然是一个抽象类，不能用来定义对象。如果一个派生类将抽象类全部实现了，那么这个派生类就不再是抽象类了，它可以用来定义对象。

 提示　　抽象类是不能定义对象的。

【例 14-4】 定义抽象类(代码 14-4.txt)。

新建名为 cxhtest 的 C++ Source File 源程序。源代码如下：

```cpp
#include <stdlib.h>
#include <iostream>
using namespace std;
class AbstractClass {
public:
    AbstractClass() {};
    virtual ~AbstractClass() {};
    virtual void toString() = 0;
};
class SubClass : public AbstractClass {
public:
    SubClass():AbstractClass() {};
public:
    ~SubClass() {};
public:
    void toString() {
        cout << "Sub::toString()\n";
    }
};
int main(int argc, char** argv) {
    SubClass s;
    AbstractClass &c = s;
    c.toString();
    system("pause");
    return (EXIT_SUCCESS);
}
```

【代码剖析】

在本例中，定义了一个抽象类 AbstractClass，在基类中定义了一个纯虚函数 toString。接下来，定义了该抽象类的一个实现类，在实现类中定义了 toString 函数。在主函数中，定义了一个抽象类的应用，调用该实现类的 toString 函数。

运行结果如图 14-4 所示。

从本例中，学习到了抽象类及其实现方式。

图 14-4　定义抽象类

14.2.3　虚析构函数

在 C++中，虚函数不能作为构造函数。原因其实很简单，如果构造函数是虚函数，在初始化对象的时候就不能确定正确的成员数据类型。但是，析构函数可以声明为虚函数，因为析构函数可以不做具体的操作。

如果不需要基类对派生类及对象进行操作，则不能定义虚函数(包括虚析构函数)，因为这样会增加内存开销。

　　使用虚析构函数，是为了当用一个基类的指针删除一个派生类的对象时，派生类的析构函数会被调用。

【例14-5】使用虚析构函数(代码14-5.txt)。

新建名为xxghstest的C++ Source File源程序。源代码如下：

```cpp
#include <stdlib.h>
#include <iostream>
using namespace std;
class A
{
public:
    virtual~A()
    {
        cout << "A::~A() Called.\n ";
    }
};
class B:public A
{
public:
    B(int i)
    {
        buf=new char[i];
    }
    virtual  ~B()
    {   delete [] buf;
    cout<<"B::~B()  Called.\n ";
    }
private:
    char * buf;
};
void  fun(A *a)
{
    delete a;
}
void main()
{
    A *a = new B(15);
    fun(a);
    system("pause");
}
```

【代码剖析】

　　在本例中，定义了一个类 A，在基类中定义了一个虚析构函数。接下来，定义了该类的一个子类，定义了虚析构函数调用 A 的析构函数，同时定义了一个 fun 函数来对A 的申请的空间进行删除。在主函数中，定义了一个 A 的指针，用子类 B 的对象来初始化，然后调用 fun 函数。

　　运行结果如图14-5所示。

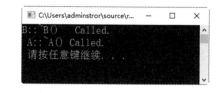

图14-5　使用虚析构函数

从运行结果可以看出，首先调用了 B 的析构函数，然后调用了 A 的析构函数。

14.3　抽象类的多重继承

在实际生活中，一个事物往往拥有多个属性。在面向对象程序设计的方法中，引入了多重继承的概念来实现这种概念。在 C++中，一个派生类可以有多个基类，这样的继承结构被称为多重继承。

举个例子，交通工具类可以派生出汽车和船两个子类，但同时拥有汽车和船特性的水陆两用汽车就必须继承来自汽车类与船类的属性。

在多重继承中，以抽象类作为基类，不实现抽象类中的方法。在这个例子中，先定义汽车和船的抽象类，再定义汽陆两用船时即可以多重继承，然后具体实现各个抽象类的方法。

下面用一个例子来说明抽象类的多重继承方法。

【例 14-6】多重继承抽象类(代码 14-6.txt)。

新建名为 dcjctest 的 C++ Source File 源程序。源代码如下：

```
#include <stdlib.h>
#include <iostream>
using namespace std;
class AbstractClass {
public:
    AbstractClass() {};
    virtual ~AbstractClass() {};
    virtual void toString() = 0;
};
class BbstractClass {
public:
    BbstractClass() {};
    virtual ~BbstractClass() {};
    virtual void toDouble() = 0;
};
class SubClass : public AbstractClass,public BbstractClass {
public:
    SubClass():AbstractClass(),BbstractClass() {};
public:
    ~SubClass() {};
public:
    void toString() {
        cout << "Sub::toString()\n";
    }
    void toDouble()
    {
        cout << "Sub::Double()\n";
    }
};
int main(int argc, char** argv) {
    SubClass s;
    s.toString();
    s.toDouble();
```

```
    system("pause");
    return (EXIT_SUCCESS);
}
```

【代码剖析】

在本例中，定义了两个抽象类 AbstractClass 和 BbstractClass。在抽象类 AbstractClass 中
定义了纯虚函数 toString，在抽象类 BbstractClass 中
定义了纯虚函数 toDouble。接下来定义了子类
SubClass，该子类多重继承了抽象类，并且实现了每
个基类的纯虚函数。

运行结果如图 14-6 所示。

图 14-6　多重继承抽象类

从运行结果可以看出，子类实现的两个抽象类的
纯虚函数已经生效。在实际的应用过程中，往往都是
先定义多个抽象类，再通过多重继承抽象类来实现具
有多个基类性质的子类的定义。

14.4　虚 函 数 表

在 C++中，多态机制的实现主要是通过虚函数来实现的。多态的好处就是可以使用不变
的调用语句来调用不同的实现函数。

关于虚函数的使用方法，已经描述过了。下面从虚函数的实现机制方面为大家做一个清
晰的剖析。

14.4.1　什么是虚函数表

在 C++中，是通过虚函数表来实现虚函数的调用的，虚函数表简称为 V-Table。在虚函数
表中主要存的就是某个类的虚函数的地址，保存了这个虚函数由哪个类继承实现，通过这个
表能够真实地反映函数的继承情况。其实，虚函数表就是起到一个地图的作用。当有一个
派生类通过父类的指针来进行操作时，就可以查找虚函数表中地址找到虚函数所占的内存地
址了。

使用虚函数表的过程是这样的，通过一个对象地址找个该表的地址，遍历该表中保存的
虚函数的地址，通过地址调用相应的函数。

下面用一个实例来说明。

【例 14-7】 使用虚函数表(代码 14-7.txt)。

新建名为 xhbtest 的 C++ Source File 源程序。源代码如下：

```cpp
#include <stdlib.h>
#include <iostream>
using namespace std;
class Base {
public:
    virtual void f() { cout << "Base::f" << endl; }
```

```
    virtual void g() { cout << "Base::g" << endl; }
    virtual void h() { cout << "Base::h" << endl; }
};
int main()
{
    typedef void(*Fun)(void);
    Base b;
    Fun pFun = NULL;
    cout << "虚函数表地址: " << (int*)(&b) << endl;
    cout << "虚函数表-第一个函数地址: " << (int*)*(int*)(&b) << endl;
    // Invoke the first virtual function
    pFun = (Fun)*((int*)*(int*)(&b));
    pFun();
    system("pause");
    return 0;
}
```

【代码剖析】

在本例中，定义了一个基类 Base，在该基类中定义了 3 个虚函数。在主函数中，通过强行把&b 转成 int *，取得虚函数表的地址，然后再次取址就可以得到第一个虚函数的地址了，也就是 Base::f()。

运行结果如图 14-7 所示。

图 14-7 使用虚函数表

通过这个示例就可以知道，如果要调用 Base::g()和 Base::h()，其代码如下：

```
(Fun)*((int*)*(int*)(&b)+0); // Base::f()
(Fun)*((int*)*(int*)(&b)+1); // Base::g()
(Fun)*((int*)*(int*)(&b)+2); // Base::h()
```

如果大家还是没有理解，那么下面用一个图形来说明，如图 14-8 所示。

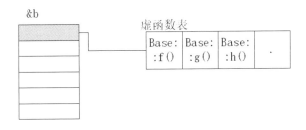

图 14-8

在实际的虚函数表的最后有一个节点，这是虚函数表的结束节点，就像字符串的结束符 "\0" 一样，它标志了虚函数表的结束。这个结束标志的值在不同的编译器下是不同的。在 WinXP+VISUAL STUDIO2003 下，这个值是 NULL。而在 Ubuntu 7.10 + Linux 2.6.22 + GCC 4.1.3 下，如果这个值是 1，表示还有下一个虚函数表；如果值是 0，表示是最后一个虚函数表。

14.4.2 继承关系的虚函数表

前面介绍了虚函数表是怎样来存储的，那么在虚函数继承的过程中，虚函数表是如何存储的呢？下面分两部分来介绍。

1. 在子程序中没有覆盖虚函数

假设有如下的虚函数结构，如图 14-9 所示。

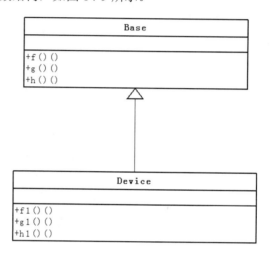

图 14-9

在这个继承关系中，子类没有重载任何父类的函数。那么，在派生类的实例中，其虚函数表如图 14-10 所示。

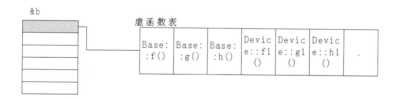

图 14-10

从以上的图示可以看出以下两点。

(1) 虚函数按照其声明顺序放于表中。

(2) 父类的虚函数在子类的虚函数前面。

2. 在子程序中覆盖了虚函数

覆盖父类的虚函数是很显然的事情，不然虚函数就变得毫无意义。下面来看一下，如果子类中有虚函数重载了父类的虚函数，会是一个什么样子？具体情形如图 14-11 所示。

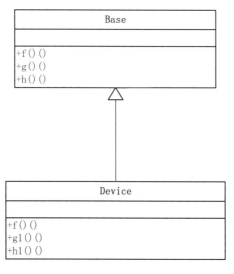

图 14-11

在这个类的设计中，只覆盖了父类的一个函数 f()。那么，对于派生类的实例，其虚函数表如图 14-12 所示。

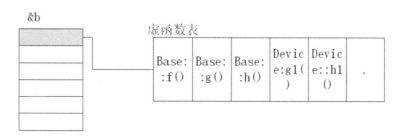

图 14-12

从表中可以看到以下两点。

(1) 覆盖的 f()函数被放到了虚函数表中原来父类虚函数的位置。

(2) 没有被覆盖的函数依旧。

14.5 实战演练——抽象类的综合应用

通过一个例子来定义一个抽象类，以及对该抽象做一个继承实现。在练习该例的过程中，请大家加深理解以下知识要点。

● 理解面向对象的概念。

● 多态的实现方法和技巧。

● 抽象类的定义方法。

(1) 定义一个抽象类 Shape，包含一个成员为 s，代表该图形的面积。再写出该类的构造函数，将 s 设置为 0，定义一个纯虚函数 Area，代表该图形的面积。代码如下：

```
#include<iostream>
using namespace std;

class Shape   //抽象基类
{
protected:
    double s;
public:
    Shape(){s=0;}   //构造函数
    virtual double Area() = 0;   //面积计算函数(纯虚函数)
};
```

(2) 定义一个矩形的派生类，在该派生类中定义两个成员 width 和 height。再实现计算 Area 的功能。代码如下：

```
class Rect:public Shape   //派生类——矩形
{
private:
    double width;
    double height;
public:
    Rect(double w,double h)   //构造函数
    {
        width=w;   //宽
        height=h;   //高
    }
    double Area()   //面积计算函数(实现)
    {
        s=width*height;
        return s;
    }
};
```

(3) 定义一个圆形的派生类，在该派生类中定义一个成员 radius。再实现计算 Area 的功能。代码如下：

```
class Circle:public Shape   //派生类——圆形
{
private:
    double radius;   //半径
public:
    Circle(double r){radius=r;}   //构造函数
    double Area()   //面积计算函数(实现)
    {
        s=3.14159*radius*radius;
        return s;
    }
};
```

(4) 定义一个梯形的派生类，在该派生类中定义上底、下底和高。再实现计算 Area 的功能。代码如下：

```
class Trapezium:public Shape   //派生类——梯形
```

```
{
private:
    double top;  //上底
    double bottom; //下底
    double height; //高
public:
    Trapezium(double t,double b,double h)    //构造函数
    {
        top=t;
        bottom=b;
        height=h;
    }
    double Area()  //面积计算函数(实现)
    {
        s=(top+bottom)*height/2;
        return s;
    }
};
```

(5) 在主程序中，展现一下多态的应用方式。代码如下：

```
void main()
{
    Shape *pShape; //声明抽象基类指针
    Rect rect(3,5);
    Circle circle(4);
    Trapezium trapezium(3.5,5.5,7);
    pShape = &rect;    //抽象基类指针指向矩形
    cout<<"矩形面积: "<<pShape->Area()<<endl;
    pShape = &circle;  //抽象基类指针指向圆形
    cout<<"圆形面积: "<<pShape->Area()<<endl;
    pShape = &trapezium; //抽象基类指针指向梯形
    cout<<"梯形面积: "<<pShape->Area()<<endl;
    system("pause");
}
```

【代码剖析】

在本例中，定义了一个抽象类 Shape，该类定义了一个数据成员 s 代表面积，还定义了一个纯虚函数 Area，计算该图形的面积。定义一个矩形的派生类，在该派生类中定义两个成员长和宽，再实现计算 Area 的功能。定义一个圆形的派生类，在该派生类中定义一个成员半径，再实现计算 Area 的功能。定义一个梯形的派生类，在该派生类中定义上底、下底和高，再实现计算 Area 的功能。在主程序中，声明了抽象类指针，定义了矩形、圆形、梯形类的对象，并且把各种类的地址指向抽象类指针，调用抽象类的 Area 函数，把每种图形面积输出。

运行结果如图 14-13 所示。

从运行结果可以看出，通过定义抽象类和虚函数，在调用时，把继承类地址指向抽象类指针，调用抽象类的虚函数，就可以调用不同继承类的虚函数的实现。

图 14-13 抽象类的综合应用

14.6 大神解惑

疑问 1 虚函数在编程过程中的使用技巧?

虚函数在编程过程中有以下几个常用技巧。

(1) 为了提高程序的清晰性,最好在类的每一个层次中显式声明这些虚函数。

(2) 没有定义虚函数的派生类,简单地继承了其直接基类的虚函数。

(3) 如果一个函数被声明为虚函数,那么重新定义类时即使没有声明这个虚函数,以此为点,在之后的继承类层结构中都是虚函数。

疑问 2 含有纯虚函数的类是否可以被实例化?

如果一个类中含有纯虚函数,那么任何试图对该类进行实例化的语句都将导致错误的产生,因为抽象基类是不能被直接调用的,必须被子类继承重载以后,根据要求调用其子类的方法。

疑问 3 为什么在虚函数和纯虚函数中不能有 static 标识符?

在虚函数和纯虚函数的定义中不能有 static 标识符,原因很简单,被 static 修饰的函数在编译的时候要求前期绑定,然而虚函数却是动态绑定,而且被两者修饰的函数生命周期也不一样。

14.7 跟我学上机

练习 1:定义一个抽象类,然后对抽象类进行扩展。

(1) 定义交通工具类 Vehicle 为抽象类,在该类中定义交通工具类别、重量,定义一个纯虚函数 show。

(2) 定义基类派生小车类 Car,在该类中定义 Car 类的类别、重量,实现 show 函数。

(3) 定义基类派生小车类 Truck,在该类中定义 Truck 类的类别、重量,实现 show 函数。

(4) 建立主程序,在主程序中定义一个基类的指针,分别赋值不同的派生类,调用派生类的 show 函数,输出该类的类型,实现多态。

练习 2:编写一个计算器类,要求实现各种数据类型(整数、小数和复数)的+、-、*、/运算。

(1) 充分利用继承、多态的概念。

(2) 综合使用函数重载和运算符重载。

第 15 章

数据存储——
C++操作文件

在计算机中，读者可以方便地打开、浏览、修改和关闭相应的文件，那么这些操作又是如何通过编程实现的呢？本章带领读者学习文件的处理，了解文件的概念，掌握如何打开和关闭文件。同时，了解文件的分类，熟练使用文本文件和二进制文件的操作方法，能够使用 get()、getline()和 put()函数。

本章要点(已掌握的在方框中打钩)

☐ 了解文件的 I/O。

☐ 理解文件顺序读写过程。

☐ 掌握读写随机文件的方法。

☐ 掌握打开和关闭文件的方法。

☐ 掌握将变量写入文件的方法。

☐ 掌握将变量写入文件尾部的方法。

☐ 掌握从文件中读取变量的方法。

☐ 掌握二进制文件的处理方法。

☐ 掌握文件的综合操作方法。

15.1 文件的基本概念

在 C++中，文件可以被看作是一个连续的字符串集合，这个字符串集合没有大小。在 C++中，字符串是以流的形式存在的，那么文件也可以被看作是一个流的集合，称之为流式文件，这增强了文件处理的灵活性。

文件可以被看作将信息集合到一起存储的一种格式，通常是存储在计算机的外部存储介质上的。使用文件有如下优点。

(1) 文件可以使一个程序对不同的输入数据进行加工处理，并产生相应的输出结果的相应手段。

(2) 使用文件可以方便用户，提高上机效率。

(3) 使用文件可以不受内存大小限制。

15.1.1 文件 I/O

在 C++的标准库中，对于文件 I/O 操作有着比较丰富的类。这些类都是由一个抽象类作为基类，然后由这些抽象类派生出具体的实现类，这样派生类就是用来实现对文件的 I/O 等操作的。文件的 I/O 操作都是通过"流"来操作的，文件流可以在计算机的内外存之间来回流动，实现文件的 I/O 操作。

在 C++中对文件进行操作分为以下几个步骤。

(1) 建立文件流对象。

(2) 打开或建立文件。

(3) 进行读写操作。

(4) 关闭文件。

用于文件 I/O 操作的流类主要有 3 个，分别是 fstream(输入输出文件流)、ifstream(输入文件流)和 ofstream(输出文件流)；而这 3 个类都包含在头文件 fstream 中，所以程序中对文件进行操作必须包含该头文件。

 ifstream 对象如果重复使用，须注意在使用之前先调用 clear 函数，否则会出错。

下面通过一个实例来理解 fstream 的使用方法。

【例 15-1】使用 fstream(代码 15-1.txt)。

新建名为 fwjtest 的 C++ Source File 源程序。源代码如下：

```cpp
#include <iostream>
#include <fstream>
using namespace std;
void main()
{
    char buffer[256];
    fstream out;
```

```
    out.open("com.txt",ios::in);
    cout<<"com.txt"<<" 的内容如下:"<<endl;
    while(!out.eof())
    {
        out.getline(buffer,256,'\n');//getline(char *,int,char) 表示该行字符达
            //到 256 个或遇到换行符就结束
        cout<<buffer<<endl;
    }
    out.close();
    cin.get();//cin.get() 是用来读取回车键的,如果没这一行,输出的结果一闪就消失了
}
```

【代码剖析】

在本例中，首先定义了一个 buffer，然后定义了一个 fstream 的 out 变量，使用该变量打开 com.txt 文件，将文件中的内容写入 buffer 中，然后将 buffer 的内容输出。

运行结果如图 15-1 所示。

在本例中，使用了 fstream 将 com.txt 中所有的内容全部输出了。

图 15-1　使用 fstream

【例 15-2】使用 ifstream(代码 15-2.txt)。

新建名为 ifstest 的 C++ Source File 源程序。源代码如下：

```
#include <iostream>
#include <fstream>
#include <string>
using namespace std;
int CountLines(char *filename)
{
    ifstream ReadFile;
    int n=0;
    char line[512];
    string temp;
    ReadFile.open(filename,ios::in);//ios::in 表示以只读的方式读取文件
    if(ReadFile.fail())//文件打开失败:返回
    {
        return 0;
    }
    else//文件存在
    {
        while(getline(ReadFile,temp))
        {
            n++;
        }
        return n;
    }

    ReadFile.close();
}
void main()
{
```

```
    cout<<"com.txt 的行数为: "<<CountLines("com.txt")<<endl;
    cin.get();
}
```

【代码剖析】

在本例中，首先定义了一个函数，返回文件的行数，在该函数中使用 ifstream 读取文件内容，使用循环累计文件中的行数。在主程序中，调用该函数，以文件路径作为输入参数，返回该文件的行数。

图 15-2　使用 ifstream

运行结果如图 15-2 所示。

在本例中，使用了 ofstream 生成一个 com.txt 文件。

【例 15-3】使用 ofstream(代码 15-3.txt)。

新建名为 ofstest 的 C++ Source File 源程序。源代码如下：

```
#include <iostream>
#include <fstream>
using namespace std;
void main()
{
    ofstream in;
    in.open("com.txt",ios::trunc); //ios::trunc 表示在打开文件前将文件清空,由于是
        //写入,文件不存在则创建
    int i;
    char a='a';
    for(i=1;i<=26;i++)//将 26 个数字及英文字母写入文件
    {
        if(i<10)
        {
            in<<"0"<<i<<"\t"<<a<<"\n";
            a++;
        }
        else
        {
            in<<i<<"\t"<<a<<"\n";
            a++;
        }
    }
    in.close();//关闭文件
}
```

【代码剖析】

在本例中，首先定义了一个 ofstream 变量，通过该变量创建一个文件，使用循环将 26 个英文字母全都写入该文件。

运行结果如图 15-3 所示。

在本例中，使用了 ofstream 生成一个 com.txt 文件，并且将 26 个英文字母全部写入该文件中。

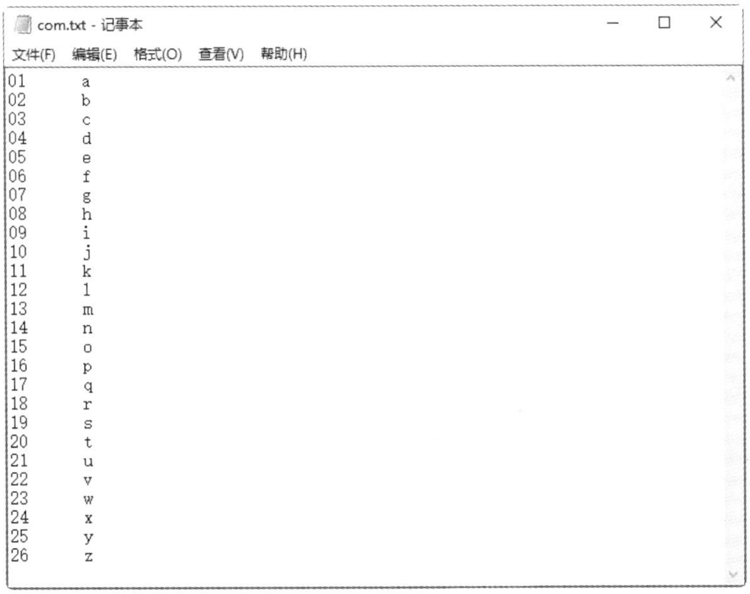


```
01	a
02	b
03	c
04	d
05	e
06	f
07	g
08	h
09	i
10	j
11	k
12	l
13	m
14	n
15	o
16	p
17	q
18	r
19	s
20	t
21	u
22	v
23	w
24	x
25	y
26	z
```

图 15-3　使用 of stream

15.1.2　文件顺序读写

在 C++的文件中，每条记录是一个接着一个存储的。在这样的文件中，如果想要查找一条记录，那么必须从文件的开头逐一读取文件的记录，直至找到该条记录的位置。

顺序文件的读取，可以参见例 15-1，就是按照顺序读取文件中的每个字节，然后输出。

15.1.3　随机文件读写

随机文件每个记录都有一个记录号，在读写数据时只要指定记录号，就可以对数据进行读写。

【例 15-4】随机文件读写(代码 15-4.txt)。

新建名为 sjwjtest 的 C++ Source File 源程序。源代码如下：

```
#include <iostream>
#include <fstream>
#include <string>
using namespace std;

int CountLines(char *filename)
{
    ifstream ReadFile;
    int n=0;
    string tmp;
    ReadFile.open(filename,ios::in);//ios::in 表示以只读的方式读取文件
    if(ReadFile.fail())//文件打开失败:返回
    {
        return 0;
```

```
    }
    else//文件存在
    {
        while(getline(ReadFile,tmp))
        {
            n++;
        }
        return n;
    }
    ReadFile.close();
}

string ReadLine(char *filename,int line)
{
    int lines,i=0;
    string temp;
    fstream file;
    file.open(filename,ios::in);
    lines=CountLines(filename);
    if(line<=0)
    {
        return "Error 1: 行数错误，不能为 0 或负数。";
    }
    if(file.fail())
    {
        return "Error 2: 文件不存在。";
    }
    if(line>lines)
    {
        return "Error 3: 行数超出文件长度。";
    }
    while(getline(file,temp)&&i<line-1)
    {
        i++;
    }
    file.close();
    return temp;
}

void main()
{
    int l;
    char filename[256];
    cout<<"请输入文件名:"<<endl;
    cin>>filename;
    cout<<"\n 请输入要读取的行数:"<<endl;
    cin>>l;
    cout<<ReadLine(filename,l);
    cin.get();
    cin.get();
}
```

【代码剖析】

在本例中，首先定义了一个函数读取某个文件某一行的内容；在主程序中，提示输入文件名和行数，将该文件的第 n 行读出，并显示出来。

运行结果如图 15-4 所示。

在本例中，输入了文件名为 com.txt，行数为 4 行，得到该文件的第 4 行内容，并将内容输出。

图 15-4 随机文件读写

15.2 文件的打开与关闭

在 C++中，要进行文件的输入/输出，必须创建一个流，把这个流与文件相关联，才能对文件进行操作，完成后要关闭文件。

15.2.1 文件的打开

在 fstream 类中，有一个成员函数 open()，就是用来打开文件的，其原型是：

```
void open(const char* filename,int mode,int access);
```

参数含义如下。

- filename：要打开的文件名。
- mode：要打开文件的方式。
- access：打开文件的属性。

打开文件的方式在类 ios(是所有流式 I/O 类的基类)中定义，常用的值如下。

- ios::app：以追加的方式打开文件。
- ios::ate：文件打开后定位到文件尾，ios:app 就包含有此属性。
- ios::binary：以二进制方式打开文件，默认的方式是文本方式。
- ios::in：文件以输入方式打开。
- ios::out：文件以输出方式打开。
- ios::nocreate：不建立文件，所以文件不存在时打开失败。
- ios::noreplace：不覆盖文件，所以文件存在时打开失败。
- ios::trunc：如果文件存在，把文件长度设为0。

可以用"或"把以上属性连接起来，如 ios::out|ios::binary。

打开文件的属性取值有以下几种。

- 0：普通文件，打开访问。
- 1：只读文件。
- 2：隐含文件。
- 3：系统文件。

【例 15-5】 打开文件(代码 15-5.txt)。

新建名为 wjdktest 的 C++ Source File 源程序。源代码如下：

```cpp
#include <iostream>
#include <fstream>
#include <string>
using namespace std;
int CountLines(char *filename)
{
    ifstream ReadFile;
    int n=0;
    string tmp;
    ReadFile.open(filename,ios::in);//ios::in 表示以只读的方式读取文件
    if(ReadFile.fail())//文件打开失败:返回
    {
        return 0;
    }
    else//文件存在
    {
        while(getline(ReadFile,tmp))
        {
            n++;
        }
        return n;
    }
    ReadFile.close();
}

string ReadLine(char *filename,int line)
{
    int lines,i=0;
    string temp;
    fstream file;
    file.open(filename,ios::in);
    lines=CountLines(filename);
    if(line<=0)
    {
        return "Error 1: 行数错误，不能为 0 或负数。";
    }
    if(file.fail())
    {
        return "Error 2: 文件不存在。";
    }
    if(line>lines)
    {
        return "Error 3: 行数超出文件长度。";
    }
    while(getline(file,temp)&&i<line-1)
    {
        i++;
    }
    file.close();
    return temp;
}
void main()
{
    int l;
    char filename[256];
```

```
    cout<<"请输入文件名:"<<endl;
    cin>>filename;
    cout<<"\n 请输入要读取的行数:"<<endl;
    cin>>l;
    cout<<ReadLine(filename,l);
    cin.get();
    cin.get();
}
```

【代码剖析】

在本例中，首先定义了一个函数读取某个文件某一行的内容，在主程序中提示输入文件名和行数，将该文件的第 n 行读出，并显示出来。

运行结果如图 15-5 所示。

在本例中，定义了 ifstream 类的变量，然后调用 open 函数打开指定文件。其中使用参数 ios::in 表示文件以输入方式打开。

图 15-5　打开文件

15.2.2　文件的关闭

当文件读写操作完成之后，必须将文件关闭，以使文件重新变为可访问的。关闭文件需要调用成员函数 close()，它负责将缓存中的数据排放出来并关闭文件。

它的格式很简单：

```
void close ();
```

这个函数一旦被调用，原先的流对象就可以被用来打开其他文件了，这个文件也就可以重新被其他进程访问了。

为防止流对象被销毁时还联系着打开的文件，析构函数将会自动调用关闭函数 close。

15.3　文本文件的处理

文本文件是以 ASCII 保护处理文件的，可以用字符处理软件来处理。文本文件的读写很简单：用插入运算符(<<)向文件输出，用析取运算符(>>)从文件输入。

15.3.1　将变量写入文件

下面通过一个例子来说明将变量写入文件中的方法。

【例 15-6】 文本文件添加记录(代码 15-6.txt)。

新建名为 wjaddtest 的 C++ Source File 源程序。源代码如下：

```
#include <iostream>
#include <string>
#include <fstream>
using namespace std;
```

```
int main()
{
    ofstream outfile;
    ifstream infile;
    char value;
    outfile.open("a.txt");
    outfile << "君自故乡来，应知故乡事。";
    outfile.close();
    system("pause");
    return 0;
}
```

【代码剖析】

在本例中，首先定义了一个 ofstream 类的变量 outfile，建立一个 a.txt 文件，通过<<将字符串"君自故乡来，应知故乡事"写入该文件中，最后关闭该文件。

运行结果如图 15-6 所示。

从运行结果可以看出，ofstream 生成了一个 a.txt 文件，并且在该文件中写入了字符串。

图 15-6　文本文件添加记录

15.3.2　将变量写入文件尾部

上面一个例子说明了如何将变量写入文本文件，下面这个例子说明在已有的文件中如何添加记录。

【例 15-7】 将变量写入文件尾部(代码 15-7.txt)。

新建名为 wjaddwtest 的 C++ Source File 源程序。源代码如下：

```
#include <iostream>
#include <string>
#include <fstream>
using namespace std;
int main()
{
    ofstream outfile;
    ifstream infile;
    char value;
    outfile.open("a.txt",ios::out|ios::app);
    outfile << "来日绮窗前，寒梅著花未？";
    outfile.close();
    system("pause");
    return 0;
}
```

【代码剖析】

在本例中，首先定义了一个 ofstream 类的变量 outfile，采用追加的打开方式打开了 a.txt，通过<<将字符串"来日绮窗前，寒梅著花未？"写入该文件中，最后关闭该文件。

运行结果如图 15-7 所示。

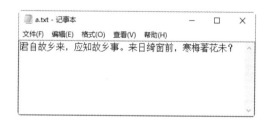

图 15-7　将变量写入文件尾部

从运行结果可以看出，ofstream 在文本文件的末尾添加了一个字符串。

15.3.3 从文本文件中读入变量

将内容写入文本文件后，即可读取文本文件。下面通过一个实例来看看如何从文本文件中读取变量。

【例 15-8】读取文本文件(代码 15-8.txt)。

新建名为 wjdrbltest 的 C++ Source File 源程序。源代码如下：

```
#include <iostream>
#include <string>
#include <fstream>
using namespace std;
int main()
{
    ofstream outfile;
    ifstream infile;
    char value;
    //outfile.open("a.txt");

    //outfile.close();
    infile.open("a.txt");
    if(infile.is_open())
    {
        while(infile.get(value))
            cout<<value;
    }
    cout << endl;
    infile.close();
    system("pause");
    return 0;
}
```

【代码剖析】

在本例中，首先定义了一个 ifstream 类的变量 infile，打开文本文件 a.txt，通过<<将字符串"君自故乡来，应知故乡事。来日绮窗前，寒梅著花未？"循环地输出到屏幕上，最后关闭该文件。

运行结果如图 15-8 所示。

图 15-8　读取文本文件

从运行结果可以看出，使用 ifstream 读取了 a.txt 文件中的内容。

15.3.4 使用 get()、getline()和 put()函数

在 C++中，get()函数是 ifstream 类的一个成员函数，其作用就是读取该类的对象的一个字符并且将之作为调用函数的返回值。在调用 get()函数时，get()函数会自动地向后读取下一个字符，直到遇到文件结束符，则返回 EOF 作为文件的结束。

下面通过一个具体例子来说明 get()函数的用法。

【例 15-9】用 get()函数读取文本文件(代码 15-9.txt)。

新建名为 getwjtest 的 C++ Source File 源程序。源代码如下：

```cpp
#include <iostream>
#include <string>
#include <fstream>
using namespace std;
int main()
{
    ifstream infile;
    char value;
    infile.open("a.txt");
    if(infile.is_open())
    {
        while(infile.get(value))
            cout<<value;
    }
    cout<< endl;
    infile.close();
    system("pause");
    return 0;
}
```

【代码剖析】

在本例中，首先定义了一个 ifstream 类的变量 infile，打开文本文件 a.txt，循环使用 get()函数读取文件中的每个字符，并且循环输出。

运行结果如图 15-9 所示。

图 15-9 使用 get()函数

从运行结果可以看出，程序成功地读取了 a.txt 文件中的内容。

成员函数 getline()与带 3 个参数的 get()函数类似，读取一行信息到字符数组中，然后插入一个空字符，但不同的是 getline()要去除流中的分隔符，不把它存放在字符数组中。

【例 15-10】用 getline()函数读取文本文件(代码 15-10.txt)。

新建名为 getlinetest 的 C++ Source File 源程序。源代码如下：

```cpp
#include <iostream>
#include <fstream>
#include <stdlib.h>
using namespace std;
int main()
{
    char buffer[256];
    ifstream examplefile("com.txt");
    if (! examplefile.is_open())
    {
        cout << "Error opening file";
        exit (1);
    }
    while (! examplefile.eof())
    {
        examplefile.getline (buffer,100);
        cout << buffer << endl;
    }
    system("pause");
    return 0;
}
```

【代码剖析】

在本例中，首先定义了一个 char 型的数组，接着定义了一个 ifstream 类型的变量，将该文件打开，循环地使用 getline()函数读取文件每一行文本，最后将文本输出到屏幕上。

运行结果如图 15-10 所示。

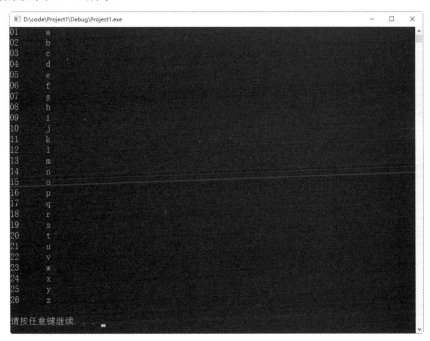

图 15-10 使用 getline()函数

从运行结果可以看出，程序成功地读取了 com.txt 文件，并且使用了 getline()函数将文件输出。

put()函数用于输出流 cout，输出单个字符。

下面通过一个例子说明 put()函数的用法。

【例 15-11】用 put()函数写入文本文件(代码 15-11.txt)。

新建名为 puttest 的 C++ Source File 源程序。源代码如下：

```
#include<stdlib.h>
#include<fstream>
using namespace std;
void main()
{
    ofstream fout("a.txt");    //创建一个文件
    fout.put('A');
    fout.put('W');
    fout.close();
    system("pause");
}
```

【代码剖析】

在本例中，定义了一个 ofstream 类型的变量 fout，并且调用该变量的 put()函数，分别写入字符 A 和 W，最后关闭该打开的文件。

运行结果如图 15-11 所示。

从运行结果可以看出，程序成功地使用 put()函数，将两个字符串写入了文本文件。

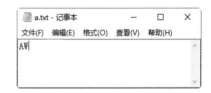

图 15-11　使用 put()函数

15.4　处理二进制文件

在 C++中，除了有规则的文本文件以外，还有不规则的文件，就是二进制文件。在二进制文件中，使用"<<"与">>"和函数(如 getline)来输入和输出数据，没有什么实际意义，虽然它们是符合语法的。

那么，二进制文件是如何操作的呢？

1. 打开文件

打开文件可以有两种方式，一种方法是使用 fstream 类的构造函数：

```
fstream file("test.dat",ios_base::in|ios_base::out|ios_base::app);
```

另外一种方法就是使用 open()函数：

```
fstream file;
file.open("test.dat",ios_base::in|ios_base::out|ios_base::app);
```

这样就可以打开一个可读写的文件了。如果文件不存在的话，就会创建一个新文件并且以读写方式打开。

这里需要说明一点，如果文件不存在的话，open()函数中第二个参数必须包含 ios_base::out|ios_base::app，否则就不能正确创建文件。

2. 写文件

先进行写文件的操作，否则读一个空文件是没有意义的。

既然是写二进制文件可以向文件中写入一个整型值。写二进制字符只能使用 write() 函数。

但是 write 函数的原型是 write(const char * ch, int size)。第一个参数是 char *类型，所以需要将要写入文件的 int 类型转换成 char *类型。这里的转换困扰了不少读者，实现效果的代码如下：

```
int temp;
file.write((char *)(&temp),sizeof(temp));
```

3. 读文件

可以写文件了，读文件就好办多了。读文件需要用到 read() 函数。其参数和 write() 函数大致相同，read(const char * ch, int size)。

要把内容读到 int 类型变量中同样涉及一个类型转换的问题，和写文件一样。代码如下：

```
int readInt;
file.read((char *)(&readInt),sizeof(readInt));
```

这样文件中的 int 值就读入 int 型变量 readInt 中了。

下面通过两个实例来理解二进制文件的操作方法。

【例 15-12】 创建和存入二进制文件(代码 15-12.txt)。

新建名为 ejztest 的 C++ Source File 源程序。源代码如下：

```
#include <iostream>
#include <fstream>
using namespace std;

void main(void)
{
    ofstream out("bin.dat", ios::out | ios::binary);    //创建文件
    if (!out) { cout << "bin.dat\n"; return; }
    out.write("abc123 千谷网络科技", sizeof("abc123 千谷网络科技"));     //写入文件
    out.close();      //关闭文件
    cout << "\n 程序执行完毕! \n";
    system("pause");
}
```

【代码剖析】

在本例中，程序即会在项目文件夹中创建二进制文件 bin.dat，并将"abc123 千谷网络科技"存入 bin.dat 中，同时提示"程序执行完毕！"。

运行结果如图 15-12 所示。

下面开始读取上述案例的二进制文件 bin.dat。

【例 15-13】 读取二进制文件(代码 15-13.txt)。

新建名为 dejztest 的 C++ Source File 源程序。源代码如下：

图 15-12   创建和存入二进制文件

```cpp
// 读取二进制文件
#include <iostream>
#include <fstream>
using namespace std;
const char * filename = "bin.dat";
int main()
{
    char * buffer;
    long size;
    ifstream file(filename, ios::in | ios::binary | ios::ate);
    size = file.tellg();
    file.seekg(0, ios::beg);
    buffer = new char[size];
    file.read(buffer, size);
    file.close();
    cout << "the complete file is in a buffer" << endl;
    //输出二进制文件的内容
    for (int i = 0; i < size; i++)
    {
        cout << buffer[i];
    }
    delete[] buffer;
    cout << endl;
    system("pause");
    return 0;
}
```

这里需要使用 for 循环输出二进制文件的内容。如果直接输出二进制文件的内容，读者会发现在输出的内容后，会有一段乱码的情况。

运行结果如图 15-13 所示。

图 15-13　读取二进制文件

15.5　实战演练——文件操作

通过一个例子来定义一个文件，并且对文件进行一系列操作。在练习该例的过程中，请大家加深理解本章的知识要点。

1. 定义一个文件并向其中写入内容

代码如下：

```cpp
#include <iostream>
#include <string>
#include <iomanip>
#include<fstream>
using namespace std;
int main(){
    string str;
```

```
    ofstream out("d.txt");
    str="床前明月光\n 疑是地上霜\n 举头望明月\n 低头思故乡\n";
    out<<str<<endl;
    system("pause");
    return 0;
}
```

【代码剖析】

在本例中，定义了 ofstream 类的对象 out，out 对象的
参数为 d.txt，打开 d.txt 文本，然后将字符串 str 写入该文
本文件。

运行结果如图 15-14 所示。

调用 ofstream 实现了对文本文件的写入。

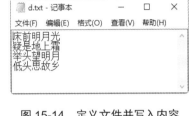

图 15-14　定义文件并写入内容

2．读取该文件

代码如下：

```
#include <iostream>
#include <string>
#include <iomanip>
#include<fstream>
using namespace std;
int main(){
    ifstream in("d.txt");
    for(string str;getline(in,str);)
        cout<<str<<"\n";
    system("pause");
    return 0;
}
```

【代码剖析】

在本例中，定义了 ifstream 类的对象 in，in 对
象的参数为 d.txt，使用 for 循环读取文本文件
d.txt，把结果输出。

运行结果如图 15-15 所示。

调用 ifstream 来实现了对文本文件的读取。

图 15-15　读取文件

3．文件的复制

代码如下：

```
#include <iostream>
#include <string>
#include <iomanip>
#include<fstream>
using namespace std;
int main(){
    ifstream in("a.txt");
    ofstream out("d.txt");
    for(string str;getline(in,str);)
```

```
        out<<str<<endl;
    cout<<"文件复制成功!!!" <<endl;
    system("pause");
    return 0;
}
```

【代码剖析】

在本例中，定义了 ifstream 类的对象 in，in 对象的参数为 a.txt，定义了 ofstream 类的对象 out，out 对象的参数为 d.txt，使用 for 循环把 d.txt 文件中的数据写入 a.txt 中，完成两个文件的复制。

运行结果如图 15-16 所示。

调用 ifstream 和 ofstream 来实现文本文件之间的复制。

图 15-16　复制文件

15.6　大神解惑

疑问 1　get()和 getline()的区别？

cin.getline()和 cin.get()都是对输入行的读取，即一次读取整行而不是单个数字或字符，但是二者有一定的区别。

cin.get()每次读取一整行并把由 Enter 键生成的换行符留在输入队列中，而 cin.getline()每次读取一整行并把由 Enter 键生成的换行符抛弃。

疑问 2　缓存同步如何实现？

当对文件流进行操作的时候，它们与一个 streambuf 类型的缓存联系在一起。这个缓存实际是一块内存空间，作为流和物理文件的媒介。

例如，对于一个输出流，每次成员函数 put(写一个字符)被调用，这个字符不是直接被写入该输出流所对应的物理文件中的，而是首先被插入该流的缓存中。

当缓存被排放出来时，其中的所有数据或者被写入物理媒质中(如果是一个输出流的话)，或者简单地被抹掉(如果是一个输入流的话)。这个过程称为同步(synchronization)，它会在以下任意一种情况下发生。

(1)　当文件被关闭时：在文件被关闭之前，所有还没有被完全写出或读取的缓存都将被同步。

(2)　当缓存满了时：缓存有一定的空间限制。当缓存满时，它会被自动同步。

(3)　控制符明确指出：当遇到流中某些特定的控制符时，同步会发生。这些控制符包括 flush 和 endl。

(4)　明确调用函数 sync()：调用成员函数 sync()(无参数)可以引发立即同步。这个函数返回一个 int 值，等于-1 表示流没有联系的缓存或操作失败。

疑问 3　在文件中，插入器和析取器如何定义使用？

1. 插入器<<

向流输出数据。例如，系统有一个默认的标准输出流(cout)，一般情况下就是指显示器。所以，cout<<"Write Stdout"<<'\n'就表示把字符串"Write Stdout"和换行字符'\n'输出到标准输出流。

2. 析取器>>

从流中输入数据。例如，系统有一个默认的标准输入流(cin)，一般情况下就是指键盘，所以，cin>>x 就表示从标准输入流中读取一个指定类型(即变量 x 的类型)的数据。

15.7　跟我学上机

练习 1： 定义一个文件，然后对该文件进行操作。

(1) 将 26 个英文字母写入指定文件中。

(2) 读取文件的一种方法：将文件每行内容存储到字符串中，再输出字符串。

(3) 逐个字符读取文件。

(4) 读取文件某一行内容。

(5) 统计文件行数。

练习 2： 有 6 个学生的数据，要求如下。

(1) 把它们存到磁盘文件中。

(2) 将磁盘文件中的第 1、2、6 个学生数据读入程序，并显示出来。

(3) 将第 4 个学生的数据修改后存回磁盘文件中的原有位置。

(4) 从磁盘文件中读入修改后的 6 个学生的数据并显示出来。

第 16 章

解决问题的法宝——
异常处理

异常是 C++中重要的概念。编写程序的过程中出现错误也是十分常见的，无论多么资深的程序员，也无法保证一次编写成功。本章带领读者学习 C++中的异常处理，了解 C++中的异常处理机制，掌握如何抛出异常和捕获异常，熟练使用 C++中的异常处理机制保证程序的健壮性。学会建立自己的异常类，并且对该类进行定义。

本章要点(已掌握的在方框中打钩)

- ☐ 了解异常的基本概念。
- ☐ 理解异常处理的机制。
- ☐ 掌握抛出异常的方法。
- ☐ 掌握重新抛出异常的方法。
- ☐ 掌握捕获所有异常的方法。
- ☐ 掌握处理不是错误的异常的方法。
- ☐ 掌握处理未捕捉的异常的方法。
- ☐ 理解标准异常的概念。
- ☐ 理解异常的规范。
- ☐ 掌握异常与继承的方法。
- ☐ 掌握异常处理的应用方法。

16.1　异常的基本概念

异常(Exception)处理是一种错误处理机制。

C++中的异常处理也是在 C++的不断完善发展中出现的，异常处理机制提高了 C++程序的安全性。在一般的简单程序中，异常处理机制并不能表现出多大的优势。但是，在进行团队开发过程中，可以通过异常处理机制来降低产生错误的可能性，从而提高程序的可靠性。

对于提高程序可靠性的方法，在异常处理机制出现之前，是通过 if 语句来判断是否有异常情况出现，以及异常情况出现后如何处理。但是，if 语句判断并不能够将所有出现异常的可能性都包括。

使用这样的方法来处理可能发生的异常时，如果开发较大规模的程序时，就会导致正常的逻辑代码和处理异常的代码混淆在一起，增加程序的维护难度。

C++标准为了改善这种错误处理机制，提供了异常处理机制。那么使用异常处理机制，在整个程序段发生异常后都不至于导致程序出错，而是将异常抛出。

16.2　异常处理机制

首先，在 C++中异常往往用类来实现，以栈为例，异常类声明如下：

```
class popOnEmpty{...}; //栈空异常
class pushOnFull{...}; //栈满异常
```

不再是一测到栈满或空就退出程序了，而是抛出一个异常。代码如下：

```
template <typename T>void Stack<T>::Push(const T&data){
  if(IsFull())  throw pushOnFull<T>(data);
  //注意加了括号,是构造一个无名对象
  elements[++top]=data; }
template<typename T>T Stack<T>::Pop(){
  if(IsEmpty())  throw popOnEmpty<T>();
  return elements[top--]; }
```

注意，pushOnFull 是类，C++要求抛出的必须是对象，所以必须有"()"，即调用构造函数建立一个对象。异常并非总是类对象，throw 表达式也可以抛出任何类型的对象，如枚举、整数等。但最常用的是类对象。throw 表达式抛出异常为异常处理的第一步。在堆栈的压栈和出栈操作中发生错误而抛出的异常，理所当然地应由调用堆栈的程序来处理。

在异常作用域内，被 new 出来的对象(变量)在抛出异常时不会被自动析构(释放)，所以在抛出异常前要手动将其析构掉(释放)。

在 C++中，建立异常以及使用异常处理有一整套异常处理机制。首先，使用 try 关键字将可能抛出异常的代码块包围起来，形成 try 异常块。在异常块的结尾，使用 throw 关键字，将可能的异常抛出。

下面通过一个例子来说明异常处理的机制。

【例 16-1】异常处理(代码 16-1.txt)。

新建名为 pyctest 的 C++ Source File 源程序。源代码如下：

```cpp
#include<iostream>      //包含头文件
#include<stdlib.h>
using namespace std;
double fuc(double x, double y)  //定义函数
{
    if(y==0)
    {
        throw y;        //除数为 0，抛出异常
    }
    return x/y;         //否则返回两个数的商
}

void main()
{
    double res;
    try  //定义异常
    {
        res=fuc(2,3);
        cout<<"The result of x/y is : "<<res<<endl;
        res=fuc(4,0); //出现异常，函数内部会抛出异常
    }
    catch(double)               //捕获并处理异常
    {
        cerr<<"error of dividing zero.\n";
        //exit(1);               //异常退出程序
    }
}
```

【代码剖析】

在本例中，首先定义了一个函数 fuc，该函数是将两个参数相除，如果除数为 0，则抛出一个异常。在主程序中，是首先将一组正常的数据调用 fuc 函数，则将结果输出。然后，定义了一组错误的数字，其后程序捕获了异常，并且将异常进行了处理。

运行结果如图 16-1 所示。

该范例中除数为 0 的异常可以用 try/catch 语句来捕获，并使用 throw 语句来抛出异常，从而实现异常处理。

图 16-1　异常处理

16.3　抛 出 异 常

在 C++中，抛出异常的机制是如果在程序的代码中出现了异常情况，可以将 try 块中的错误信息全部抛出去，这种方法称为抛出异常。

提示   当 throw 对象(变量)的引用时，拷贝的是引用的对象，而不只是拷贝引用名称。

在 C++中，使用 throw 关键字来抛出异常。

1. throw 表达式

用表达式的值生成一个对象(异常对象)，程序进入异常状态。

Terminate 函数可以终止程序的执行。

2. try-catch 语句

语法格式如下：

```
try{
包含可能抛出异常的语句;
}catch(类型名 [形参名]){
}catch(类型名 [形参名]){
}
```

下面通过一个例子来说明如何抛出异常。

【例 16-2】抛出异常(代码 16-2.txt)。

新建名为 pcyctest 的 C++ Source File 源程序。源代码如下：

```cpp
#include <iostream>
#include <math.h>
using namespace std;
double sqrt_delta(double d){
    if(d < 0)
        throw 1;
    return sqrt(d);
}
double delta(double a, double b, double c){
    double d = b * b - 4 * a * c;
    return sqrt_delta(d);
}
void main()
{
    double a, b, c;
    cout << "please input a, b, c" << endl;
    cin >> a >> b >> c;
    while(true){
        try{
            double d = delta(a, b, c);
            cout << "x1: " << (d - b) / (2 * a);
            cout << endl;
            cout << "x2: " << -(b + d) / (2 * a);
            cout << endl;
            break;
        }catch(int){
            cout << "delta < 0, please reenter a, b, c.";
            cin >> a >> b >> c;
        }
    }
}
```

【代码剖析】

在本例中，首先定义了一个开平方函数，如果输入参数小于1，则抛出异常。接下来，定义了一个带三个参数的函数，该函数判断这三个数字是否能构成三角形的三条边，若不能则抛出异常。

在主程序中，首先通知用户输入三个数字代表三角形的三条边，符合则将计算结果输出，否则抛出异常。

运行结果如图 16-2 所示。

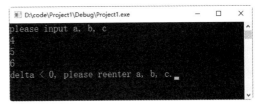

图 16-2　抛出异常

在本例中，输入了 4、5、6 三个参数，很明显这三个参数不能构成三角形的三条边，所以抛出异常，将异常结果输出。

16.4　重新抛出异常

上一节介绍了如何抛出异常，那么在什么情况下需要重新抛出异常呢？如果在 throw 后面有表达式，则抛出新的异常对象。

下面通过一个例子来说明在什么情况下可以重新抛出异常。

【例 16-3】 重新抛出异常(代码 16-3.txt)。

新建名为 cpyctest 的 C++ Source File 源程序。源代码如下：

```cpp
#include <iostream>
using namespace std;
void fun(int x){
    try{
        if(x == 1)
            throw 1;
        if(x == 2)
            throw 1.0;
        if(x == 3)
            throw 1 ;
    }catch(int){
        cout << "catch an int in fun()" << endl;
    }catch(double){
        cout << "catch an double in fun()" << endl;
    }
    cout << "testing exception in fun()..."<< endl;
}
void gun()
{
    try{
        //fun(1);
        //fun(2);
        //fun(3);
        fun(4);
    }catch(char){
        cout << "catch a char in gun()" << endl;
    }
    cout << "testing exception in gun()..."<< endl;
```

```
}
int main()
{
    gun();
    system("pause");
    return 0;
}
```

【代码剖析】

在本例中，首先定义了一个 fun()函数，在该函数中做出判断，根据不同的情况抛出不同的异常。接着，又定义了一个 gun()函数，在该函数中调用了上一个 fun()函数，并且又将异常重新抛出一次。在主程序中，直接调用 gun()函数，并且抛出异常。

运行结果如图 16-3 所示。

从运行结果可以看出，gun()函数调用了 fun()函数，fun()函数的异常抛出一次，接着 gun()函数又抛出一次，共抛出了两次异常。

图 16-3　重新抛出异常

16.5　捕获所有异常

因为不知道可能被抛出的全部异常，所以不是为每种可能的异常都写一个 catch 子句来释放资源，而是使用通用形式的 catch 子句 catch_all：

```
catch(...){代码*/}
```

对任何异常都可以进入这个 catch 子句。花括号中的复合语句用来执行指定操作，当然可以包括资源的释放。

捕获到的对象(变量)只是被抛出的对象的一个拷贝副本，抛出异常之后原对象被自动析构(释放)。

catch_all 子句可以单独使用，也可以与其他 catch 子句联合使用。如果联合使用，它必须放在相关 catch 子句表的最后。因为 catch 子句被检查的顺序与它们在 try 块之后排列顺序相同，一旦找到了一个匹配，则后续的 catch 子句将不再检查，按此规则，catch_all 子句处理表前面所列各种异常之外的异常。如果只用 catch_all 子句进行某项操作，则其他操作应由 catch 子句重新抛出异常，沿调用链逆向去查找新的处理子句来处理，而不能在子句列表中再安排一个处理同一异常的子句，因为第二个子句是永远执行不到的。

下面通过一个例子来说明如何抛出所有异常。

【例 16-4】 抛出所有异常(代码 16-4.txt)。

新建名为 byctest 的 C++ Source File 源程序。源代码如下：

```
#include <iostream>
using namespace std;
int main()
{
    try
    {
```

```
        if(1 == 1)
            throw 0.5;
    }
    catch(...)
    {
        cout<<"在try中的错误被处理！"<<endl;
    }
    system("pause");
}
```

【代码剖析】

在本例中，在 try 模块中抛出了一个异常 0.5。在捕获异常时，采用了捕获全部异常，并且经过处理，输出一段文字。

运行结果如图 16-4 所示。

从运行结果可以看出，异常捕获已经生效，可以捕获到异常。

图 16-4　抛出所有异常

16.6　未捕捉到的异常

欲使异常处理机制能在异常产生时发挥效用，catch 捕捉的意外类型必须与程序抛出的意外类型一致。否则即使程序中有 try/catch 区块，发生未捕捉到的异常类型时，程序仍然会立即中止执行。

下面通过一个图例来说明如何捕获异常，如图 16-5 所示。

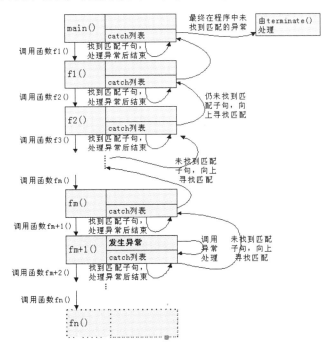

图 16-5　捕获异常

寻找匹配的 catch 子句有固定的过程：如果 throw 表达式位于 try 块中，则检查与 try 块相关联的 catch 子句列表，看是否有一个子句能够处理该异常，有匹配的，则该异常被处理；找不到匹配的 catch 子句，则在主调函数中继续查找。如果一个函数调用在退出时带有一个被抛出的异常未能处理，而且这个调用位于一个 try 块中，则检查与该 try 块相关联的 catch 子句列表，看是否有一个子句匹配，如果有，则处理该异常；如果没有，则查找过程在该函数的主调函数中继续进行。即这个查找过程逆着嵌套的函数调用链向上继续，直到找到处理该异常的 catch 子句。只要遇到第一个匹配的 catch 子句，就会进入该 catch 子句，进行处理，查找过程结束。

16.7 标 准 异 常

C++标准库中有关于异常的完整的类层次体系，标准库中抛出的所有异常都是这个层次体系中类的对象。所有的标准异常处理类都派生自 Exception 类，层次体系中的每个类都支持一个 what()方法，这个方法返回一个描述异常的 char*字符串。除了 Exception 类外，所有标准异常类都要求在构造函数中设置 what()方法所返回的字符串。标准异常处理类如图 16-6 所示。

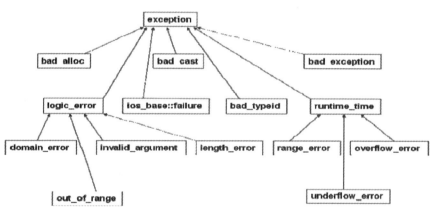

图 16-6 标准异常处理类

16.8 异 常 规 范

异常规范(exception specification)提供了一种方案，可以随着函数声明列出该函数可能抛出的异常，并保证该函数不会抛出任何其他类型的异常。在 Stack 类定义如下：

```
void Push(const T&data) throw(pushOnFull);
T Pop() throw(popOnEmpty);
```

如果成员函数是在类外定义，则类内声明和类外定义必须都有同样的异常规范。

一个函数的异常规范的违例只能在运行时才能被检测出来。如果在运行时，函数抛出了一个没有被列在它的异常规范中的异常，则系统调用 C++标准库中定义的函数 unexpected()。

必须进一步指出，仅当函数中所抛出的异常，没有在该函数内部处理，而是沿调用链回溯寻找匹配的 catch 子句的时候，异常规范才起作用。

在函数指针的声明中也可给出一个异常规范，它所指向的函数也必须有同样的异常规范，或者是其中的一部分(子集)。

如果异常规范为 throw()，则表示不得抛出任何异常。

　　　必须指出 Visual C++6.0 不支持异常规范，编程可以包括异常规范，实际什么也不会做。

16.9　异常与继承

在 C++程序中，表示异常的类通常被组成为一个组或者一个层次结构。对由栈类成员函数抛出的异常，可以定义一个称为 Excp 的基类。语法格式如下：

```
class Excp{...};
```

再从该基类派生出以下两个异常类：

```
class popOnEmpty:public Excp{...};
class pushOnFull:public Excp{...};
```

由基类 Excp 来输出错误信息：

```
class Excp{ public:void print(string msg){cerr<<msg<<endl;} };
```

这样的基类也可以作为其他异常类的基类：

```
class Excp{...}; //所有异常类的基类
class stackExcp:public Excp{...}; //栈异常类的基类
class popOnEmpty:public stackExcp{...}; //栈空退栈异常
class pushOnFull:public stackExcp{...}; //栈满压栈异常
class mathExcp:public Excp{...}; //数学库异常的基类
class zeroOp:public mathExcp{...}; //数学库零操作异常
class divideByZero:public mathExcp{...}; //数学库被零除异常
```

形成了三层结构。在层次结构下，异常的抛出会有一些不同：

```
if(full()){
   pushOnFull except(data);
   stackExcp *pse=&except; //pse 指向的类对象为 pushOnFull
   throw *pse;
}
//抛出的异常对象的类型为 stackExcp
```

这里被创建的异常类对象是 stackExcp 类型，尽管 pse 指向一个实际类型为 pushOnFull 的对象，但那是一个临时对象，拷贝到异常对象的存储区中时创建的却是 stackExcp 类的异常对象。所以该异常不能被 pushOnFull 类型的 catch 子句处理。

在处理类类型异常时，catch 子句的排列顺序是非常重要的：

```
catch(pushOnFull){...}//处理 pushOnFull 异常
catch(stackExcp){...}//处理栈的其他异常
catch(Excp){...}//处理一般异常
```

派生类类型的 catch 子句必须先出现，以确保只有在没有其他 catch 子句适用时，才会进入基类类型的 catch 子句。

异常 catch 子句不必是与异常最匹配的 catch 子句，而是最先匹配到的 catch 子句，就是第一个遇到的可以处理该异常的 catch 子句。所以在 catch 子句列表中匹配条件最严格的 catch 子句必须先出现。

类层次结构的异常同样可以重新抛出(rethrow)，把一个异常传递给函数调用列表中更上层的另一个 catch 子句：

```
throw;
```

重新抛出的异常仍是原来的异常对象。如果程序中抛出了 pushOnFull 类型的异常，而它被基类的 catch 子句处理，并在其中再次被抛出，那么这个异常仍是 pushOnFull 类型的异常，而不是其基类类型的异常。

在基类 catch 子句中处理的是异常对象的基类子对象的一份拷贝，该拷贝只在该 catch 子句中被访问，重新抛出的是原来的异常对象。这个放在异常对象存储区中的异常的生命期应该是在处理该异常的一系列的子句中最后一个退出时才结束，也就是直到这时，才由异常类的析构函数来销毁它。这一系列的子句是由重新抛出联系起来的。

虚函数是类层次结构中多态性的基本手段，异常类层次结构中也可以定义虚拟函数。

16.10　自定义异常类

通过前面的讲述已经知道了异常类的建立机制等内容，因此可以根据自己的需要建立自己的异常类。

定义异常类有以下两种方式。

1. 继承 Exception 类

代码如下：

```
public class MyFirstException extends Exception {
public MyFirstException() {
super();
}
public MyFirstException(String msg) {
super(msg);
}
public MyFirstException(String msg, Throwable cause) {
super(msg, cause);
}
public MyFirstException(Throwable cause) {
super(cause);
}
//自定义异常类的主要作用是区分异常发生的位置，当用户遇到
```

```
    //异常时，根据异常名就可以知道哪里有异常，根据异常提示信
    //息进行修改。
}
```

2. 继承 Throwable 类

代码如下：

```
public class MySecondException extends Throwable {
public MySecondException() {
super();
}
public MySecondException(String msg) {
super(msg);
}
public MySecondException(String msg, Throwable cause) {
super(msg, cause);
}
public MySecondException(Throwable cause) {
super(cause);
}
}
```

下面通过一个实例来说明如何自定义异常类。

【例 16-5】自定义异常类(代码 16-5.txt)。

新建名为 zdyctest 的 C++ Source File 源程序。源代码如下：

```
#include <iostream>
#include <exception>
using namespace std;
class MyException : public exception {
    virtual const char* what() const {
        return "My expection happened.";
    }
};
int main() {
    try {
        throw MyException();
    }
    catch(exception& e) {
        cerr << e.what() << endl;
    }
    system("pause");
    return 0;
}
```

【代码剖析】

在本例中，首先定义了一个异常类 MyException，该类继承于 Exception，在该类中定义了一个虚函数，返回一个字符串。在主程序中，抛出该异常类，在捕获异常时将捕获到的字符串输出。

运行结果如图 16-7 所示。

图 16-7 自定义异常类

从运行结果可以看出，在程序抛出异常后，将异常捕获并且输出。

16.11　捕获多个异常

如果希望程序可以捕捉多个异常，可以在 try 代码块后加上多个 catch 代码块，每个代码块都负责处理某一种异常发生的情形，其结构如下：

```
try {
    //可能引发异常的语句
    //例如索引越界
}
catch (异常类型 1 异常对象) {
    //处理异常的语句
}
catch (异常类型 2 异常对象) {
    //处理异常的语句
}
//还可以继续再接其他 catch 代码块
```

当 try 区块中的语句引发异常时，系统会依次根据异常类型是否相符来寻找合适的 catch 区块。若发现相符者，就将程序流程转到该 catch 区块执行，找到某相符 catch 区块并执行完毕后，程序控制跳转到所有 catch 区块之后的语句，其他 catch 区块将不会被执行。若最后未找到一个合适的 catch 代码块，则中止程序执行。

下面通过一个实例来说明如何捕获多个异常。

【例 16-6】捕获多个异常(代码 16-6.txt)。

新建名为 bhdyctest 的 C++ Source File 源程序。源代码如下：

```
#include <iostream>
using namespace std;
void fun(int x){
    try{
        if(x == 1)
            throw 1;
        if(x == 2)
            throw 1.0;
        if(x == 3)
            throw 1 ;
    }catch(int){
        cout << "catch an int in fun()" << endl;
    }catch(double){
        cout << "catch a double in fun()" << endl;
    }
    cout << "testing exception in fun()..."<< endl;
}
void gun()
{
    try{
        //fun(1);
        //fun(2);
```

```
        //fun(3);
        fun(4);
    }catch(char){
        cout << "catch a char in gun()" << endl;
    }
    cout << "testing exception in gun()..."<< endl;
}
int main()
{
    gun();
    system("pause");
    return 0;
}
```

【代码剖析】

在本例中，首先定义了一个 fun 函数，在该函数中做出判断，根据不同的情况抛出不同的异常。如果抛出的是 int 型，则抛出 catch an int in fun()；如果抛出的是 double 型，则抛出 catch a double in fun()。

运行结果如图 16-8 所示。

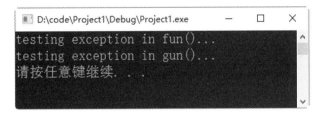

图 16-8 捕获多个异常

从运行结果可以看出，如果输入一个 4，则抛出一个相应的字符串。

16.12 实战演练——异常处理应用

通过一个例子来定义一个异常类，并且对该异常类进行了全面的使用。在练习该例的过程中，请大家加深理解知识要点。

自定义一个异常类，抛出自定义异常类对象，以及抛出内置类型对象。代码如下：

```
#include <iostream>
#include <string>
#include <iostream>
#include <string>
using namespace std;
#define TYPE_CLASS 0              //抛出自定义类类型对象的异常
#define TYPE_INT 1               //抛出整型的异常
#define TYPE_ENUM 2              //抛出枚举的异常
#define TYPE_FLOAT 3            //抛出 float 的异常
#define TYPE_DOUBLE 4          //抛出 double 的异常
typedef int TYPE;                //异常的类型
enum Week{Monday,Tuesday,Wednesday,Thursday,Friday,Saturday,Sunday};
```

```
//自定义的异常类
class MyException{
public :
    MyException(string msg){err_msg = msg;}
    void ShowErrorMsg(){cerr<<err_msg<<endl;}
    ~MyException(){}
private:
    string err_msg;
};


//抛出异常的函数
//其中 throw (MyException,int,Week) 称为异常规范
//它告诉了编译器，该函数不会抛出其他类型的异常
//异常规范可以不写，默认为可以抛出任何类型的异常
//如果一个异常没有被捕获，会被系统调用 terminate 处理。
//如果一个异常类型，没有写入异常规范，使用 catch 无法捕获到，会被系统捕获，调用 terminate
void KindsOfException(TYPE type) throw (MyException,int,Week,float,double){
    switch(type){
        case TYPE_CLASS:
            throw MyException("Exception! Type of Class"); //类
            break;
        case TYPE_INT:
            throw 2011;            //整型
            break;
        case TYPE_ENUM:
            throw Monday;          //枚举
            break;
        case TYPE_FLOAT:
            throw 1.23f;           //float
            break;
        case TYPE_DOUBLE:
            throw 1.23;            //double
            break;
        default:
            break;
    }
}

int main()
{
    int type;
    cout<<"Input the type(0,1,2,3,4): ";
    cin>>type;
    try{
        KindsOfException(type);
    }
    catch(MyException e){    //如果使用了 throw 异常规范，但是没把 MyException 写入
        //throw 列表
        e.ShowErrorMsg();    //这里还是捕获不到 MyException 异常的，会被系统调用
        //terminate 处理
    }
    catch (float f){
        cerr<<"float"<<f<<endl;
```

```
    }
    catch (double d){
        cerr<<"double"<<d<<endl;
    }
    catch(int i){
        cerr<<"Exception! Type of Int -->"<<i<<endl;
    }
    catch(Week week){
        cerr<<"Exception! Type of Enum -->"<<week<<endl;
    }
    //可以有更多的catch语句
    system("pause");
    return 0;
}
```

【代码剖析】

在本例中，定义了 TYPE_CLASS 0 指定/抛出自定义类类型对象的异常；定义了 TYPE_INT 1 指定抛出整型的异常；定义了 TYPE_ENUM 2 指定抛出枚举的异常；定义了 TYPE_FLOAT 3 指定抛出 float 的异常；定义了 TYPE_DOUBLE 4 指定抛出 double 的异常。自定义了异常类 MyException，在该类中定义构造函数和析构函数，定义了数据成员异常字符串。定义了抛出异常函数 KindsOfException，根据不同的 type 类型，抛出异常。在主程序中，根据输入的类型的不同，抛出不同的异常，捕获不同的异常，将异常结果输出。

运行结果如图 16-9 所示。

图 16-9　异常处理应用

从运行结果可以看出，输入一个 type 类型为 4，代表抛出一个 double 异常，主程序捕获了该异常，并且将捕获的结果输出。

16.13　大神解惑

疑问 1　抛出异常而没有捕获会如何？

如果抛出的异常一直没有函数捕获(catch)，则会一直上传到 C++运行系统那里，导致整个程序的终止。

疑问 2　异常处理通过什么来匹配？

异常处理是仅仅通过类型而不是通过值来匹配的，所以 catch 块的参数可以没有参数名称，只需要参数类型。

疑问 3　异常抛出后资源如何释放？

　　一般在异常抛出后资源可以正常被释放，但注意如果在类的构造函数中抛出异常，系统是不会调用它的析构函数的。其处理方法是：如果要在构造函数中抛出异常，则在抛出前要记得删除申请的资源。

16.14　跟我学上机

　　练习 1：定义一个异常函数，然后对该函数进行扩展。

　　(1)　编写一个函数，输入一个参数，如果输入值为 1，则抛出一个 int 型；如果输入值为 2，则抛出一个 double 型；捕获不同类型，输出结果。

　　(2)　再定义一个函数，调用上一个函数的值，然后将上一个函数的异常全部捕获，输出结果。

　　(3)　在主程序中，调用第二个函数，输入一个参数，输出结果。

　　练习 2：定义一个异常函数，然后对该函数进行扩展。在 try 语句块中，在计算时除数为 0，引起了异常。

第 17 章

C++的高级技能——
模板与类型转换

模板是 C++语言中一个相对较新的重要特性,是实现代码重用机制的一种工具。模板可以分为两类,即函数模板和类模板。本章带领读者学习 C++的高级概念,了解各种类型模板的定义,掌握类模板、函数模板等的操作,熟练使用模板定义类、函数等操作;了解命名空间的含义,掌握命名空间在程序中的使用。

本章要点(已掌握的在方框中打钩)

☐ 了解函数模板的基本概念。

☐ 理解类模板的使用方法。

☐ 掌握模板参数的含义。

☐ 理解模板的特殊化。

☐ 掌握重载和函数模板的方法。

☐ 掌握类型识别的方法。

☐ 掌握强制类型转换运算符的方法。

☐ 掌握模板的综合应用方法。

17.1 模　　板

在 C++中，模板的作用就是实现代码的重用。它通过将某一种数据类型定义为参数，然后通过将不同的数据类型按照实参形式传送而实现代码重用。

根据上面的描述，读者可能不能很好地理解模板的作用，下面举个例子来说明。

为求两个数的最小值定义 min()函数，需要对不同的数据类型分别定义不同重载版本。代码如下：

```
//函数1
int min(int x,int y);
{return(x<y)?x:y;}
//函数2
float min(float x,float y){
return(x<y)?x:y;}
//函数3
double min(double x,double y)
{return(c<y)?x:y;}
```

但如果在主函数中，定义了 char a,b，那么在执行 min(a,b)时程序就会出错，因为没有定义 char 类型的重载版本。

在上例中，3 个 min()函数都具有相同的求两个数中最小值的功能，但是写了 3 个函数。其实，3 个函数的实现方式完全相同，只是输入的参数类型不同而已。如果我们使用同一段代码来实现这个功能，而不用重复定义 3 个 min()函数，这样就节省了存储空间，又可以避免因为定义不全而带来的错误调用。

17.1.1　函数模板

函数模板可以将数据类型作为参数，将功能相同的函数使用一个通用的模板来完善，使不同的形参都可以调用该模板，这样避免了函数的重复设计。

定义函数模板的一般形式如下：

```
template<class 类型参数名1,class 类型参数名2,…>
函数返回值类型　　函数名(形参表)
{
函数体
}
```

函数模板只适用于函数的参数个数相同而类型不同且函数体相同的情况。如果参数个数不同，则不能用函数模板。

一般来说，编写函数模板分为以下 3 个步骤。

(1)　定义一个普通的函数，数据类型采用具体的普通的数据类型。

(2)　将数据类型参数化：将其中具体的数据类型名(如 int)全部替换成由自己定义的抽象的类型参数名(如 T)。

(3) 在函数头前用关键字 template 引出对类型参数名的声明。这样就把一个具体的函数改造成一个通用的函数模板。

下面通过一个具体实例来说明如何定义一个函数模板。

【例 17-1】定义函数模板(代码 17-1.txt)。

新建名为 hsmbtest 的 C++ Source File 源程序。源代码如下：

```cpp
#include<iostream>
using std::cout;
using std::endl;
//声明一个函数模板,用来比较输入的两个相同数据类型的参数的大小,class 也可以被 typename
//代替,T 可以被任何字母或者数字代替。
template<class T>
T min(T x, T y)
{
    return(x<y) ? x : y;
}
void main()
{
    int n1 = 2, n2 = 10;
    double d1 = 1.5, d2 = 5.6;
    cout << "较小整数:" << min(n1, n2) << endl;
    cout << "较小实数:" << min(d1, d2) << endl;
    system("PAUSE");
}
```

【代码剖析】

在本例中，首先声明一个函数模板，用来比较输入的两个相同数据类型的参数的大小，将较小的值返回。main()函数中定义了两个整型变量 n1、n2 和两个双精度类型变量 d1、d2，然后调用 min(n1，n2)，即实例化函数模板 T min(T x，T y)(其中 T 为 int 型)，求出 n1、n2 中的最小值。同理，调用 min(d1，d2)时，求出 d1、d2 中的最小值。

运行结果如图 17-1 所示。

从实验结果可以看出，模板发生了作用，将两个同类型的较小的数值输出。

图 17-1 定义函数模板

17.1.2 类模板

类模板是类定义的一种模式，它将类中的数据成员和成员函数的参数值或者返回值定义为模板，在使用中，该模板可以是任何的数据类型。类模板不是指一个具体的类，是指具有相同特性但是成员的数据类型不同的一族类。

提示

和使用类一样，使用类模板时要注意其作用域，只能在其有效作用域内用它定义对象。

定义一个类模板，使用下面的定义：

```cpp
Template<class 或者也可以用 typename T>
class 类名 {
```

```
//类定义
};
```

其中，template 是声明各模板的关键字，表示声明一个模板，模板参数可以是一个，也可以是多个。

下面通过一个例子来说明类模板如何定义。

【例 17-2】定义类模板(代码 17-2.txt)。

新建名为 lmbtest 的 C++ Source File 源程序。源代码如下：

```
#include<iostream>
using std::cout;
using std::endl;
class A
{
public:
    A(int i)
    {
        m_A = i;
    }
    ~A()
    {

    }
    static void print()
    {
        std::cout << "A" << std::endl;
    }
    friend class B;
protected:
    int m_A;
private:
};
class B
{
public:
    B(int i)
    {
        m_B = i;
    }
    static void print()
    {
        std::cout << "B" << std::endl;
    }
    void show(B b)
    {
        b.a->m_A = 3;
        b.m_B = 2;
    }
protected:
private:
    A*a;
    int m_B;
};
```

```
template<class T1, class T2>
class CTestTemplate
{
public:
    CTestTemplate(T1 t)
    {
        m_number = t;
    }
    void print()
    {
        T2::print();
        std::cout << m_number << std::endl;
    }
protected:
private:
    T1 m_number;
};
int main(int argc, char*argv[])
{
    CTestTemplate<int, B>testtem(3);
    testtem.print();
    system("PAUSE");
}
```

【代码剖析】

在本例中，首先定义了一个 A 类，在该类中定义了构造函数和析构函数，并且定义了一个输出函数，将 A 类中的成员变量输出。接下来，定义了一个与 A 类类似的 B 类，输出了 B 类的成员内容。然后，定义了一个类模板，又定义了类模板类 CTestTemplate，在该类中分别对其中的类成员 T1 和 T2 进行了操作，将 T1 赋值给了该类的成员变量，调用了 T2 的输出函数。

在主程序中，设计了一个类模板的实例，然后调用该类的输出函数，将结果输出。

运行结果如图 17-2 所示。

在本例中，T1 类输入为 int，T2 类输入为 B，最后成功地将该类的两个成员变量输出。

图 17-2 定义类模板

17.1.3 模板参数

简单地说，可以把模板看作一种类型，函数模板也不例外。

既然是类型，那么在使用模板函数时就应该是使用它的一个实例。既然是类型与实例的关系，那么就应该有一个类型的实例化的问题。

对普通类型进行实例化的时候通常需要提供必要的参数，模板函数也不例外。只是 C++ 模板参数不是普通的参数，而是特定的类型。也就是说，在实例化一个函数模板的时候需要以类型作为参数。

对于模板参数的调用，有以下两种方式。

(1) 显式地实例化函数模板：

```
template<typename T>
inline T const&max(T const&a,T const&b)
{
return a<b?b:a;
}
//实例化并调用一个模板
max<double>(4,4.2);
```

在上述实例段中，最后就显式地实例化了一个函数模板。

(2) 隐式地实例化函数模板：

```
template<typename T>
inline T const&max(T const&a,T const&b)
{
return a<b?b:a;
}
//隐式地实例化并调用一个函数模板
int i=max(42,66);
```

在上述实例段中，就隐式地调用了一个函数模板。

17.1.4 模板的特殊化

模板的特殊化是当模板中的 pattern 有确定的类型时，模板有一个具体的实现。

下面通过一个具体实例来说明如何实现模板特殊化。

【例 17-3】模板特殊化(代码 17-3.txt)。

新建名为 mtstest 的 C++ Source File 源程序。源代码如下：

```
#include<iostream>
using namespace std;
template<class T>
class Pair {
    T value1, value2;
public:
    Pair(T first, T second) {
        value1 = first;
        value2 = second;
    }
    T module() { return 0; }
};
template<>
class Pair<int> {
    int value1, value2;
public:
    Pair(int first, int second) {
        value1 = first;
        value2 = second;
    }
    int module();//{return(value1%value2);}thisdefinitionisOKtoo.
};
int Pair<int>::module()
{
```

```
        return(value1%value2);
    }
}
int main() {
    Pair<int>myints(100, 75);

    Pair<float>myfloats(100.0, 75.0);
    cout << myints.module() << '\n';
    cout << myfloats.module() << '\n';
    system("PAUSE");
    return 0;
}
```

【代码剖析】

在本例中，定义一个模板类 Pair，在该类中有两个类成员分别是 first 和 second，同时定义了一个类函数 module，取模计算(module operation)的函数，这个函数只有当对象中存储的数据为整型时才能工作，其他时候需要这个函数总是返回 0。

在主程序中，分别给该类传递了 int 型变量和 float 型变量，最后分别调用取模计算函数，输出取模计算结果。

运行结果如图 17-3 所示。

从运行结果可以看出，在输入为 int 型时，取模计算结果为 25；在输入为 float 型时，直接输出 0。

图 17-3 模板特殊化

17.1.5 重载和函数模板

前面介绍了函数模板，在本小节中来讨论一下函数模板的重载问题。C++是支持函数模板重载的。函数模板重载的参数匹配规则如下。

(1) 寻找和使用最符合函数名和参数类型的函数，若找到则调用它。

(2) 寻找一个函数模板，将其实例化产生一个匹配的模板函数，若找到则调用它。

(3) 寻找可以通过类型转换进行参数匹配的重载函数，若找到则调用它。

(4) 如果按以上步骤均未找到匹配函数，则调用错误。

(5) 如果调用有多于一个的匹配选择，则调用匹配出现二义性。

下面通过一个例子来说明如何重载函数模板。

【例 17-4】 重载函数模板(代码 17-4.txt)。

新建名为 czhsmbtest 的 C++ Source File 源程序。源代码如下：

```
#include<iostream>
using namespace std;
template<class T>
const T&Max(const T&x, const T&y)//函数模板
{
    cout << "Atemplatefunction!Maxis:";
    return(x>y) ? x : y;
}
```

```
template<class T>
const T&Max(const T&a, const T&b, const T&c)//重载函数模板
{
    T s; s = Max(a, b); return Max(s, c);
}

const int&Max(const int&x, const int&y)//用普通函数重载函数模板
{
    cout << "Anoverloadfunctionwithint,int!Maxis:";
    return(x>y) ? x : y;
}
const char Max(const int&x, const char&y)//用普通函数重载函数模板
{
    cout << "Anoverloadfunctionwithint,char!Maxis:";
    return(x>y) ? x : y;
}

void main()
{
    int i = 10; char c = 'a'; double f = 98.74;
    cout << Max(i, i) << endl;
    cout << Max(c, c) << endl;
    cout << "Max(3.3,5.6,6.6)is" << Max(3.3, 5.6, 6.6) << endl;
    cout << Max(i, c) << endl;
    cout << Max(c, i) << endl;
    cout << Max(f, f) << endl;
    cout << Max(f, i) << endl;
    system("PAUSE");
}
```

【代码剖析】

在本例中，首先定义了一个函数模板，取最大值。接下来，对该函数模板进行重载。然后，分别用不同函数重载函数模板，普通函数是实现的 int 指针和 char 指针，来求得最大值。

在主函数中，分别定义了一个 int 型、一个 char 型和一个 double 型的值，然后调用已经定义的函数模板，将结果输出。

运行结果如图 17-4 所示。

图 17-4　重载函数模板

从运行结果可以看出，每个函数模板定义都已经生效，请大家注意理解在主程序中到底是调用的哪个函数模板。

17.2　类型识别和强制转换运算符

在 C++中，类型识别是指只有一个指向基类的指针或引用时，确定一个对象的准确类型。运行时类型识别机制提供了很大的灵活性，然而这需要付出一定的效率作为代价，因此不能把它作为一种常规手段。在多数情况下，派生类的特殊性是可通过在基类中定义虚函数加以体现，运行时类型检查只是一种辅助性手段，只是在必要时才使用。

17.2.1　运行时类型识别

一般情况下，虚函数机制并不需要一个类的确切类型，就可以实现对那种类型的对象实施正确行为。但是，在很多情况下，虚函数无法克服本身的不能反映确切类型的局限。不可避免地要对对象类型进行动态判断，也就是动态类型的侦测识别。

和很多其他语言一样，C++是一种静态类型语言。其数据类型是在编译期就确定的，不能在运行时更改。然而由于面向对象程序设计中多态性的要求，C++中的指针或引用本身的类型，可能与它实际代表(指向或引用)的类型并不一致，往往需要将一个多态指针转换为其实际指向对象的类型，于是需要知道运行时的类型信息，这就产生了运行时类型识别的要求。

许多函数库把虚函数放在基类中，使运行时返回特定对象的类型信息。例如 isA()、typeOf()和 instanceOf，这些就是开发商定义的 RTTI 函数。RTTI 与异常一样，依赖驻留在虚函数表中的类型信息。如果试图在一个没有虚函数的类上使用 RTTI，就得不到预期的结果。

RTTI 的两种使用方法如下。

1. typeid

typeid()很像 sizeof，看上去像一个函数，但实际上它是由编译器实现的。typeid 用来获得一个对象的类型。在使用 typeid 时，你必须在程序中包含头文件<typeinfo>。

常见使用形式如下：

```
typeid(object)
typeid(object).name()
typeid(*pointer)
```

可以用==或！=来进行类型比较。

下面通过一个实例来说明如何使用 typeid()。

【例 17-5】使用 typeid(代码 17-5.txt)。

新建名为 typeidtest 的 C++ Source File 源程序。源代码如下：

```
#include<iostream>
using namespace std;
class shape{
    int s1;
    int s2;
    int s3;
public:
    virtual void draw();
```

```
};
void shape::draw(){
  " cout<<"shape drawing"<<endl;
}
class circle:public  shape{
    int c1;
    int c2;
    int c3;
public:
    void draw();
};
void circle::draw(){
    cout<<"circle drawing"<<endl;
}
class triangle:public shape{
    int t1;
    int t2;
    int t3;
public:
    void draw();
};
void triangle::draw(){
    cout<<"triangle drawing"<<endl;
}
class square:public shape{
    int sq1;
    int sq2;
    int sq3;
public:
    void draw();
};
void square::draw(){
    cout<<"square drawing"<<endl;
}
void main(){
    shape* sh1=new circle;
    shape* sh2=new square;
    cout<<typeid(*sh1).name()<<endl;
    cout<<typeid(*sh2).name()<<endl;
    sh1->draw();
    sh2->draw();
}
```

【代码剖析】

在本例中，首先定义了一个基类 shape。接下来，定义了该基类的 3 个子类，分别是 circle、square 和 triangle。在这 3 个子类中，都实现了自己的 draw()函数。在主程序中，定义了该虚类的两个指针变量，分别定义为 circle 类和 square 类。然后调用 typeid 的功能，将以上两个类的类名输出，并且分别调用两个类的 draw()函数。

运行结果如图 17-5 所示。

图 17-5　使用 typeid

从运行结果可以看出，使用 typeid 可以识别该实例的类型到底是哪个类，下面的 draw()

函数也从侧面证实了 typeid 的作用。

2. dynamic_cast

执行运行时强制转换，可以确保强制转换的合法性。

如果执行的强制转换是非法的，那么返回 NULL；否则返回目标类型的指针或引用。

Dynamic_cast 主要用来进行多态类型之间的强制转换。例如，shape 的指针可以指向 circle 等派生类对象，这是允许的，但 circle 类型指针不一定会正确地指向 shape 对象。也就是说，想要将 shape 对象转换成 circle 类型指针可以指向的 circle 对象，并不一定能够成功。只有 shape 指针曾经指向过 circle 类型才能成功。

C++中 RTTI 的"安全类型向下映射"就是按照这种"试探映射"函数的格式，但它用模板语法来产生这个特殊的动态映射函数(dynamic_cast)。

下面修改一下例 17-5，来说明动态映射函数的用法。

【例 17-6】使用 dynamic_cast(代码 17-6.txt)。

新建名为 dynatest 的 C++ Source File 源程序。源代码如下：

```cpp
#include<iostream>
using namespace std;
class shape{
    int s1;
    int s2;
    int s3;
public:
    virtual void draw();
};
void shape::draw(){
    cout<<"shapedrawing"<<endl;
}
class circle:public shape{
    int c1;
    int c2;
    int c3;
public:
    void draw();
};
void circle::draw(){
    cout<<"circle drawing"<<endl;
}
class triangle:public shape{
    int t1;
    int t2;
    int t3;
public:
    void draw();
};
void triangle::draw(){
    cout<<"triangle drawing"<<endl;
}
class square:public shape{
    int sq1;
    int sq2;
    int sq3;
```

```
public:
    void draw();
};
void square::draw(){
    cout<<"square drawing"<<endl;
}
void main(){

    shape *sp=new circle;
    circle *cp=dynamic_cast<circle*>(sp);
    if(cp)
        cout<<"cast successful";
    system("PAUSE");
}
```

【代码剖析】

在本例中，首先定义了一个基类 shape。接下来，定义了该基类的 3 个子类，分别是
circle、square 和 triangle。在这 3 个子类中，都实现了自己的 draw()函数。在主程序中，定义
了一个 shape 类的变量 sp，实例化为 circle，接着
定义了一个 circle 类的变量 cp，将 sp 使用
dynamic_cast 强制转换为 circle，赋值给 cp。如果
转换成功，则输出结果。

运行结果如图 17-6 所示。

图 17-6　使用 dynamic_cast

从运行结果可以看出，使用 dynamic_cast 赋
值转换成功，将 sp 赋值给了 cp。

17.2.2　强制类型转换运算符

标准 C++中主要有 4 种强制转换类型运算符：const_cast、reinterpret_cast、static_cast 和
dynamic_cast。

1. static_cast<T*>(a)

将地址 a 转换成类型 T，T 和 a 必须是指针、引用、算术类型或枚举类型。

表达式 static_cast<T*>(a)中 a 的值转换为模板中指定的类型 T。在运行时的转换过程中，
不进行类型检查来确保转换的安全性。

支持子类指针到父类指针的转换，并根据实际情况调整指针的值，反过来也支
持，但会给出编译警告。

下面通过一个实例来说明 static_cast<T*>(a)的用法。

【例 17-7】 使用 static_cast(代码 17-7.txt)。

新建名为 staticatest 的 C++ Source File 源程序。源代码如下：

```
#include<iostream>
using namespace std;
class CAnimal
{
```

```
    //...
public:
    CAnimal() {}
};
class CGiraffe :public CAnimal
{
    //...
public:
    CGiraffe() {}

};
int main(void)
{
    CAnimal*an;
    CGiraffe*jean;
    an = static_cast<CAnimal*>(jean);//将对象 jean 强制转换成 CAnimal 类型
    if (an)
        cout << "ok!static_cast" << endl;
    system("PAUSE");
    return 0;
}
```

【代码剖析】

在本例中，首先定义了一个 CAnimal 类，然后又定义了该类的子类 CGiraffe。在主程序中，调用 static_cast 将子类变量 jean 强制转换为父类变量 an。

运行结果如图 17-7 所示。

从运行结果可以看出，使用 static_cast 赋值转换成功，将 jean 赋值给了 an。

图 17-7　使用 static_cast

2. const_cast

const_cast<type_id>(expression)，该运算符用来修改类型的 const 或 volatile 属性。除了 const 或 volatile 修饰之外，type_id 和 expression 的类型是一样的。

const_cast 只能修改变量的常引用的 const 属性和变量的常指针的 const 属性，还有对象的 const 属性。

(1) 常量指针被转换成非常量指针，并且仍然指向原来的对象。

(2) 常量引用被转换成非常量引用，并且仍然指向原来的对象。

(3) 常量对象被转换成非常量对象。

下面通过一个实例来说明该类型的使用方法。

【例 17-8】使用 const_cast(代码 17-8.txt)。

新建名为 constcatest 的 C++ Source File 源程序。源代码如下：

```
#include<iostream>
using namespace std;
int main(){
    const int data=8;
    int &d=const_cast<int&>(data);
    cout<<&data<<":"<<data<<endl;
```

```
    d+=2;
    cout<<&d<<":"<<d<<endl;
    cout<<&data<<":"<<data<<endl;
    system("pause");
}
```

【代码剖析】

在本例中，静态 int 型变量 data，赋值为 8，接
下来定义了一个 int 型变量 d，其地址使用 const_cast
强制类型转换指向了 data。将 data 地址和值输出，
然后给 d 加 2，将 d 的地址和值都输出。

运行结果如图 17-8 所示。

图 17-8　使用 const_cast

从运行结果可以看出，使用 const_cast 赋值转换
成功，d 的地址没有发生变化，但是值增加了 2，变
为了 10。

17.3　实战演练——模板的综合应用

通过一个例子来定义一个类模板的实例，并且对该类模板进行了全面的使用。

定义了两个类，分别是 A 和 B，通过模板类对其进行操作。代码如下：

```
#include <iostream>
#include <string>
using namespace std;
class A
{
public:
    A(int i)
    {
        m_A=i;
    }
    ~A()
    {
    }
    static void print()
    {
        std::cout<<"A"<<std::endl;
    }
    friend class B;
protected:
    int m_A;
private:
};
class B
{
public:
    B(int i)
    {
        m_B=i;
    }
    static void print()
```

```
    {
        std::cout<<"B"<<std::endl;
    }
    void show(B b)
    {
        b.a->m_A=3;
        b.m_B=2;
    }
protected:
private:
    A*a;
    int m_B;
};
template<class T1,class T2>
class CTestTemplate
{
public:
    CTestTemplate(T1 t)
    {
        m_number=t;
    }
    void print()
    {
        T2::print();
        std::cout<<m_number<<std::endl;
    }
protected:
private:
    T1 m_number;
};
int main(int argc,char*argv[])
{
    CTestTemplate<int,B>testtem(3);
    testtem.print();
    system("pause");
    return 0;
}
```

【代码剖析】

在本例中，首先定义了两个类 A 和 B，其中类 A 有一个数据成员 m_A，定义类 B 为类 A 的友元类，这样在类 B 中就可以访问类 A 的数据成员，并且在类 A 中定义了成员函数 print()。类 B 的数据成员包括 m_B 和类 A 的指针 a，定义了 show()和 print()成员函数。定义了模板类 CTestTemplate，在该类中定义构造函数，使用 T1 类定义数据成员，使用 T2 类的 print()函数定义自己的 print()函数。在主程序中，定义模板类对象 testtem，该模板类输入参数为 3 和类 B，调用模板类 print()函数，把该对象输出。

运行结果如图 17-9 所示。

图 17-9　模板的综合应用

从运行结果可以看出，模板类对象成功赋值并输出。在本例中，使用 template<class T1, class T2>定义模板类，操作了对类 B 的调用，使类 B 的 print()函数产生了作用。

17.4 大神解惑

疑问 1 模板类实现有什么方法？

模板类的实现一般有以下两种方法。

(1) 将 C++模板类的声明和定义都放在一个文件中，如.h 或.cpp 文件中使用的时候加入
#include"模板类文件名.h(或.cpp)"即可。

(2) 将 C++模板类的声明和定义分别放在.h 和.cpp 文件中，且在.cpp 文件中包含
#include".h"。不过在使用时会因为不同的开发环境而有所不同。

① 在集成开发环境 code::blocks 下，在调用程序中只加入#include"模板类.cpp"可以通过
编译、运行或者同时加入#include"模板类.h"和"模板类.cpp"也可以通过编译、运行，但只加入
#include"模板类.h"是不能够运行通过的，会出现 undefined reference to 错误。

② 在 Linux GCC 环境下，在调用程序中只能加入#include"模板类.cpp"才能通过编译、
运行，如果同时加入#include"模板类.h"和"模板类.cpp"，则出现 class 重复定义的错误。

疑问 2 模板类可以继承吗？

C++中模板类是可以继承的，具体格式如下：

```
template<T>
class SafeVector : public vector<T>
```

或者

```
class SafeINTVector : public vector<int>
{
};
```

疑问 3 4 种强制类型转换有什么异同？

4 种强制类型转换的区别如下。

(1) 去除 const 属性用 const_cast。

(2) 基本类型转换用 static_cast。

(3) 动态类之间的类型转换用 dynamic_cast。

(4) 不同类型的指针类型转换用 reinterpret_cast。

17.5 跟我学上机

练习 1： 定义一个栈类，然后再定义类模板。

(1) 编写一个整数栈类，该类有 push、pop 和 top 函数，并且有 size 和 tos 私有变量
成员。

(2) 编写一个栈的模板类，以便为任何类型的对象提供栈结构数据操作。

(3) 在主程序中，声明一个 double 的栈类，调用 push 和 pop 函数，对数据进行操作。

练习 **2**：编写一个使用类模板对数组进行排序、查找和求元素和的程序。要求如下。

(1)　设计一个类模板 template<class T>class Array，用于对 T 类型的数组进行排序、查找和求元素和。

(2)　由类模板产生模板类 Array<int>和 Array<double>。

(3)　接收用户输入的数组，排序后输出排好的序列和元素和。

第 18 章

控制元素的存储和访问——容器和迭代器

容器是随着面向对象语言的诞生而提出的。容器类在面向对象语言中特别重要，甚至它被认为是早期面向对象语言的基础。迭代器(iterators)是 STL 的一个重要组成部分。每个容器都有自己的迭代器，可以把迭代器看作一个容器所使用的特殊指针，可以存取容器内存储的数据。

本章带领读者学习容器的知识，了解什么是容器，掌握各类容器的使用，熟练掌握迭代器、序列容器和关联容器。

本章要点(已掌握的在方框中打钩)

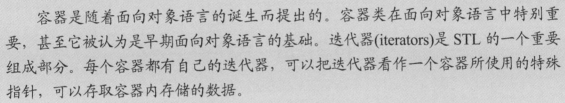

- ☐ 理解 STL 的基本概念。
- ☐ 理解迭代器的概念。
- ☐ 掌握向量的概念。
- ☐ 理解双端队列的使用方法。
- ☐ 掌握列表的使用方法。
- ☐ 掌握集合和多集的使用方法。
- ☐ 掌握映射和多重映射的使用方法。
- ☐ 掌握栈和队列的概念和使用方法。
- ☐ 掌握队列的优先级的使用方法。
- ☐ 掌握容器的综合使用方法。

18.1 STL

STL 是 Standard Template Library 的缩写，它不仅是可重用的组件库，而且是一个包括算法与数据结构的软件体系结构。STL 是一个具有工业强度的、高效的 C++程序库。它被容纳于 C++标准程序库中，是 ANSI/ISO C++标准中最新的也是极具革命性的一部分。

该库包含了诸多在计算机科学领域里所常用的基本数据结构和基本算法，为广大 C++程序员提供了一个可扩展的应用框架，高度体现了软件的可复用性。

STL 中广泛使用模板和重载技术，采用泛型编程技术。STL 中的算法和数据结构的效率有着严格的保证，采用算法分析中的渐进复杂度表示，使得标准库非常通用。

库是一系列程序组件的集合，它们可以在不同的程序中重复使用。库函数遵照以下规则：接收一些符合预先指定类型的参数，返回一个特定类型的值或改变一些已有的值。

因此，C++提供了自然、通用的容器，这些容器能容纳用户定义的类型，并提供各种操作，而不需要强制用户定义的类型具有某种结构。例如，向量、链表、队列都属于容器。这些容器提供的操作不依赖于容器包含的类型。

18.2 迭 代 器

迭代器是一种检查容器内的元素并遍历元素的数据类型。

标准库为每一种标准容器定义了一种迭代器类型。迭代器类型提供了比下标操作更通用化的方法：所有的标准库容器都定义了相应的迭代器类型。因为迭代器对所有的容器都适用，所以现在 C++程序更倾向于使用迭代器而不是下标操作访问容器元素。

迭代器分为以下 5 类。

1. 输入迭代器(input iterator)

input iterator 正如其名，就像输入流一样工作，必须能读取其所指向的值，访问下一个元素，判断是否到达了最后一个元素，可以复制。

因此其支持的操作有*p、++p、p++、p!=q 和 p==q 这 5 种，凡是支持这 5 种操作的类都可以称为输入迭代器。当然指针是符合的。

2. 输出迭代器(output iterator)

output iterator 工作方式类似于输出流，能对其指向的序列进行写操作，与 input iterator 不相同的就是*p 所返回的值允许修改，而不一定要读取，而 input 只允许读取，不允许修改。

输出迭代器支持的操作也是*p、++p、p++、p!=q 和 p==q。

3. 前向迭代器(forward iterator)

前向迭代器就像是输入迭代器和输出迭代器的结合体，*p 既可以访问元素，也可以修改元素。因此，前向迭代器支持的操作也是相同的。

4．双向迭代器(bidirectional iterator)

双向迭代器在前向迭代器的基础上更进一步，支持操作符--，因此其支持的操作有*p、++p、p++、p!=q、p==q、--p 和 p--。

5．随机存取迭代器(random access iterator)

正如其名，随机存取迭代器在双向迭代器的功能上允许随机访问序列的任意值。显然，指针就是这样的一个迭代器。

迭代器类型定义了一些操作来获取迭代器所指向的元素，并允许程序员将迭代器从一个元素移动到另一个元素。

迭代器类型可使用解引用操作符(dereference operator)(*)来访问迭代器所指向的元素：

```
*iter = 0;
```

解引用操作符返回迭代器当前所指向的元素。假设 iter 指向 vector 对象 ivec 的第一个元素，那么 *iter 和 ivec[0] 就是指向同一个元素。上面这个语句的效果就是把这个元素的值赋为 0。

迭代器使用自增操作符向前移动迭代器指向容器中下一个元素。从逻辑上说，迭代器的自增操作和 int 型对象的自增操作类似。对 int 对象来说，操作结果就是把 int 型值加 1，而对于迭代器对象则是把容器中的迭代器"向前移动一个位置"。因此，如果 iter 指向第一个元素，则 ++iter 指向第二个元素。

由于 end 操作返回的迭代器不指向任何元素，因此不能对它进行解引用或自增操作。

 对于 vector，任何改变 vector 长度的操作都会使已存在的迭代器失效。例如，在调用 push_back 之后，就不能再信赖指向 vector 的迭代器的值了。

18.3　顺序容器

将单一类型元素聚集起来成为容器，然后根据位置来存储和访问这些元素，这就是顺序容器。顺序容器的元素排列次序与元素值无关，而是由元素添加到容器里的次序决定的。

18.3.1　向量

向量属于顺序容器，用于容纳不定长线性序列(即线性群体)，提供对序列的快速随机访问(也称直接访问)。向量是动态结构，它的大小不固定，可以在程序运行时增加或减少。

使用 vector 向量容器时，需要包含头文件 vector(即#include<vector>)。对于 vector 容器的容量，可以事先定义一个固定大小，事后随时调整其大小；也可以事先不用定义其大小，使用 push_back()方法从尾部扩张元素，或者使用 insert()在某个元素位置前插入新元素。

vector 的主要操作有以下几种。

● v.push_back(t)：在数组的最后添加一个值为 t 的数据。
● v.size()：当前使用数据的大小。

- v.empty()：判断 vector 是否为空。
- v[n]：返回 v 中位置为 n 的元素。
- v1=v2：把 v1 的元素替换为 v2 元素的副本。
- v1==v2：判断 v1 与 v2 是否相等。
- ！=、<、<=、>、>=：保持这些操作符的惯有含义。

 　　在对 vector 进行初始化时，如果没有指定元素初始化，标准库自行提供一个初始化值进行值初始化。如果保存的是含有构造函数的类类型的元素，标准库使用该类型的构造函数初始化。如果保存的是没有构造函数的类类型的元素，标准库产生一个带初始值的对象，使用这个对象进行值初始化。

【例 18-1】使用 vector(代码 18-1.txt)。
新建名为 vectortest 的 C++ Source File 源程序。源代码如下：

```cpp
#include<iostream>
#include<iomanip>
#include<vector>      //包含向量容器头文件
using namespace std;
void main(void)
{
    vector<int>A(10);
    int n;
    int primecount=0,i,j;
    cout<<"Enteravalue>=2 as upper limit:";
    cin>>n;
    A[primecount++]=2;
    for(i=3;i<n;i++)
    {if(primecount==A.size())
    A.resize(primecount+10);
    if(i%2==0)
        continue;
    j=3;
    while(j<=i/2&&i%j!=0)
        j+=2;
    if(j>i/2)A[primecount++]=i;
    }
    for(i=0;i<primecount;i++)//输出质数
    {cout<<setw(5)<<A[i];
    if((i+1)%10==0)//每输出 10 个数换行一次
        cout<<endl;
    }
    cout<<endl;
}
```

【代码剖析】

在该例中，定义了 int 型向量 A，初始化大小为 10，定义了 4 个 int 型变量 n、i、j 和 primecount。n 从键盘输入，primecount 为动态监控 A 中元素的个数，每向 A 中增加一个元素，primecount 就加 1。给 A 中第一个元素赋值为 2，接下来使用一个 for 循环。

在 for 循环中，首先判断 primecount 的值是否和 A 的大小相等，如果相等，则将 A 的大小再增加 10。然后，判断该数是否是素数，如果是素数，则将该数写入 A 中。最后使用 for 循环将 A 中的数字输出。

运行结果如图 18-1 所示。

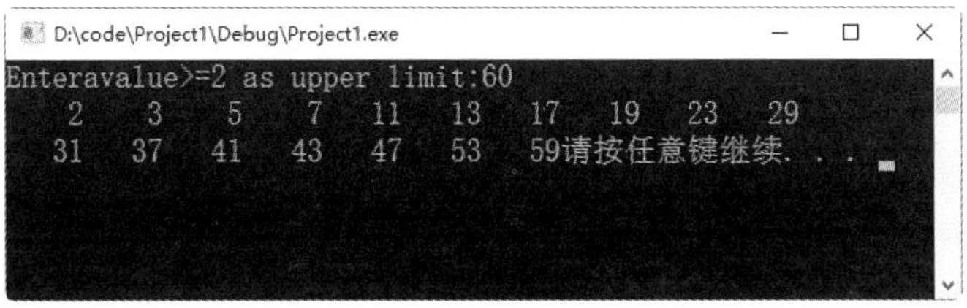

Enteravalue>=2 as upper limit:60
```
   2    3    5    7   11   13   17   19   23   29
  31   37   41   43   47   53      59请按任意键继续. . .
```

图 18-1　使用 vector

在运行结果中，该程序将从 2 到 n 的素数输出。在存放素数过程中，使用了 vector 来存放得到的素数。初始只给 A 指定了存放 10 个整数，在以后的运行过程中，如果 A 的大小不够，还能够动态地为 A 增加大小。

18.3.2　双端队列

双端队列是一种放松了访问权限的队列。元素可以从队列的两端入队和出队，也支持通过下标操作符 [] 进行直接访问。

使用 deque 时必须使用 #include<deque>。

提示
deque 的各项操作只有以下两点和 vector 不同。

(1) deque 不提供容量操作：capacity()和 reverse()。

(2) deque 直接提供函数完成首尾元素的插入和删除。

【例 18-2】应用双端队列(代码 18-2.txt)。

新建名为 dequetest 的 C++ Source File 源程序。源代码如下：

```cpp
#include<deque>
#include<iostream>
using namespacest std;
int main()
{
    deque<int>d;
    //插入 3 个元素
    d.push_back(3);
    d.push_back(1);
    d.push_back(2);
    cout<<d[0]<<""<<d[1]<<""<<d[2]<<endl;
    //从头部插入元素，其实是从队列里面挤出去一个元素，都是从头开始挤
    d.push_front(10);
    d.push_front(20);
    cout<<d[0]<<""<<d[1]<<""<<d[2]<<endl;
    //从中间插入元素，不会增加新元素，只是原有的元素被覆盖
    d.insert(d.begin()+1,88);
    cout<<d[0]<<""<<d[1]<<""<<d[2]<<endl;
    system("pause");
```

```
    return 0;
}
```

【代码剖析】

在该例中，定义了双向列表 d。向 d 中插入 3 个元素，分别是 3、1 和 2，再将 d 中元素输出。再从头部向 d 中插入两个元素 10 和 20，将 d 中元素输出。在 d 的第一个元素和第二个元素中间插入一个元素 88，把 d 中的元素输出。

运行结果如图 18-2 所示。

在运行结果中，每次输出的结果都不相同。第一次输出的就是初始时向 d 中插入的数，在从头部插入数据后，将队列中的元素向后移动。从中间插入元素，将原有的元素向后移动。

图 18-2　应用双端队列

18.3.3　列表

列表主要用于存放双向链表，可以从任意一端开始遍历。列表还提供了拼接(splicing)操作，将一个序列中的元素插入另一个序列中。

使用 list 必须使用 #include<list>。

 list 不能使用迭代器的比较运算，也不能使用 list.size()/2。

【例 18-3】列表应用(代码 18-3.txt)。

新建名为 listtest 的 C++ Source File 程序。源代码如下：

```
#include<iostream>
#include<list>
using namespace std;
int main()
{
    //定义 list
    list<int>elements;
    //定义 list 的迭代器
    list<int>::iterator iter;

    //向 list 中当前的指针的位置插入到最后一位
    elements.push_back(8);
    elements.push_back(5);
    //向 list 中当前的指针的位置插入到最前一位
    elements.push_front(2);

    //进行迭代遍历
    for(iter=elements.begin();iter!=elements.end();iter++)
    {
        cout<<"元素:"<<*iter<<endl;
    }
```

```
        cout<<"删除首位元素后"<<endl;

        //删除 list 的首位
        elements.erase(elements.begin());
        //进行迭代遍历
        for(iter=elements.begin();iter!=elements.end();iter++)
        {
            cout<<"元素:"<<*iter<<endl;
        }

        //判断 list 是否为空
        if(!elements.empty())
        {
            cout<<"elements 不是空的"<<endl;
        }

        //获取 list 的长度
        cout<<"elements 的容量是:"<<elements.size()<<endl;
        system("pause");
}
```

【代码剖析】

在该例中，定义了列表变量 elements 和列表迭代器 iter。从当前指针插入 8 和 5，再在 elements 前插入 2。使用迭代遍历，将 elements 中的元素输出。删除 list 的第一个元素，再进行迭代遍历。判断 elements 是否为空，将结果输出，输出 elements 的长度。

运行结果如图 18-3 所示。

在运行结果中，list 操作灵活，可以从尾部插入元素，也可以从头部插入元素，可以任意删除某一个位置的元素。

图 18-3 使用列表

18.4 关联容器

关联容器是通过键值存储和读取元素的数据集合。关联容器读取和存储与数据写入的顺序无关，只根据键值来指定相应的元素。

18.4.1 集合和多集

一个集合(#include<set>)是一个容器，其中所包含的元素的值是唯一的。这在收集一个数据的具体值的时候是有用的。集合中的元素按一定的顺序排列，并被作为集合中的实例。一个集合通过一个链表来组织，在插入操作和删除操作上比向量(vector)快，但查找或添加末尾的元素时会有些慢。

集和多集的区别是：set 支持唯一键值，set 中的值都是特定的，而且只出现一次；而

multiset 中可以出现副本键，同一值可以出现多次。

> 提示   set 和 multiset 容器的内部结构通常由平衡二叉树(balanced binary tree)来实现。当元素放入容器中时，会按照一定的排序法则自动排序，默认是按照 less<>排序规则来排序的。这种自动排序的特性加速了元素查找的过程，但是也带来了一个问题：不可以直接修改 set 或 multiset 容器中的元素值，因为这样做就可能违反了元素自动排序的规则。如果要修改一个元素的值，必须先删除原有的元素，再插入新的元素。

下面通过一个具体事例来说明对集合的操作。

【例 18-4】集合操作(代码 18-4.txt)。

新建名为 settest 的 C++ Source File 源程序。源代码如下：

```cpp
#include<iostream>
#include<set>
using namespace std;
int main()
{
    set<int>set1;
    for (int i = 0; i<10; ++i)
        set1.insert(i);
    for (set<int>::iterator p = set1.begin(); p != set1.end(); ++p)
        cout << *p << "";
    cout << endl;
    if (set1.insert(3).second)
        //把 3 插入到 set1 中
        //若插入成功，输出"Set in sertsuccess"，否则输出"Set in sert faild"
        //此例中，集合中已经有这个元素了，所以插入将失败
        cout << "setinsertsuccess" << endl;
    else cout << "setinsertfailed" << endl;
    int a[] = { 4,1,1,1,1,1,0,5,1,0 };
    multiset<int>A;
    A.insert(set1.begin(), set1.end());
    A.insert(a, a + 10);
    cout << endl;
    for (multiset<int>::iterator p = A.begin(); p != A.end(); ++p)
        cout << *p << "";
    cout << endl;
    system("pause");
    return 0;
}
```

【代码剖析】

在该例中，定义了一个集合 set1，使用 for 循环将数字 0～9 插入 set1 中，使用迭代循环将 set1 输出。再向 set1 中插入数字 3，判断该插入操作是否成功。定义了一个 int 型数组 a，定义了一个多集合 A。使用 A 的 insert 函数将 set1 中的元素和 a 中的元素全部插入 A 中，使用迭代循环将 A 中的元素输出。

运行结果如图 18-4 所示。

图 18-4　集合操作

从输出结果能够看到，set1 和 A 的输出都是按照从小到大的顺序进行的(在默认情况下集合都是按从小到大顺序自动排列)。在向 set1 中插入数字 3 时发生错误，因为 set 中不允许有重复数字存在，所以会发生插入错误。对于多集合，则可以存在重复数字，所以输出后有多个 0 和多个 1。

18.4.2 映射和多重映射

映射和多重映射(#include<map>)基于某一类型 Key 的键集的存在，提供对 T 类型的数据进行高效的检索。对 map 而言，键只是指存储在容器中的某一成员。map 不支持副本键，multimap 支持副本键。map 和 multimap 对象包含了键和各个键有关的值，键和值的数据类型是不相同的，这与 set 不同。

set 中的 key 和 value 是 Key 类型的，而 map 中的 key 和 value 是一个 pair 结构中的两个分量。

 键本身是不能被修改的，除非删除。

下面通过一个实例来说明映射应用的方法。

【例 18-5】映射应用(代码 18-5.txt)。

新建名为 maptest 的 C++ Source File 源程序。源代码如下：

```cpp
#include<iostream>
#include<map>
using namespace std;
int main()
{
    map<char, int, less<char>>map1;
    map<char, int, less<char>>::iterator mapIter;
    //char 是键的类型，int 是值的类型
    //下面是初始化，与数组类似
    //也可以用  map1.insert(map<char,int,less<char>>::value_type(''c'',3));
    map1['c'] = 3;
    map1['d'] = 4;
    map1['a'] = 1;
    map1['b'] = 2;
    for (mapIter = map1.begin(); mapIter != map1.end(); ++mapIter)
        cout << "" << (*mapIter).first << ":" << (*mapIter).second;
    //first 对应定义中的 char 键，second 对应定义中的 int 值
    //检索对应于 d 键的值是这样做的：
    map<char, int, less<char>>::const_iterator ptr;
    ptr = map1.find('d');
    cout << '\n' << "" << (*ptr).first << "键对应于值: " << (*ptr).second << endl;
    system("pause");
    return 0;
}
```

【代码剖析】

在该例中，定义了 map 类型 map1，定义了 map 类型的迭代器 mapIter。map1 的键的类型

是 char，map1 的值的类型是 int。给 map1 赋值，然后使
用 mapIter 迭代循环，输出 map1 的键和值。定义了 map
类型的静态迭代器 ptr，使用 map1 的 find 函数给 ptr 赋
值，将 ptr 对应的键和值输出。

运行结果如图 18-5 所示。

从输出结果可以看出，map 按照键值从小到大的顺序
排序，将结果输出。对于 map 的访问，根据键值就可以访
问到对应的值。

图 18-5　映射应用

18.5　容器适配器

标准库提供了 3 种顺序容器适配器：queue、priority_queue 和 stack。适配器是标准库中
通用的概念，包括容器适配器、迭代器适配器和函数适配器。在本质上，适配器是使一类事
物的行为类似于另一类事物的行为的一种机制。容器适配器让一种已存在的容器类型采用另
一种不同的抽象类型的工作方式实现。容器适配器是用来扩展 7 种基本容器的。

18.5.1　栈

stack 类允许在底层数据结构的一端执行插入操作和删除操作(先入后出)。堆栈能够用任
何序列容器实现：vector、list、deque。

stack 的操作主要有以下几个。

- push(x)：将元素压入栈。
- pop()：弹出栈顶元素(无返回值)。
- top()：获取栈顶元素(不弹出)。
- empty()：栈为空则返回 1，不为空则返回 0。
- size()：返回栈中元素的个数。

下面通过一个实例来说明栈的操作。

【例 18-6】栈操作(代码 18-6.txt)。

新建名为 stacktest 的 C++ Source File 源程序。源代码如下：

```cpp
#include<iostream>
#include<stack>
using namespace std;
int main(void)
{
    stack<int>mystack;
    for(int i=0;i<5;i++)
        mystack.push(i);
    cout<<"输出栈内元素:"<<endl;
    while(!mystack.empty())
    {
        cout<<""<<mystack.top();
        mystack.pop();
```

```
    }
    cout<<endl;
    system("pause");
    return 0;
}
```

【代码剖析】

在该例中，定义了一个 stack 类 mystack，该栈类的
值的类型为 int。使用 for 循环，按照顺序将 0~4 之间的
数字压栈，插入 mystack。使用 while 循环，通过弹出栈
顶元素将 mystack 中的元素输出。

运行结果如图 18-6 所示。

从输出结果可以看出，压栈的顺序是 0→4，出栈的
顺序是 4→0，体现了 stack 的先进后出的特性。

图 18-6　栈操作

18.5.2　队列

queue 类允许在底层数据结构的末尾插入元素，也允许从前面插入元素(先入先出)。队列
能够用 STL 数据结构的 list 和 deque 实现，在默认情况下是用 deque 实现的。

queue 的操作主要有以下几个。

● push(x)：将元素压入队列。

● pop()：弹出首部元素。

● front()：获取首部元素。

● back()：获取尾部元素。

● empty()：队列为空则返回 1，不为空则返回 0。

● size()：返回队列中元素的个数。

使用一个例子来说明队列的操作方法。

【例 18-7】队列操作(代码 18-7.txt)。

新建名为 queuetest 的 C++ Source File 源程序。源代码如下：

```
#include<iostream>
#include<queue>
using namespace std;
int main()
{
    queue<double>values;
    //使用 push()函数，将元素添加到队列中
    values.push(3.2);
    values.push(9.8);
    values.push(5.4);
    cout << "输出队列中的元素:";

    //使用 empty()函数，判断队列是否为空
    while (!values.empty())
    {
        cout << values.front() << ' ';//当队列还有其他元素时，使用 front()函数
```

```
        //读取(但不删除)队列的第一个元素, 用于输出
        values.pop();//用 pop()函数, 删除队列的第一个元素
    }
    cout << endl;
    system("pause");
    return 0;
}
```

【代码剖析】

在该例中, 定义了队列类 values, 该队列的元素是 double 类型。使用 push()函数, 将 3.2、9.8、5.4 入队, 使用 while 循环将入队的数值 pop 出队, 然后将出队的值输出。

运行结果如图 18-7 所示。

图 18-7　队列操作

从输出结果可以看到, 出队时值的顺序和入队时的顺序是一致的, 说明了队列的先进先出的特性。

18.5.3　优先级队列

priority_queue 类, 能够按照有序的方式在底层数据结构中执行插入操作, 也能从底层数据结构的前面执行删除操作。

priority_queue 能够用 STL 的序列容器 vector 和 deque 实现。在默认情况下使用 vector 作为底层容器。当元素添加到 priority_queue 时, 它们按优先级顺序插入。

这样, 具有最高优先级的元素, 就是从 priority_queue 中首先被删除的元素。通常这是利用堆排序来实现的。

堆排序总是将最大值(即优先级最高的元素)放在数据结构的前面。这种数据结构称为(heap)。

priority_queue 的主要操作如下。

- push(x): 将元素压入队列。
- pop(): 弹出首部元素(无返回值)。
- top(): 获取首部元素(不弹出)。
- empty(): 队列为空则返回 1, 不为空则返回 0。
- size(): 返回队列中元素的个数。

在默认情况下, 元素的比较是通过比较器函数对象 less<T>执行的。

【例 18-8】优先级队列操作(代码 18-8.txt)。

新建名为 priority_queuetest 的 C++ Source File 源程序。源代码如下:

```
#include <iostream>
#include <queue>
using namespace std;

int main()
{
    //实例化一个保存 double 值的 priority_queue, 并使用 vector 作为底层数据结构
```

```
priority_queue<double> priorities;

priorities.push(3.2);
priorities.push(9.8);
priorities.push(5.4);

cout<<"Popping from priorities: ";

while (!priorities.empty())
{
    cout<<priorities.top()<<' ';  //当priority_queue中还有其他元素时，使用
        //priority_queue的top取得具有最高优先级的元素，用于输出
    priorities.pop(); //删除priority_queue中具有最高优先级的元素
}
cout<<endl;
system("pause");
return 0;
}
```

【代码剖析】

在该例中，定义了优先级队列类 priorities，该队列的元素是 double 类型。使用 push 函数，将 3.2、9.8、5.4 入队，使用 while 循环将入队的数值 pop 出队，然后将出队的值输出。

运行结果如图 18-8 所示。

从输出结果可以看出，输出的队列的值不是按照先进先出的顺序输出，在默认情况下，priority_queue 采用 vector 作为实现容器，并将元素按照从大到小降序排列。

图 18-8　优先级队列操作

18.6　实战演练——容器的综合操作

本节结合本章知识点，设计编写综合实例，以此来加深对本章所介绍知识点的认识。代码如下：

```
#include <vector>
#include <list>
#include <map>
#include <iterator>
#include <algorithm>
#include <string>
#include <iostream>

using namespace std;


//vector 及其迭代器
typedef std::vector<int> INT_VECTOR;
typedef std::vector<int>::iterator INT_VEC_ITER;
```

```cpp
//list 及其迭代器
typedef std::list<int> INT_LIST;
typedef std::list<int>::iterator INT_LIST_ITER;

//map 及其迭代器等
typedef std::map<int, string> INT_STR_MAP;
typedef std::map<int, string>::iterator INT_STR_MAP_ITER;
typedef std::map<int, string>::value_type INT_STR_MAP_ValueType;

int main(void)
{
    cout<<"vector    部分"<<endl;
    ///////////////////////////////    vector 部分
    INT_VECTOR intVec;

    //插入 1~5
    intVec.push_back(1);
    intVec.push_back(2);
    intVec.push_back(3);
    intVec.push_back(4);
    intVec.push_back(5);
    //intVec.push_back(1);
    //   intVec.push_back(2);
    //intVec.push_back(3);
    //   intVec.push_back(4);
    //   intVec.push_back(5);


    //遍历
    INT_VEC_ITER vecIter;
    for (vecIter=intVec.begin(); vecIter!=intVec.end(); vecIter++)
    {
        cout<<*vecIter<<" ";
    }
    cout<<endl;


    //查找
    vecIter = find(intVec.begin(), intVec.end(), 4);
    if (vecIter == intVec.end())
    {
        cout<<"Can't find 4 in intVec."<<endl;
    }
    else
    {
        //cout<< "Find: " << vecIter << "  Pos:" <<vecIter<<endl;
        cout<< "Find: " << *vecIter << "  Pos:" <<&vecIter<<endl;
    }


    //删除
    intVec.pop_back();
    intVec.pop_back();

    for (vecIter=intVec.begin(); vecIter!=intVec.end(); vecIter++)
```

```
{
    cout<<*vecIter<<" ";
}
cout<<endl<<endl;
cout<<"list    部分"<<endl;

///////////////////////////////// vector 结束
///////////////////////////////// list    部分

INT_LIST intList;

//插入 5 4 3 2 1 1 2 3 4 5
for (int i=1; i<6; i++)
{
    intList.push_back(i);
    intList.push_front(i);
}


//遍历
INT_LIST_ITER listIter;
for (listIter=intList.begin(); listIter!=intList.end(); listIter++)
{
    cout<<*listIter<<" ";
}
cout<<endl;


//查找
listIter = find(intList.begin(), intList.end(), 6);
if (listIter == intList.end())
{
    cout<<"Can't find 6 in intList.";
}
else
{
    cout<<"Find: "<<*listIter;
}
cout<<endl;


//删除
intList.pop_back();
intList.pop_front();

for (listIter=intList.begin(); listIter!=intList.end(); listIter++)
{
    cout<<*listIter<<" ";
}
cout<<endl<<endl;
cout<<"map    部分"<<endl;

///////////////////////////////// list 结束
///////////////////////////////// map   部分

INT_STR_MAP studentInfo;
```

```
//插入：学号-姓名
//使用 pair
studentInfo.insert(pair<int, string>(1, "zhao"));
studentInfo.insert(pair<int, string>(2, "qian"));
studentInfo.insert(pair<int, string>(3, "sun"));
studentInfo.insert(pair<int, string>(4, "li"));

//使用 ValueType
studentInfo.insert(INT_STR_MAP_ValueType(5, "zhou"));

//使用下标
studentInfo[6] = "wu";


//遍历
INT_STR_MAP_ITER mapIter;
for (mapIter=studentInfo.begin(); mapIter!=studentInfo.end(); mapIter++)
{
    cout<<"学号: "<<mapIter->first<<"\t\t 姓名: "<<mapIter->second;
    cout<<endl;
}
cout<<endl;

//查找学号为 5 的同学
mapIter = studentInfo.find(5);
if (mapIter == studentInfo.end())
{
    cout<<"Can't find NO.5 student."<<endl;
}
else
{
    cout<<"Find NO.5 student: "<<mapIter->second<<endl;
}
cout<<endl;

//删除
studentInfo.erase(studentInfo.find(1));
studentInfo.erase(studentInfo.find(6));

for (mapIter=studentInfo.begin(); mapIter!=studentInfo.end(); mapIter++)
{
    cout<<"学号: "<<mapIter->first<<"\t\t 姓名: "<<mapIter->second;
    cout<<endl;
}
cout<<endl;
system("pause");
return 0;
}
```

【代码剖析】

在该例中，首先使用 typedef 定义了 vector<int>的数据类型 INT_VECTOR，vector<int>迭代器的数据类型 INT_VEC_ITER；定义了 list<int>的数据类型 INT_LIST，list<int>的迭代器数据类型 INT_LIST_ITER；定义了 map<int，string>的数据类型 INT_STR_MAP，map<int,

string> 的 迭 代 器 INT_STR_MAP_ITER ， map<int, string> 的 值 类 型 INT_STR_MAP_ValueType。

对于 vector 类型的操作，首先定义 INT_VECTOR 类型的变量 intVec，使用 push_back 把数字 1~5 压入到 intVec。定义 INT_VEC_ITER 类型的变量 vecIter，使用 vecIter 遍历 intvec 输出结果。利用 find 函数查找 4 在 intVec 的位置，如果发现 4，则将结果输出。利用 pop_back 删除 intVec 的结果，再遍历 intVec，将结果全部输出。

对于 list 类型的操作，首先定义 INT_LIST 类型的变量 intList，使用 push_back 和 push_front 函数把数字 1~5 分别从前和从后压入到 intList。定义 INT_LIST_ITER 类型的变量 listIter，使用 listIter 遍历 intList 输出结果。利用 find 函数查找 6 在 intVec 的位置，如果没有发现 6，则输出错误信息。利用 pop_back 和 pop_front 分别从前和从后删除 intList 的结果，再遍历 intList，将结果全部输出。

对于 map 类型的操作，首先定义 INT_STR_MAP 类型的变量 studentInfo，调用 studentInfo 的 insert 函数，使用 pair 将学号为 1~4 的学生的学号和姓名插入到 studentInfo 中，使用 ValueType 方式将学号是 5 的学生的学号和姓名插入到 studentInfo 中，使用下标方式将学号是 6 的学生插入到 studentInfo 中。使用 studentInfo 的 find 函数，查找学号是 5 的同学的姓名，将结果输出。使用 erase 函数，将学号是 1 和 6 的同学的信息在 studentInfo 中删除。遍历 studentInfo，将结果输出。

运行结果如图 18-9 所示。

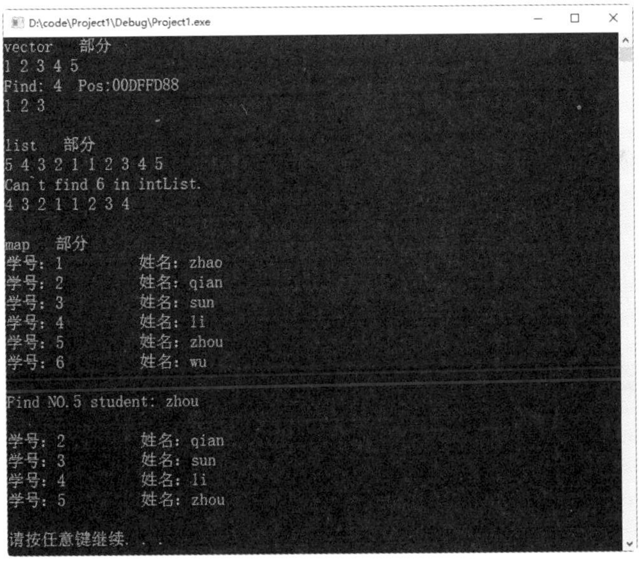

图 18-9 容器的综合操作

从输出结果可以看出，分别使用了 vector、list 和 map 的各种函数和方法，进行了增加、删除、遍历、查找等操作。使用 typedef 定义各种容器的数据类型，在实际的大型程序编写过程中经常用到。

18.7 大神解惑

疑问 1 顺序容器和关联容器有什么区别?

关联容器,通过键存储和读取元素。顺序容器,通过元素在容器中的位置顺序存储和读取元素。

疑问 2 什么是迭代器的范围?

每种容器都定义了一对命名为 begin 和 end 的函数,用于返回迭代器。如果容器中有元素,由 begin 返回的迭代器指向第一个元素:

```
vector<int>::iterator iter = ivec.begin();
```

上述语句把 iter 初始化为由名为 vector 操作返回的值。假设 vector 非空,初始化后,iter 即指该元素为 ivec[0]。

由 end 操作返回的迭代器指向 vector 的末端元素的下一个——超出末端迭代器(off-the-end iterator),表明它指向了一个不存在的元素。如果 vector 为空,begin 返回的迭代器与 end 返回的迭代器相同。

由 end 操作返回的迭代器并不指向 vector 中任何实际的元素,所以迭代器的范围都是左闭右开的。

疑问 3 STL 有哪 7 种主要容器?

包括向量(vector)、双端队列(deque)、列表(list)、集合(set)、多重集合(multiset)、映射(map)和多重映射(multimap)。

疑问 4 deque 和 vector 有什么不同之处?

(1) deque 能在两端快速插入和删除元素;vector 只能在尾端进行。

(2) deque 的元素存取和迭代器操作会稍微慢一些,因为 deque 的内部结构会多一个间接过程。

(3) 迭代器是特殊的智能指针,而不是一般指针。它需要在不同的区块之间跳转。

(4) deque 可以包含更多元素,其 max_size 可能更大,因为不止使用一块内存。

(5) 不支持对容量和内存分配随机的控制。

18.8 跟我学上机

练习 1:编写一个程序,使用 Vector 存储任意个城市,这些城市借助键盘读取为 string 对象,使用 sort()算法按照升序对城市排序,再输出它们。

练习 2:编写一个程序,借助键盘读取任意个名称和关联的电话号码(其格式是 "Laurel,Stan" 5431234),把它们存储在 map 容器中,给定一个名称,就可以析取电话号码。在输入一系列名称和电话号码后,对 map 进行随机访问,析取一个随机电话号码。

第 IV 篇

项目开发实战

第 19 章

项目实训 1——开发
计算器助手

本章以 C++语言技术为基础，通过使用 Visual Studio 2017 开发环境，以 Win32
控制台应用程序为例开发了一个计算器助手的演示版本。通过对本系统的学习，读
者能够真正掌握软件开发的流程及 C++在实际项目中涉及的重要技术。

本章要点(已掌握的在方框中打钩)

☐ 了解本项目的需求分析和系统功能结构设计。

☐ 掌握 CalculatorAssistant.h 和 CalculatorAssistant.cpp 文件代码设计。

☐ 掌握 Complex.h 和 Complex.cpp 文件代码设计。

☐ 掌握 Fraction.h 和 Fraction.cpp 文件代码设计。

☐ 掌握 main.cpp 文件代码设计。

19.1 需 求 分 析

需求调查是任何一个软件项目的第一个工作。通过分析，本案例介绍一个计算器助手程序，是一个 C++语言版本的控制台应用程序，在 Visual Studio 2017 环境下开发完成所有的功能点。系统功能较为简单，主要包括分数计算和复数计算功能。运行项目主程序后直接进入系统菜单选项界面，用户选择对应功能编号后，输入相应的交互提示信息，进行相应的功能操作。整个项目的主菜单包含以下 3 个功能点。

(1) 分数计算。在主菜单界面用户输入数字 1 后，开始进行分数计算功能，该小助手可将输入的分数字符作为一个整体对待，运用 C++的运算符重载机制完成分数之间的加减乘除、比较运算符、正负单目运算符和流输入输出运算符的重载，最后在控制台上输出测试结果。

(2) 复数计算。在主菜单界面用户输入数字 2 后，开始进行复数计算功能，该小助手可将输入的复数字符作为一个整体对待，运用 C++的运算符重载机制完成复数之间的加减乘除和流输入输出运算符的重载，最后在控制台上输出测试结果。

(3) 退出系统。在主菜单界面用户输入数字 0 后，退出整个系统。

根据上述需求分析，计算器助手功能模块如图 19-1 所示。

图 19-1　计算器助手功能模块

19.2 功 能 分 析

经过需求分析，了解了计算器助手所实现的主要功能。为了代码的简洁和易维护，将各个功能分为多个模块，该案例的代码清单包含 CalculatorAssistant.h、Complex.h、Fraction.h 这 3 个头文件，以及 CalculatorAssistant.cpp、Complex.cpp、Fraction.cpp 和 Main.cpp 这 4 个实现代码文件，其各部分的功能介绍如下。

1. CalculatorAssistant.h 和 CalculatorAssistant.cpp 文件

CalculatorAssistant.h 和 CalculatorAssistant.cpp 文件分别声明和定义了该案例中计算器助手程序的功能菜单、按键功能实现以及测试结果展示等功能。

2. Complex.h 和 Complex.cpp 文件

Complex.h 和 Complex.cpp 文件分别定义和实现了该案例中复数计算功能及其相应的运算符重载定义和实现。

3. Fraction.h 和 Fraction.cpp 文件

Fraction.h 和 Fraction.cpp 文件分别定义和实现了该案例中分数计算功能及其相应的运算符重载定义和实现。

4. main.cpp 文件

main.cpp 文件是该案例的主程序运行入口，主要包含主程序运行初始化、系统菜单显示、选项选择并执行等主体功能。

详细的函数功能描述参见代码文件中的注释。

通过上述功能分析，得出计算器助手整个系统中的类、属性、成员函数，如图 19-2 所示。

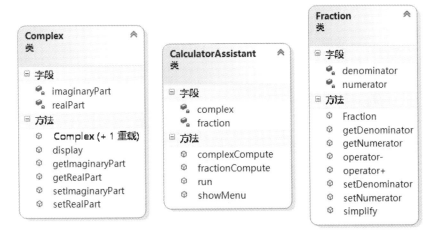

图 19-2　计算器助手的类、属性、成员函数

19.3　开发前的准备工作

进行系统开发之前，需要做如下准备工作。

1. 搭建开发环境

在本机搭建安装 Visual Studio 2017 开发环境，有关具体安装操作步骤，请参阅相关资料。

2. 创建项目

在 Visual Studio 2017 开发环境中创建"CalculatorAssistant"Win32 控制台应用程序项目，有关具体操作步骤，请参阅相关资料。

19.4　系统代码编写

在计算器助手程序中，根据功能分析中划分的 CalculatorAssistant.h 和 CalculatorAssistant.cpp 文件、Complex.h 和 Complex.cpp 文件、Fraction.h 和 Fraction.cpp 文件、main.cpp 文件这些模块分别编写代码。

19.4.1 CalculatorAssistant.h 和 CalculatorAssistant.cpp 文件

CalculatorAssistant.h 和 CalculatorAssistant.cpp 文件分别声明并且定义了本案例中计算器助手程序的功能菜单、按键功能实现以及测试结果展示等功能。

1. CalculatorAssistant.h 文件

代码如下：

```cpp
#ifndef CALCULATOR_H
#define CALCULATOR_H
#include <iostream>
#include <iomanip>
#include "Complex.h"
#include "Fraction.h"
// 主控类
class CalculatorAssistant
{
   public:
   void showMenu();            // 显示菜单
   void fractionCompute();     // 分数计算
   void complexCompute();      // 复数计算
   void run();                 // 程序运行
   private:
      Complex complex;
      Fraction fraction;
};
#endif // !CALCULATOR_H
```

2. CalculatorAssistant.cpp 文件

该文件较长，分为以下几部分。

(1) 程序主菜单和程序运行。代码如下：

```cpp
#include <string>
#include "CalculatorAssistant.h"
void CalculatorAssistant::showMenu()
{
   cout << "                              " << endl;
   cout << "                              " << endl;
   cout << "************* 系统菜单 ***********" << endl;
   cout << "*          1. 分数计算          *" << endl;
   cout << "*          2. 复数计算          *" << endl;
   cout << "*          0. 退出系统          *" << endl;
   cout << "********************************" << endl;
   cout << "请输入您的选择 [0-2]: ";
}
void CalculatorAssistant::run()
{
   int chooseItem;
   char ch;
```

```
    while (1)
    {
        showMenu();
        cin >> chooseItem;
        if (chooseItem == 1)
        {
            fractionCompute();
            continue;
        }
        else if(chooseItem == 2)
        {
            complexCompute();
            continue;
        }
        else if(chooseItem == 0)
        {
            return;
        }
        else
        {
            // 消除其他字符误录的影响
            while ((ch = getchar()) != '\n')
            {
                continue;
            }
            cout << "您的输入有误! 请重新输入您的选择: " << endl;
            cin.clear();
            cin >> chooseItem;
        }
    }
}
```

【代码剖析】

本段代码主要包含打印程序主菜单函数 showMenu()以及程序运行函数 run()的定义。其中打印程序主菜单函数 showMenu()实现打印出程序的主菜单，包含了操作指令以及操作引导；程序运行函数 run()实现程序在运行过程中的相应函数调用操作，在函数体的 while 循环中，首先调用 showMenu()函数打印出程序主菜单，引导用户输入操作指令，然后根据指令通过 if...else 语句分别调用不同函数：输入 1 时，调用 fractionCompute()函数；输入 2 时，调用 complexCompute()函数；输入 0 时，退出程序。同时对输入进行检测，若输入有误则进行提示。

(2) 分数计算和复数计算。代码如下：

```
void CalculatorAssistant::fractionCompute()
{
    Fraction fraction1;
    Fraction fraction2;
    cout << "************** 分数计算 ************" << endl;
    cout << "请输入两个分数, [格式如 1/4]: " << endl;
    cin >> fraction1 >> fraction2;
    cout << "分数 1: " << fraction1 << endl << "分数 2: " << fraction2 << endl;
    cout << "分数 1 + 分数 2 = " << fraction1 + fraction2 << endl;
```

```
    cout << "分数 1 - 分数 2 = " << fraction1 - fraction2 << endl;
    cout << "分数 1 * 分数 2 = " << fraction1 * fraction2 << endl;
    cout << "分数 1 / 分数 2 = " << fraction1 / fraction2 << endl;
    cout << "正分数 1 = " << +fraction1 << endl;
    cout << "负分数 1 = " << -fraction1 << endl;
    cout << "正分数 2 = " << +fraction2 << endl;
    cout << "负分数 2 = " << -fraction2 << endl;
    cout << "分数 1 > 分数 2 吗? 1-是 0-否 " << (fraction1 > fraction2) << endl;
    cout << "分数 1 < 分数 2 吗? 1-是 0-否 " << (fraction1 < fraction2) << endl;
    cout << "分数 1 == 分数 2 吗? 1-是 0-否 " << (fraction1 == fraction2) << endl;
    cout << "分数 1 != 分数 2 吗? 1-是 0-否 " << (fraction1 != fraction2) << endl;
    cout << "分数 1 >= 分数 2 吗? 1-是 0-否 " << (fraction1 >= fraction2) << endl;
    cout << "分数 1 <= 分数 2 吗? 1-是 0-否 " << (fraction1 <= fraction2) << endl;
}
void CalculatorAssistant::complexCompute()
{
    Complex complex1;
    Complex complex2;
    Complex complex3;
    double number;
    cout << "************* 复数计算 ************" << endl;
    cout << "请输入两个复数数，[ 格式如 (1, 4) ]: " << endl;
    cin >> complex1 >> complex2;
    cout << "请输入一个小数 [double 类型]: " << endl;
    cin >> number;
    cout << "复数 1 = ";
    complex1.display();
    cout << "复数 2 = ";
    complex2.display();
    cout << "小数 = " << number << endl;
    cout << "下面是重载运算符的计算结果: " << endl;
    complex3 = complex1 + complex2;
    cout << "复数 1 + 复数 2 = ";
    complex3.display();
    cout << "复数 1 + 小数 = ";
    (complex1 + number).display();
    cout << "小数 + 复数 1 = ";
    (number + complex1).display();
    complex3 = complex1 - complex2;
    cout << "复数 1 - 复数 2 = ";
    complex3.display();
    cout << "复数 1 - 小数 = ";
    (complex1 - number).display();
    cout << "小数 - 复数 1 = ";
    (number - complex1).display();
    complex3 = complex1 * complex2;
    cout << "复数 1 * 复数 2 = ";
    complex3.display();
    cout << "复数 1 * 小数 = ";
    (complex1 * number).display();
    cout << "小数 * 复数 1 = ";
    (number * complex1).display();
```

```
complex3 = complex1 / complex2;
cout << "复数 1 / 复数 2 = ";
complex3.display();
cout << "复数 1 / 小数 = ";
(complex1 / number).display();
cout << "小数 / 复数 1 = ";
(number / complex1).display();
}
```

【代码剖析】

本段代码主要包含分数计算函数 fractionCompute()以及复数计算函数 complexCompute()的定义。其中分数计算函数 fractionCompute()主要实现对分数相应的四则运算以及比较等，首先由用户输入两个分数，接着输出四则运算的结果、正负分数的表示以及两个分数的比较。复数计算函数 complexCompute()主要实现复数与小数之间的四则混合运算，首先由用户输入两个复数以及 1 个小数，然后分别调用 display()函数方法实现对复数与复数、复数与小数之间的四则运算的求解。

19.4.2 Complex.h 和 Complex.cpp 文件

Complex.h 和 Complex.cpp 文件分别定义并且实现了本案例中复数计算功能以及其相应的运算符重载定义和实现。

1. Complex.h 文件

代码如下：

```
#ifndef COMPLEX_H
#define COMPLEX_H
#include <iostream>
using namespace std;
// 复数类
class Complex
{
    public:
    Complex()
    {
        realPart = 0;
        imaginaryPart = 0;
    }
    Complex(double real, double imaginary)
    {
        realPart = real;
        imaginaryPart = imaginary;
    }
    //输入输出重载
    friend ostream& operator<<(ostream &out, const Complex &complex);
    friend istream& operator>>(istream &in, Complex &complex);
    friend Complex operator+(Complex &complex1, Complex &complex2);
    friend Complex operator+(double number1, Complex &complex2);
    friend Complex operator+(Complex &complex1, double number2);
    friend Complex operator-(Complex &complex1, Complex &complex2);
```

```
    friend Complex operator-(double number1, Complex &complex2);
    friend Complex operator-(Complex &complex1, double number2);
    friend Complex operator*(Complex &complex1, Complex &complex2);
    friend Complex operator*(double number1, Complex &complex2);
    friend Complex operator*(Complex &complex1, double number2);
    friend Complex operator/(Complex &complex1, Complex &complex2);
    friend Complex operator/(double number1, Complex &complex2);
    friend Complex operator/(Complex &complex1, double number2);
    void setRealPart(double real);
    double getRealPart() const;
    void setImaginaryPart(double imaginary);
    double getImaginaryPart() const;
    void display();
    private:
        double realPart;
        double imaginaryPart;
};
#endif
```

2. Complex.cpp 文件

该文件代码较长，分为以下几个部分。

(1) 函数继承和输出输入重载。代码如下：

```
#include <iostream>
#include <iomanip>
#include "Complex.h"
void Complex::setRealPart(double real)
{
    realPart = real;
}
double Complex::getRealPart() const
{
    return realPart;
}
void Complex::setImaginaryPart(double imaginary)
{
    imaginaryPart = imaginary;
}
double Complex::getImaginaryPart() const
{
    return imaginaryPart;
}
// 输出重载
ostream& operator<<(ostream &out, const Complex &complex)
{
    out << '(' << complex.realPart << ',' << complex.imaginaryPart << ')';
    return out;
}
// 输入重载
istream& operator>>(istream &in, Complex &complex)
{
    char leftBrackets;
    char comma;
```

```
    char rightBrackets;
    char tempChar;
    in >> leftBrackets >> complex.realPart >>
comma >>complex.imaginaryPart >> rightBrackets;
    while (1)
    {
        while ((tempChar = getchar()) != '\n')
        {
            continue;
        }
        if ((leftBrackets != '(') || (comma != ',') || (rightBrackets != ')'))
        {
            cerr << "格式错误！[形如(m,n)]，请重新输入: " << endl;
            in.clear();
            in >> leftBrackets >> complex.realPart >>
comma >>complex.imaginaryPart >>rightBrackets;
        }
        else
        {
            break;
        }
    }
    return in;
}
```

【代码剖析】

本段代码主要包含函数方法的继承、ostream 输出重载以及 istream 输入重载。在代码中首先从文件 Complex.h 中继承函数方法 setRealPart()、getRealPart()以及 setImaginaryPart()，接着进行输出重载以及输入重载，对输入重载时通过 if...else 语句对输入格式进行判断。

(2) 复数相加和复数相减。代码如下：

```
// 复数相加: (a+bi)+(c+di)=(a+c)+(b+d)i.
Complex operator+(Complex &complex1, Complex &complex2)
{
    Complex complex;
    complex.realPart = complex1.realPart + complex2.realPart;
    complex.imaginaryPart = complex1.imaginaryPart + complex2.imaginaryPart;
    return complex;
}
Complex operator+(double number1, Complex &complex2)
{
    Complex complex(number1, 0);
    return complex + complex2;
}
Complex operator+(Complex &complex1, double number2)
{
    Complex complex(number2, 0);
    return complex1 + complex;
}
// 复数相减: (a+bi)-(c+di)=(a-c)+(b-d)i.
Complex operator-(Complex &complex1, Complex &complex2)
{
    Complex complex;
```

```
    complex.realPart = complex1.realPart - complex2.realPart;
    complex.imaginaryPart = complex1.imaginaryPart - complex2.imaginaryPart;
    return complex;
}
Complex operator-(double number1, Complex &complex2)
{
    Complex complex(number1, 0);
    return complex - complex2;
}
Complex operator-(Complex &complex1, double number2)
{
    Complex complex(number2, 0);
    return complex1 - complex;
}
```

【代码剖析】

本段代码主要包含复数相加以及复数相减相应函数的定义。其中复数相加分别计算了复数与复数的求和、小数与复数的求和以及复数与小数的求和；复数相加分别计算了复数与复数求差、小数与复数求差以及复数与小数求差。

(3) 复数相乘和复数相除。代码如下：

```
//复数相乘：(a+bi)(c+di)=(ac-bd)+(bc+ad)i.
Complex operator*(Complex &complex1, Complex &complex2)
{
    Complex complex;
    complex.realPart = complex1.realPart*complex2.realPart -
    complex1.imaginaryPart*complex2.imaginaryPart;
    complex.imaginaryPart = complex1.imaginaryPart*complex2.realPart +
    complex1.realPart*complex2.imaginaryPart;
    return complex;
}
Complex operator*(double number1, Complex &complex2)
{
    Complex complex(number1, 0);
    return complex * complex2;
}
Complex operator*(Complex &complex1, double number2)
{
    Complex complex(number2, 0);
    return complex1 * complex;
}
// 复数相除：(a+bi)/(c+di)=(ac+bd)/(c^2+d^2) +(bc-ad)/(c^2+d^2)i
Complex operator/(Complex &complex1, Complex &complex2)
{
    Complex complex;
    complex.realPart = (complex1.realPart * complex2.realPart +
    complex1.imaginaryPart*complex2.imaginaryPart) /
    (complex2.realPart * complex2.realPart +
    complex2.imaginaryPart * complex2.imaginaryPart);
    complex.imaginaryPart = (complex1.imaginaryPart * complex2.realPart -
    complex1.realPart*complex2.imaginaryPart) /
    (complex2.realPart*complex2.realPart +
    complex2.imaginaryPart*complex2.imaginaryPart);
```

```
    return complex;
}
Complex operator/(double number1, Complex &complex2)
{
    Complex complex(number1, 0);
    return complex / complex2;
}
Complex operator/(Complex &complex1, double number2)
{
    Complex complex(number2, 0);
    return complex1 / complex;
}
void Complex::display()
{
    cout << "(" << realPart << ", " << imaginaryPart << "i)" << endl;
}
```

【代码剖析】

本段代码主要包含复数相乘以及复数相除相应函数的定义。其中复数相乘分别求解了复数与复数的相乘、小数与复数的相乘以及复数与小数的相乘；复数相除分别求解了复数与复数的相除、小数与复数的相除以及复数与小数的相除。

19.4.3　Fraction.h 和 Fraction.cpp 文件

Fraction.h 和 Fraction.cpp 文件分别定义并且实现了本案例中分数的计算功能及其对应的运算符重载定义和实现。

1. Fraction.h 文件

代码如下：

```
#ifndef FRACTION_H
#define FRACTION_H
#include <iostream>
#include <iomanip>
using namespace std;
// 分数类
class Fraction
{
    public:
    //构造函数，初始化用
    Fraction(int nume = 0, int denom = 1)
    :numerator(nume), denominator(denom) {}
    //化简(使分子分母没有公因子)
    void simplify();
    //输入输出重载
    friend ostream& operator<<(ostream &out, const Fraction &fraction);
    friend istream& operator>>(istream &in, Fraction &fraction);
    //加减乘除，结果需要化简
    friend Fraction operator+(const Fraction &leftFraction, const Fraction
&rightFraction);
    friend Fraction operator-(const Fraction &leftFraction, const Fraction
```

```
&rightFraction);
    friend Fraction operator*(const Fraction &leftFraction, const Fraction
&rightFraction);
    friend Fraction operator/(const Fraction &leftFraction, const Fraction
&rightFraction);
    //关系运算符
    friend bool operator>(const Fraction &leftFraction, const Fraction
&rightFraction);
    friend bool operator<(const Fraction &leftFraction, const Fraction
&rightFraction);
    friend bool operator>=(const Fraction &leftFraction, const Fraction
&rightFraction);
    friend bool operator<=(const Fraction &leftFraction, const Fraction
&rightFraction);
    friend bool operator==(const Fraction &leftFraction, const Fraction
&rightFraction);
    friend bool operator!=(const Fraction &leftFraction, const Fraction
&rightFraction);
    //取+、-一目运算符
    Fraction operator+();
    Fraction operator-();
    void setNumerator(int nume);
    int getNumerator() const;
    void setDenominator(int denom);
    int getDenominator() const;
    private:
        int numerator;        // 分子
        int denominator;      // 分母
};
#endif
```

2. Fraction.cpp 文件

该文件代码较长，分为以下几个部分。

(1) 函数继承和通分化简。代码如下：

```
#include <iostream>
#include <iomanip>
#include "Fraction.h"
void Fraction::setNumerator(int nume)
{
    numerator = (nume == 0) ? 0 : nume;
}
int Fraction::getNumerator() const
{
    return numerator;
}
void Fraction::setDenominator(int denom)
{
    if (denom == 0)
    {
        cerr << "分母不能为 0 ！" << endl;
    }
    denominator = (denom != 0) ? denominator : NULL;
```

```
}
int Fraction::getDenominator() const
{
    return denominator;
}
// 通分，化简
void Fraction::simplify()
{
    int number1 = numerator;
    int number2 = denominator;
    while (number2)
    {
        int temp = number2;
        number2 = number1 % number2;
        number1 = temp;
    }
    numerator /= number1;
    denominator /= number1;
    if (denominator < 0)
    {
        denominator = -denominator;
        numerator = -numerator;
    }
}
```

【代码剖析】

本段代码主要包含函数的继承以及通分化简函数的相关定义。在代码中，首先从文件 Fraction.h 中继承函数 setNumerator()、setDenominator() 以及 getDenominator()，其中 setDenominator()函数对分数的分母进行验证，接着通过 simplify()将两个分数化成同分母分数，并进行化简操作。

(2) 输出和输入重载。代码如下：

```
// 输出重载
ostream& operator<<(ostream &out, const Fraction &fraction)
{
    out << fraction.numerator << '/' << fraction.denominator;
    return out;
}
// 输入重载
istream& operator>>(istream &in, Fraction &fraction)
{
    char ch;
    char tempChar;
    in >> fraction.numerator >> ch >> fraction.denominator;
    while(1)
    {
        while ((tempChar = getchar()) != '\n')
        {
            continue;
        }
        if (fraction.denominator == 0)
        {
            cerr << "分母为 0！请重新输入: " << endl;
```

```
            in.clear();
            in >> fraction.numerator >> ch >> fraction.denominator;
        }
        else if (ch != '/')
        {
            cerr << "格式错误(形如 m/n)！请重新输入：" << endl;
            in.clear();
            in >> fraction.numerator >> ch >> fraction.denominator;
        }
        else
        {
            break;
        }
    }
    return in;
}
```

【代码剖析】

本段代码主要包含对输出以及输入的重载。其中对输入进行重载时，通过 while 循环以及嵌套 if...else 语句对分母进行验证判断并输出错误提示；接着对输入格式进行判断：若格式错误则输出错误提示，并要求重新输入。

(3) 四则运算重载。代码如下：

```
// 加法重载
Fraction operator+(const Fraction &leftFraction, const Fraction &rightFraction)
{
    Fraction fraction;
    fraction.numerator = leftFraction.numerator * rightFraction.denominator +
    leftFraction.denominator * rightFraction.numerator;
    fraction.denominator = leftFraction.denominator * rightFraction.denominator;
    fraction.simplify();
    return fraction;
}
// 减法重载
Fraction operator-(const Fraction &leftFraction, const Fraction &rightFraction)
{
    Fraction fraction;
    fraction.numerator = leftFraction.numerator * rightFraction.denominator -
    rightFraction.numerator * leftFraction.denominator;
    fraction.denominator = leftFraction.denominator *rightFraction.denominator;
    fraction.simplify();
    return fraction;
}
// 乘法重载
Fraction operator*(const Fraction &leftFraction,const Fraction &rightFraction)
{
    Fraction fraction;
    fraction.numerator = leftFraction.numerator * rightFraction.numerator;
    fraction.denominator = leftFraction.denominator * rightFraction.denominator;
    fraction.simplify();
    return fraction;
}
// 除法重载
```

```
Fraction operator/(const Fraction &leftFraction, const Fraction &rightFraction)
{
    Fraction fraction;
    fraction.numerator = leftFraction.numerator * rightFraction.denominator;
    fraction.denominator = leftFraction.denominator * rightFraction.numerator;
    fraction.simplify();
    return fraction;
}
```

【代码剖析】

本段代码主要包含四则运算相应函数的重载定义。其中加法重载函数中，分别对操作数的分子与分母进行处理，再调用函数 fraction.simplify()进行通分化简；减法、乘法以及除法重载函数中，同加法重载函数一样，首先分别对分子与分母进行处理，最后调用函数进行通分化简。

(4) 取正负、比较等重载。代码如下：

```
// 取正重载
Fraction Fraction::operator+()
{
    simplify();
    if (numerator < 0)
    {
        numerator = -numerator;
    }
    return *this;
}
// 取负重载
Fraction Fraction::operator-()
{
    simplify();
    numerator = -numerator;
    return *this;
}
// 大于号重载
bool operator>(const Fraction &leftFraction, const Fraction &rightFraction)
{
    int leftNumerator = leftFraction.numerator * rightFraction.denominator;
    int rightNumerator = rightFraction.numerator * leftFraction.denominator;
    int common_denominator = leftFraction.denominator * rightFraction.denominator;
    if ((leftNumerator - rightNumerator) * common_denominator > 0)
    {
        return true;
    }
    return false;
}
// 小于号重载
bool operator<(const Fraction &leftFraction, const Fraction &rightFraction)
{
    return !(leftFraction > rightFraction);
}
// 等于重载
bool operator==(const Fraction &leftFraction, const Fraction &rightFraction)
{
    return leftFraction.numerator == rightFraction.numerator
```

```
        && leftFraction.denominator == rightFraction.denominator;
}
// 不等于重载
bool operator!=(const Fraction &leftFraction, const Fraction &rightFraction)
{
    return !(leftFraction==rightFraction);
}
// 大于等于重载
bool operator>=(const Fraction &leftFraction, const Fraction &rightFraction)
{
    if (leftFraction < rightFraction)
    {
        return false;
    }
    return true;
}
// 小于等于重载
bool operator<=(const Fraction &leftFraction, const Fraction &rightFraction)
{
    if (leftFraction > rightFraction)
    {
        return false;
    }
    return true;
}
```

【代码剖析】

本段代码主要包含取正负、比较等函数的重载。其中取正负分别通过对分子添加负号来实现；比较函数则是将两个操作数进行处理或直接进行相应的比较操作，最后返回一个判断标志。

19.4.4　main.cpp 文件

main.cpp 文件是本案例的主程序运行入口，主要包含主程序运行的初始化、系统菜单的显示、选项选择并执行等主体功能。

main.cpp 文件具体代码如下：

```
#include "CalculatorAssistant.h"
int main()
{
    // 运行
    CalculatorAssistant calAssistant;
    calAssistant.run();
    return 0;
}
```

19.5　系统运行

项目运行效果如下。

(1)　通过 Visual Studio 2017 开发环境打开文件 CalculatorAssistant.sln，对该文件进行编

译、运行，打开程序的主界面，用户可根据提示输入操作指令，如图 19-3 所示。

(2) 输入操作序号 1，可以完成分数之间的加减乘除、比较运算符、正负单目运算符和流输入输出运算符的重载，例如输入两个分数 1/4、1/4，运行结果如图 19-4 所示。

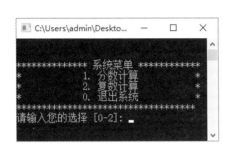

图 19-3　程序主界面

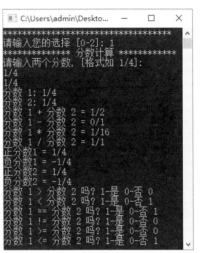

图 19-4　分数计算

(3) 输入操作序号 2，可以完成复数之间的加减乘除和流输入输出运算符的重载，最后在控制台上输出测试结果，例如按照格式输入复数(1,4)、(1,4)以及小数 2.3，运行结果如图 19-5 所示。

图 19-5　复数计算

(4) 输入操作序号 0，可以退出程序。

19.6 项目总结

通过该案例的学习，读者可熟悉 C++语言的运算符重载机制和基本操作，完成一些特定的编程任务，其主要表现在如下几个方面。

(1) 掌握使用 C++语言运算符重载机制。

(2) 学习面向对象语言的编程技巧和特点。

(3) 熟练掌握顺序结构、循环结构和分支结构等流程控制技能。

(4) 掌握类之间的组合模式以及 C++友元编程技巧。

第 20 章

项目实训 2——开发汽车信息管理系统

本章以 C++语言技术为基础,通过使用 Visual Studio 2017 开发环境,以 Win32 控制台应用程序为例开发了一个汽车信息管理系统的演示版本。通过对本系统的学习,读者能够真正掌握软件开发的流程及 C++在实际项目中涉及的重要技术。

本章要点(已掌握的在方框中打钩)

☐ 了解本项目的需求分析和系统功能结构设计。

☐ 掌握 Date.h 文件代码设计。

☐ 掌握 DateException.h 文件代码设计。

☐ 掌握 Vehicle.h 和 Vehicle.cpp 文件代码设计。

☐ 掌握 VehicleManage.h 和 VehicleManage.cpp 文件代码设计。

☐ 掌握 Main.cpp 文件代码设计。

20.1 需 求 分 析

需求调查是任何一个软件项目的第一个工作。通过分析，本案例介绍一个汽车信息管理系统，是一个 C++语言版本的控制台应用程序，在 Visual Studio 2017 环境下完成所有功能开发。系统功能主要包括汽车信息的查询、增加、修改、删除和保存功能。运行项目主程序后直接进入系统菜单选项界面，用户选择对应功能编号后，输入相应的交互提示信息，进行相应的功能操作。整个项目的主菜单包含 7 个功能点。

(1) 显示所有汽车信息。在主菜单界面用户输入数字 1 后，查询整个系统的汽车信息，系统界面按行展示相应的汽车信息。

(2) 添加汽车信息。在主菜单界面用户输入数字 2 后，根据系统的交互提示向系统添加新的汽车信息。

(3) 查询汽车信息。在主菜单界面用户输入数字 3 后，根据系统的交互提示给出 2 种查询方式展示检索到的汽车信息。

(4) 修改汽车信息。在主菜单界面用户输入数字 4 后，根据系统的交互提示输入待修改的汽车编号后，显示可以修改的信息关键字并修改对应的汽车信息。

(5) 删除汽车信息。在主菜单界面用户输入数字 5 后，根据系统的交互提示输入待删除的汽车编号，删除系统中存在的汽车信息。

(6) 保存汽车信息。在主菜单界面用户输入数字 6 后，系统提示输入保存的文件名称，然后将所有的汽车信息保存到本地目录下的文本文件中。

(7) 退出系统。在主菜单界面用户输入数字 7 后，退出整个系统。

根据上述需求分析，汽车信息管理系统功能模块如图 20-1 所示。

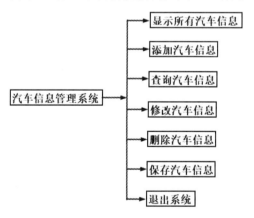

图 20-1　汽车信息管理系统功能模块

20.2 功 能 分 析

经过需求分析，了解了汽车信息管理系统所实现的主要功能，为了代码的简洁和易维护，将各个功能分为多个模块，该案例的代码清单包含 Date.h、DateException.h、Vehicle.h、

VehicleManage.h 这 4 个头文件和 main.cpp、Vehicle.cpp、VehicleManage.cpp，实现了汽车信息管理系统的增、删、改、查和保存等主要功能。

1. Date.h 文件

Date.h 文件定义并实现了该案例中汽车购买日期信息的数据结构以及年、月、日输入控制等功能函数。

2. DateException.h 文件

DateException.h 文件定义并实现了该案例中汽车购买日期输入异常类等功能函数。

3. Vehicle.h 和 Vehicle.cpp 文件

Vehicle.h 和 Vehicle.cpp 文件分别定义和实现了该案例中汽车类本身所具有的属性获取和设置以及比较运算符和输入输出运算符的重载等功能。

4. VehicleManage.h 和 VehicleManage.cpp 文件

VehicleManage.h 和 VehicleManage.cpp 文件分别定义和实现了该案例中汽车信息管理系统所具备的增、删、改、查及保存等核心功能。

5. Main.cpp 文件

Main.cpp 文件是该案例的主程序运行入口，主要包含主程序运行初始化、系统菜单显示、选项选择并执行等主体功能。

其中详细的函数功能描述参见代码文件中的注释。

通过上述功能分析，得出汽车信息管理系统的功能结构，如图 20-2 所示。

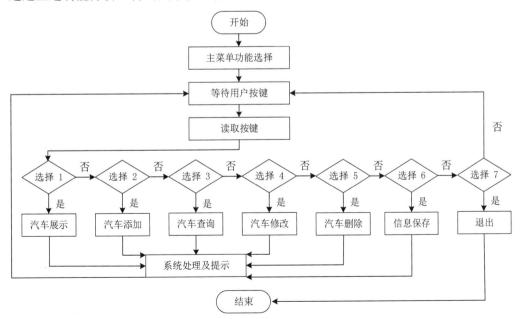

图 20-2 汽车信息管理系统的功能结构

20.3　开发前的准备工作

进行系统开发之前，需要做如下准备工作。

1. 搭建开发环境

在本机搭建安装 Visual Studio 2017 开发环境，有关具体安装操作步骤，请参阅相关资料。

2. 创建项目

在 Visual Studio 2017 开发环境中创建 "VehicleSystem" Win32 控制台应用程序项目，具体操作步骤，请参阅相关资料。

20.4　系统代码编写

在汽车信息管理系统中，根据功能分析中划分的 Date.h 文件、DateException.h 文件、Vehicle.h 和 Vehicle.cpp 文件、VehicleManage.h 和 VehicleManage.cpp 文件、Main.cpp 文件这些模块分别编写代码。

20.4.1　Date.h 文件

Date.h 文件定义并实现了该案例中汽车购买日期信息的数据结构以及年、月、日输入控制等功能函数。

Date.h 文件具体代码如下：

```cpp
#ifndef DATE_H
#define DATE_H
#include "DateException.h"
class Date
{
   public:
      Date()
         :dateOfYear(0), dateOfMonth(0), dateOfDay(0)
      {
      }
   Date(int year, int month, int day)
   {
      dateOfYear = year;
      dateOfMonth = month;
      dateOfDay = day;
   }
   void setDate(int year, int month, int day)
   {
      if (year < 1990 || year>2017)
      {
         throw DateException(year);
```

```
    }
    dateOfYear = year;
    if (month < 1 || month>12)
    {
        throw DateException(month);
    }
    dateOfMonth = month;
    if (day < 1 || day>31)
    {
        throw DateException(day);
    }
    dateOfDay = day;
    }
    int getYear() const { return dateOfYear; }
    int getMonth() const { return dateOfMonth; }
    int getDay() const { return dateOfDay; }
    private:
        int dateOfYear;
        int dateOfMonth;
        int dateOfDay;
};
#endif
```

【代码剖析】

本段代码主要包含了汽车购买日期信息的数据结构定义以及日期输入控制函数的定义。在代码中,首先定义年月日日期信息的数据结构,接着定义一个函数 setDate(),该函数能够对输入进行相应判断,并抛出异常,接着定义 3 个函数 getYear()、getMonth()以及 getDay()用于返回年月日日期。

20.4.2　DateException.h 文件

DateException.h 文件定义并实现了该案例中汽车购买日期输入异常类等功能函数。

DateException.h 文件具体代码如下:

```
#pragma once
#include <stdexcept>
using namespace std;
class DateException :public logic_error
{
    public:
    DateException(int code) :logic_error("不是正常值!")
    {
        code = code;
    }
    int getCode() const { return code; }
    private:
        int code;
};
```

20.4.3 Vehicle.h 和 Vehicle.cpp 文件

Vehicle.h 和 Vehicle.cpp 文件分别定义和实现了该案例中汽车类本身所具有的属性获取和设置以及比较运算符和输入输出运算符的重载等功能。

1. Vehicle.h 文件

代码如下：

```cpp
#ifndef _STUDENT_H_
#define _STUDENT_H_
#include <iostream>
#include <string>
#include <iomanip>
#include <stdexcept>
#include "Date.h"
#include "DateException.h"
using namespace std;
class Vehicle
{
    public:
        Vehicle() :vehicleName("audi"), vehicleNumber(1),
        vehicleType("super"), vehicleOrderDate(0, 0, 0),
        vehicleAddress("德国"), vehicleProducer("欧洲")
    {
    }
    Vehicle(string name, int number, string type, Date date, string address,
string producer);
    void setVehicle(string name, int number, string type, Date date, string
address, string producer);
    void setVehicleType(string type) { vehicleType = type; }
    void setDate(Date date) { vehicleOrderDate = date; }
    void setAddress(string address) { vehicleAddress = address; }
    void setProducer(string producer) { producer = producer; }
    string getName() const { return vehicleName; }
    int getNumber() const { return vehicleNumber; }
    string getVehicleType() const { return vehicleType; }
    Date getDate() const { return vehicleOrderDate; }
    string getAddress() const { return vehicleAddress; }
    string getProducer() const { return vehicleProducer; }
    bool operator == (Vehicle &vehicle);
    Vehicle& operator = (Vehicle &vehicle);
    friend ostream &operator << (ostream &out, const Date &date);
    friend istream &operator >> (istream &in, Date &date);
    void printVehicle();
    private:
        string vehicleName;      // 汽车名称
        int vehicleNumber;       // 汽车编号
        string vehicleType;      // 汽车类别
        Date vehicleOrderDate;   // 购买时间
        string vehicleAddress;   // 出厂地
        string vehicleProducer;  // 生产商
};
#endif
```

【代码剖析】

本文件主要实现对汽车类所具有的属性进行获取以及设置。在代码中，定义函数 setVehicle()，包含汽车属性：姓名、编号、类别、出厂地、生产商、购买日期的设置，接着对这些属性的获取与设置进行分别定义。

2. Vehicle.cpp 文件

代码如下：

```cpp
#include "Vehicle.h"
Vehicle::Vehicle(string name, int number, string type, Date date, string
address, string producer)
:vehicleName(name), vehicleNumber(number), vehicleType(type),
vehicleOrderDate(date),
vehicleAddress(address), vehicleProducer(producer)
{
}
void Vehicle::setVehicle(string name, int number, string type, Date date,
string address, string producer)
{
    vehicleName = name;
    vehicleNumber = number;
    vehicleType = type;
    vehicleOrderDate = date;
    vehicleAddress = address;
    vehicleProducer = producer;
}
bool Vehicle::operator==(Vehicle &vehicle)
{
    return (vehicleName == vehicle.vehicleName&&vehicleNumber
    == vehicle.vehicleNumber&&vehicleType == vehicle.vehicleType);
}
Vehicle& Vehicle::operator=(Vehicle &vehicle)
{
    vehicleName = vehicle.vehicleName;
    vehicleNumber = vehicle.vehicleNumber;
    vehicleType = vehicle.vehicleType;
    vehicleOrderDate = vehicle.vehicleOrderDate;
    vehicleAddress = vehicle.vehicleAddress;
    vehicleProducer = vehicle.vehicleProducer;
    return *this;
}
ostream &operator<<(ostream &out, const Date &date)
{
    out << left << date.getYear() << "/" << date.getMonth() << "/" << date.getDay();
    return out;
}
istream &operator>>(istream &in, Date &date)
{
    int year, month, day;
    in >> year >> month >> day;
    date.setDate(year, month, day);
    return in;
```

```
}
void Vehicle::printVehicle()
{
    cout << left << setw(12) << vehicleName <<
    setw(6) << vehicleNumber <<
    setw(12) << vehicleType <<
    setw(12) << vehicleAddress <<
        setw(12) << vehicleProducer <<
        vehicleOrderDate << endl;
}
```

【代码剖析】

本文件主要实现了汽车类具体属性的获取以及对输入输出运算符等相关功能的重载。在代码中，首先从文件 Vehicle.h 继承相应的汽车类的函数及属性，接着是对相关操作符的重载，以及使用了 setw() 函数来对汽车类属性输出进行相应的格式控制。

20.4.4　VehicleManage.h 和 VehicleManage.cpp 文件

VehicleManage.h 和 VehicleManage.cpp 文件分别定义和实现了该案例中汽车信息管理系统所具备的增、删、改、查及保存等核心功能。

1. VehicleManage.h 文件

代码如下：

```
#pragma once
#include "Vehicle.h"
// 数组大小
const int MAX = 200;
class VehicleManage
{
    public:
    VehicleManage();
    ~VehicleManage();
    friend void initSystem(Date date[MAX], Vehicle vehicles[MAX]);
    // 显示菜单
    friend void showSystemMenu();
    //显示汽车信息
    friend void showVehiclesInfo(Vehicle *vehicle);
    // 读取汽车信息
    friend void readVehiclesInfo(Vehicle *vehicle);
    // 按汽车编号查询
    friend int searchInfosByNum(Vehicle *vehicle, const int num);
    // 按名称查询
    friend void searchInfosByName(Vehicle *vehicle, const string name);
    // 修改汽车信息
    friend void updateVehicleInfos(Vehicle *vehicle, int num, int choice);
    // 删除汽车信息
    friend void deleteVehicleInfos(Vehicle *vehicle, int num);
    // 保存到文件
    friend void saveVehicleInfos(Vehicle *vehicle, const string fileName);
    // 获得格式化输入
```

```
    friend int getIntInput();
        private:
};
```

2. VehicleManage.cpp 文件

该文件代码较长，分为以下几个部分。

(1) 操作录入和主菜单打印。代码如下：

```cpp
#include <iostream>
#include <cstdlib>
#include <iomanip>
#include <fstream>
#include "VehicleManage.h"
VehicleManage::VehicleManage()
{
}
VehicleManage::~VehicleManage()
{
}
int getIntInput()
{
    char ch;
    int input;
    cin >> input;
    while (true)
    {
        if (input >= 1 && input <= 7)
        {
            return input;
        }
        else
        {
            // 消除其他字符误录的影响
            while ((ch = getchar()) != '\n')
            {
                continue;
            }
            cout << "==>> 输入选项错误！请重新输入：";
            cin.clear();
            cin >> input;
        }
    }
    return input;
}
void initSystem(Date date[MAX], Vehicle vehicles[MAX])
{
    date[1].setDate(2008, 6, 6);
    date[2].setDate(2010, 8, 8);
    date[3].setDate(2016, 10, 10);
    vehicles[1].setVehicle("保时捷卡宴", 1, "进口车", date[1], "德国", "欧洲");
    vehicles[2].setVehicle("奔驰", 2, "合资车", date[2], "德国", "北京奔驰");
    vehicles[3].setVehicle("红旗", 3, "国产车", date[3], "中国", "上海通用");
}
```

```
void showSystemMenu()
{
    cout << "****************** 汽车信息管理系统 *******************" << endl;
    cout << "                     1 - 显示所有信息                    " << endl;
    cout << "                     2 - 添加汽车信息                    " << endl;
    cout << "                     3 - 查询汽车信息                    " << endl;
    cout << "                     4 - 修改汽车信息                    " << endl;
    cout << "                     5 - 删除汽车信息                    " << endl;
    cout << "                     6 - 打印汽车信息                    " << endl;
    cout << "                     7 - 退出程序                       " << endl;
    cout << "*****************************************************" << endl;
}
```

【代码剖析】

本段代码操作序号录入验证、系统车辆信息打印以及主菜单打印。在代码中，首先继承文件 VehicleManage.h 中的函数 VehicleManage() 以及 ~VehicleManage()，接着定义函数 getIntInput()，该函数实现对操作序号录入的验证。然后将系统车辆信息录入，最后通过函数 showSystemMenu() 将主菜单操作提示打印出来。

(2) 显示汽车信息和读取汽车信息。代码如下：

```
// 显示汽车信息
void showVehiclesInfo(Vehicle *vehicle)
{
    int num = 1;
    while (vehicle[num].getName() != "audi")
{
    num++;
}
cout << left << fixed<< setw(12) << "汽车名称" << setw(6) << "编号" <<
setw(12) << "类别" <<
setw(12) << "出厂地" << setw(12) << "生产商" << setw(12) << "购买日期" << endl;
for (int i = 1; i < num; i++)
{
    if (vehicle[i].getName() == "无")
    {
        cout << endl;
        continue;
    }
    vehicle[i].printVehicle();
    }
}
// 读取汽车信息
void readVehiclesInfo(Vehicle *vehicle)
{
    Date date;
    string name, type, address, producer;
    cout << "==>> 汽车名称: ";
    cin >> name;
    cout << "==>> 汽车类别: ";
    cin >> type;
    try
    {
```

```
        cout << "==>> 购买日期: ";
        cin >> date;
    }
    catch (DateException &exception)
    {
        cout << exception.getCode() << exception.what() << endl;
        cout << "==>> 是否要重新输入[y-是, n-否]: ";
        char ch;
        cin >> ch;
        if (ch == 'y')
        {
            cout << "==>> 购买日期: ";
            cin >> date;
        }
        else
        {
            cout << "@@@@ 录入信息失败！" << endl;
            return;
        }
    }
    cout << "==>> 出厂地: ";
    cin >> address;
    cout << "==>> 生产商: ";
    cin >> producer;
    int i = 1;
    while (vehicle[i].getName() != "audi")
    {
        i++;
    }
    vehicle[i].setVehicle(name, i, type, date, address, producer);
    cout << "@@@@ 已成功添加汽车信息！" << endl;
}
```

【代码剖析】

本段代码主要包含显示汽车信息函数 showVehiclesInfo() 以及读取汽车信息函数 readVehiclesInfo() 的定义。其中，显示汽车信息函数 showVehiclesInfo() 中首先通过格式控制打印出题头，包括"汽车名城""编号"等，然后通过 for 循环打印出汽车信息；读取汽车信息函数 readVehiclesInfo() 实际上实现的是添加一条新的汽车信息，通过输出提示引导用户输入每一条信息，并对日期进行格式判断，最后输出添加成功与否的相关信息。

(3) 汽车信息查询。代码如下：

```
// 按编号查找
int searchInfosByNum(Vehicle *vehicle, const int num)
{
    int tempNum = 1;
    while (vehicle[tempNum].getName() != "audi")
    {
    ++tempNum;
    }
    if (num > tempNum - 1)
    {
    return 0;
```

```
    }
    int count = 1;
    while (count < tempNum)
    {
        if (count == num)
        {
            return count;
        }
        count++;
    }
    return 0;
}
// 按名称查找
void searchInfosByName(Vehicle *vehicle, const string name)
{
    int temp = 1;
    while (vehicle[temp].getName() != "audi")
    {
        temp++;
    }
    int index = 1;
    int flag = 0;
    while (index++ < temp)
    {
        if (vehicle[index].getName() == name)
        {
            vehicle[index].printVehicle();
            flag = 1;
        }
    }
    if (flag == 0)
    {
        cout << "@@@@ 系统未检索到该辆汽车信息！" << endl;
    }
}
```

【代码剖析】

本段代码主要包含汽车信息查询的两个函数：按编号查找函数 searchInfosByNum()以及按名称查找函数 searchInfosByName()的定义。其中按编号查找函数 searchInfosByNum()实现根据汽车编号对汽车相关信息进行查询的功能；按名称查找函数 searchInfosByName()实现根据汽车名称对汽车相关信息进行查询的功能。

(4) 修改汽车信息。代码如下：

```
// 修改汽车信息
void updateVehicleInfos(Vehicle *vehicle, int num, int choice)
{
    switch (choice)
    {
    case 1:
        {
            cout << "==>> 输入汽车类别: ";
            string type1;
            cin >> type1;
```

```
                vehicle[num].setVehicleType(type1);
                break;
            }
        case 2:
            {
                Date date;
                try
                {
                    cout << "==>> 输入购买日期: ";
                    cin >> date;
                }
                catch (DateException &exception)
                {
                    cout << exception.getCode() << exception.what() << endl;
                    cout << "==>> 是否要重新输入[y-是, n-否]: ";
                    char ch;
                    cin >> ch;
                    if (ch == 'y')
                    {
                        cout << "==>> 购买日期: ";
                        cin >> date;
                    }
                    else
                    {
                        cout << "@@@@ 修改信息失败！" << endl;
                        return;
                    }
                }
                vehicle[num].setDate(date);
                break;
            }
        case 3:
            {
                cout << "==>> 输入出厂地: ";
                string address;
                cin >> address;
                vehicle[num].setAddress(address);
                break;
            }
        case 4:
            {
                cout << "==>> 输入生产商: ";
                string producer;
                cin >> producer;
                vehicle[num].setProducer(producer);
                break;
            }
    }
    cout << "@@@@ 修改信息成功！" << endl;
}
```

【代码剖析】

本段代码主要包含修改汽车信息函数 updateVehicleInfos()的定义。在函数体中，通过传递的参数 choice 结合 switch 分支选择结构，根据输入的操作序号分别对汽车相应的信息做出修改。

(5) 删除汽车信息和保存汽车信息。代码如下：

```cpp
// 删除汽车信息
void deleteVehicleInfos(Vehicle *vehicle, int num)
{
    Date date(0, 0, 0);
    vehicle[num].setVehicle("无", 0, "无", date, "无", "无");
    cout << "@@@@ 删除信息成功！" << endl;
}
// 保存汽车信息
void saveVehicleInfos(Vehicle *vehicle, const string fileName)
{
    ofstream output;
    output.open(fileName);
    if (output.fail())
    {
        cerr << "@@@@ 文件打开失败！" << endl;
    }
    int index = 1;
    while (vehicle[index].getName() != "audi")
    {
        index++;
    }
    for (int i = 1; i < index; i++)
    {
        if (vehicle[i].getName() == "无")
        {
            output << endl;
            continue;
        }
        output << left << setw(12) << vehicle[i].getName() << setw(6) <<
        vehicle[i].getNumber() << setw(12) <<
        vehicle[i].getVehicleType() << setw(13)<<
        vehicle[i].getAddress() << setw(12) <<
        vehicle[i].getProducer() << endl<<
        vehicle[i].getDate() << setw(12);
    }
    cout << "@@@@ 数据写入文件成功！" << endl;
    output.close();
}
```

【代码剖析】

本段代码包含删除汽车信息函数 deleteVehicleInfos() 以及保存汽车信息函数 saveVehicleInfos()的定义。其中删除汽车信息函数 deleteVehicleInfos()将传递的汽车编号相关的信息进行删除操作；保存汽车信息函数 saveVehicleInfos()将相应文件打开，并把汽车信息保存进该文件。

20.4.5 Main.cpp 文件

Main.cpp 文件是该案例的主程序运行入口，主要包含主程序运行初始化、系统菜单显示、选项选择并执行等主体功能。

Main.cpp 文件具体代码如下：

```cpp
#include "VehicleManage.h"
using namespace std;
int main()
{
    int flag = 1;
    Vehicle vehicles[MAX];
    Date dates[MAX];
    initSystem(dates, vehicles);
    while (flag)
    {
        showSystemMenu();
        cout << "==>> 输入您的选择: ";
        int chooseItem = getIntInput();
        switch (chooseItem)
        {
            case 1:
                cout << "************** 显示目前所有汽车信息 ******************"
                << endl;
                showVehiclesInfo(vehicles);
                break;
            case 2:
                cout << "==>> 输入汽车信息 [自动排序]: " << endl;
                readVehiclesInfo(vehicles);
                cout << "************** 显示目前所有汽车信息 ******************"
                << endl;
                /*cout << left << setw(12) << "汽车名称" << setw(6) << "编号" <<
                setw(12) << "类别" << setw(12) << "出厂地" <<
                setw(12) << "生产商" << setw(12) << "购买日期" << endl;*/
                showVehiclesInfo(vehicles);
                break;
            case 3:
                cout << endl;
                cout << "-1. 根据编号查询\n-2. 根据名称查询\n-3. 退出" << endl;
                cout << "==>> 请输入您的查询选项: ";
                int choice;
                cin >> choice;
                if (choice == 1)
                {
                    cout << "==>> 请输入待查询的汽车编号: ";
                    int num;
                    cin >> num;
                    int i = searchInfosByNum(vehicles, num);
                    if (i == 0)
                    {
                        cout << "@@@@ 系统未检索到该汽车信息！" << endl;
```

```
            }
            else
            {
                cout << "********************** 汽车信息显示如下
                **********************" << endl;
                cout << left << setw(12) << "汽车名称" << setw(6) << "编号" <<
                setw(12) << "类别" << setw(12) << "出厂地" <<
                setw(12) << "生产商" << setw(12) << "购买日期" << endl;
                vehicles[i].printVehicle();
            }
        }
        else if (choice == 2)
        {
            cout << "==>> 请输入待查询的汽车名称: ";
            string name;
            cin >> name;
            searchInfosByName(vehicles, name);
        }
        else
        {
            cout << endl;
            break;
        }
        break;
    case 4:
        {
            cout << endl;
            cout << "==>> 请输入待修改的汽车编号: ";
            int num;
            cin >> num;
            int count = 1;
            while (vehicles[count].getName() != "audi")
            {
                count++;
            }
            if (num > count - 1)
            {
                cout << "@@@@ 系统未检索到该汽车信息！" << endl;
            }
            else
            {
                cout << "==>> 输入您想修改的属性[1.汽车类别  2.购买日期  3.出厂地
                4.生产商]: ";
                int input;
                cin >> input;
                updateVehicleInfos(vehicles, num, input);
                cout << "********************** 目前汽车信息如下
                **********************" << endl;
                /*cout << left << setw(12) << "汽车名称" << setw(6) << "编号" <<
                setw(12) << "类别" << setw(12) << "出厂地" <<
                setw(12) << "生产商" << setw(12) << "购买日期" << endl;*/
                showVehiclesInfo(vehicles);
            }
        }
```

```
                    break;
                }
        case 5:
                cout << "==>> 请输入待删除的汽车编号: ";
                int num;
                cin >> num;
                deleteVehicleInfos(vehicles, num);
                cout << "*************** 目前汽车信息如下 ****************"
                << endl;
                /*cout << left << setw(12) << "汽车名称" << setw(6) << "编号" <<
                setw(12) << "类别" << setw(12) << "出厂地" <<
                setw(12) << "生产商" << setw(12) << "购买日期" << endl;*/
                showVehiclesInfo(vehicles);
                break;
        case 6:
                {
                cout << "==>> 输入待保存的文件名: ";
                string fileName;
                cin >> fileName;
                saveVehicleInfos(vehicles, fileName);
                break;
                }
        case 7:
                cout << endl << "@@@@ 退出系统！" << endl;
                flag = 0;
                break;
            }
        }
    cout << endl;
    return 0;
}
```

【代码剖析】

本文件为程序的主入口，通过用户输入的操作序号执行相应的函数或功能。在 while 循环体中，首先调用函数 showSystemMenu()打印出程序主菜单，接着由用户输入操作指令，通过 switch 分支选择结构，根据用户输入的指令执行相应功能。输入 1 时，调用 showVehiclesInfo() 函数将所有汽车信息打印输出。输入 2 时，调用 readVehiclesInfo()函数先添加汽车信息，接着调用 showVehiclesInfo()函数打印出所有汽车信息。输入 3 时，打印出信息提示，引导用户根据提示选择查询方法：编号查询或名称查询。接着通过 if…else 语句根据用户输入的操作序号执行相应查询：为 1 时，由用户输入待查询汽车编号，然后展现查询结果；为 2 时，由用户输入待查询汽车名称，然后调用函数 searchInfosByName()对汽车信息进行查询。输入 4 时，由用户输入待修改的汽车编号，若存在该车信息，则先调用 updateVehicleInfos()函数对该汽车信息进行修改，然后再调用 showVehiclesInfo()函数打印出所有汽车信息。输入 5 时，由用户输入待删除的汽车编号，调用 deleteVehicleInfos()函数对该汽车信息进行删除操作，再调用 showVehiclesInfo()函数打印出所有汽车信息。输入 6 时，由用户输入待保存的文件名，然后调用 saveVehicleInfos()函数将汽车信息进行保存。输入 7 时，将 flag 标志置为 0，退出循环，退出系统。

20.5 系统运行

项目运行效果如下。

(1) 通过 Visual Studio 2017 开发环境打开文件 VehicleSystem.sln，对该文件进行编译、运行，打开程序的主界面，用户可根据提示输入操作指令，如图 20-3 所示。

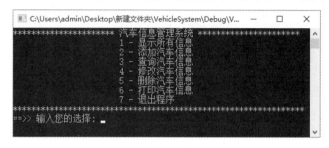

图 20-3　程序主界面

(2) 输入操作序号 1，可以展示出系统中所有汽车信息，如图 20-4 所示。

图 20-4　显示所有信息

(3) 输入操作序号 2，可以向系统添加新的车辆信息。例如，输入汽车名称"大众"、汽车类别"合资车"、购买日期"2017 10 10"、出厂地"中国"、生产商"一汽大众"，如图 20-5 所示。

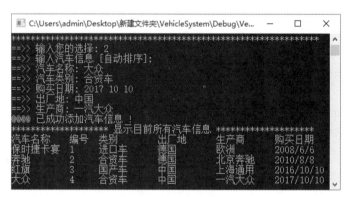

图 20-5　添加汽车信息

(4) 输入操作序号 3，可以查询系统中的车辆信息，查询时可以按照汽车编号以及名称进行检索。例如，按照汽车编号进行查询，输入 1，输入汽车编号 1，若系统存在该车辆，则将车辆信息进行输出，如图 20-6 所示。

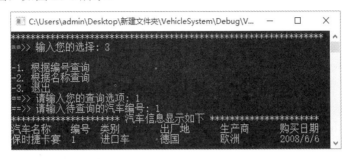

图 20-6　查询汽车信息

(5) 输入操作序号 4，可以对系统中已存在车辆信息进行修改，修改时首先输入汽车编号，然后可以对该车的任意属性进行修改。例如，修改属性"汽车类别"，输入序号 1，改为"国产车"，如图 20-7 所示。

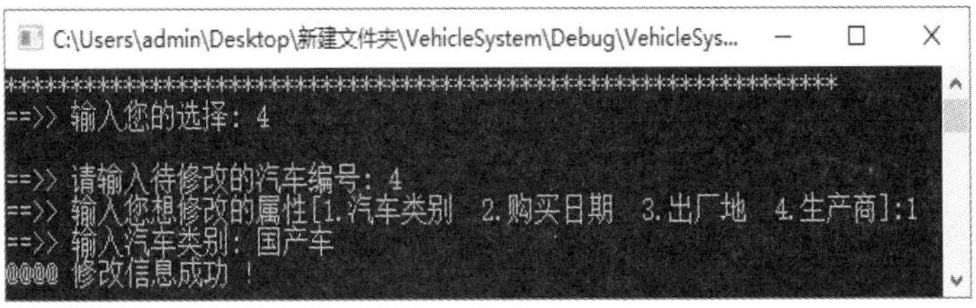

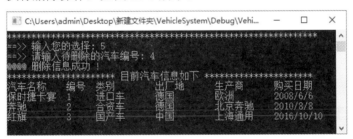

图 20-7　修改汽车信息

(6) 输入操作序号 5，可将系统中已存在的某条汽车信息进行删除操作。例如，输入待删除的汽车编号 4，执行删除操作，如图 20-8 所示。

图 20-8　删除汽车信息

(7) 输入操作序号 6，可以将系统中的汽车信息保存到指定文件中。例如，输入待保存的文件名 test，执行保存操作，如图 20-9 所示。

图 20-9　打印汽车信息

(8) 输入操作序号 7，可以执行退出程序功能。

20.6 项 目 总 结

通过该案例的学习，读者可熟悉 C++语言的基本操作，完成基本的编程任务，提高自身编程技能，其主要表现在如下几个方面。

(1) 掌握使用 C++语言构建简单信息管理系统的一般方法。

(2) 学习面向对象语言的编程技巧和特点。

(3) 熟练掌握顺序结构、循环结构和分支结构等流程控制技能。

(4) 掌握类声明和定义的方式和操作方法。

(5) 掌握 C++中文件、运算符重载和异常处理等操作数据的思路和方法。

第 21 章

项目实训 3——开发
银行交易系统

本章以 C++语言技术为基础，通过使用 Visual Studio 2017 开发环境，以 Win32 控制台应用程序为例开发了一个银行交易系统的演示版本。通过对本系统的学习，读者能够真正掌握软件开发的流程及 C++在实际项目中涉及的重要技术。

本章要点(已掌握的在方框中打钩)

☐ 了解本项目的需求分析和系统功能结构设计。

☐ 掌握交易流程处理、余额查询、存款和取款等功能模块代码设计。

☐ 掌握相关设备模拟模块代码设计。

☐ 掌握交易设备、数据库和账户等具体实现模块代码设计。

☐ 掌握设备处理、交易处理、操作处理和验证处理等功能模块代码设计。

☐ 掌握主程序入口模块代码设计。

21.1 需 求 分 析

需求调查是任何一个软件项目的第一个工作。通过分析，本案例介绍一个银行交易系统，是一个 C++版本的控制台应用程序，在 Visual Studio 2017 环境下开发完成所有功能点。系统功能主要包括用户登录、验证、余额查询、存款和取款功能，运行项目主程序后直接进入系统菜单选项界面，用户输入用户名和密码后系统验证用户是否存在。验证成功则生成功能菜单，用户输入相应的交互提示信息，进行相应的功能操作。整个项目的主菜单包含 5 个功能点。

(1) 用户登录及验证。在主菜单界面用户输入用户名和密码后，系统验证是否存在该账户，直至验证成功显示主菜单。

(2) 余额查询。用户登录系统后，在主菜单界面用户输入数字 1 后，根据系统的交互提示可显示当前登录账户的可用余额和总余额。

(3) 取款。在主菜单界面用户输入数字 2 后，根据系统的交互提示输入想要取出的金额(主要有 100、200、500、1000 和取消选项)，系统提示取款完成，在余额查询页可以显示取款后的可用余额和总余额。

(4) 存款。在主菜单界面用户输入数字 3 后，根据系统的交互提示输入待存入银行的金额，之后系统模拟整个业务流程，提示用户存款完成；同时在余额查询页面可显示存款后的可用余额和总余额。

(5) 退出系统。在主菜单界面用户输入数字 4 后，退出整个系统。

根据上述需求分析，银行交易系统功能模块如图 21-1 所示。

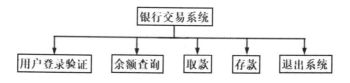

图 21-1　银行交易系统功能模块

21.2 功 能 分 析

经过需求分析，了解了银行交易系统所实现的主要功能。为了代码的简洁和易维护，将各个功能分为多个模块。该案例的代码清单包含 11 个头文件和 12 个实现代码文件，实现了银行交易系统的登录验证、余额查询、存取款等主要功能。

1. 交易流程处理、余额查询、存款和取款等功能

BankDeal.h 、 BankDeal.cpp 、 BalanceSearch.h 、 BalanceSearch.cpp 、 MoneyDraw.h、MoneyDraw.cpp、MoneySave.h 和 MoneySave.cpp 这 8 个代码文件分别定义和实现了本案例中交易系统的交易流程处理、余额查询、存款和取款等功能函数的具体操作。

2. 相关设备模拟

AccessWindow.h、AccessWindow.cpp、BankWindow.h、BankWindow.cpp、BankInputDevice.h、BankInputDevice.cpp 这 6 个代码文件分别声明、定义和实现了本案例中银行交易过程中的交易窗口、操作界面和输入设备等相关设备模拟业务流程功能。

3. 交易设备、数据库和账户等具体实现

BankMachine.h、BankMachine.cpp、BankDatabase.h、BankDatabase.cpp、BankAccount.h、BankAccount.cpp 这 6 个代码文件分别定义和实现了本案例中交易系统的交易设备、数据库和账户等功能函数的具体操作。

4. 设备处理、交易处理、操作处理和验证处理等功能

BankSystem.h 和 BankSystem.cpp 这 2 个代码文件完整囊括了以上所有交易过程中的设备处理、交易处理、操作处理和验证处理等功能。

5. 主程序运行入口

main.cpp 文件是该案例的主程序运行入口，主要包含主程序运行初始化、系统菜单显示、选项选择并执行等主体功能。

其中详细的函数功能描述参见代码文件中的注释。

通过上述功能分析，得出银行交易系统的系统类图，如图 21-2、图 21-3 所示。

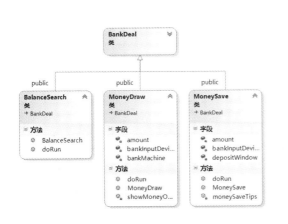

图 21-2 银行交易系统的系统类图 1

图 21-3 银行交易系统的系统类图 2

21.3 开发前的准备工作

进行系统开发之前，需要做如下准备工作。

1. 搭建开发环境

在本机搭建安装 Visual Studio 2017 开发环境，有关具体安装操作步骤，请参阅相关资料。

2. 创建项目

在 Visual Studio 2017 开发环境中创建"BankSystem"Win32 控制台应用程序项目，具体操作步骤，请参阅相关资料。

21.4　系统代码编写

在银行交易系统中，根据功能分析中划分的交易流程处理，余额查询，存款和取款等功能、相关设备模拟、交易设备，数据库和账户等的具体实现、设备处理，交易处理，操作处理和验证处理等功能、主程序运行入口这些模块分别编写代码。

21.4.1　交易流程处理、余额查询、存款和取款等功能

本模块分别通过 BankDeal.h、BankDeal.cpp、BalanceSearch.h、BalanceSearch.cpp、MoneyDraw.h、MoneyDraw.cpp、MoneySave.h 和 MoneySave.cpp 这 8 个代码文件来定义和实现了本案例中交易系统的交易流程处理、余额查询、存款和取款等功能函数的具体操作。

1. BankDeal.h 文件

本文件主要为银行窗口、数据库、交易类的声明。代码如下：

```
#ifndef BANK_DEAL_H
#define BANK_DEAL_H
class BankWindow;
class BankDatabase;
// 交易
class BankDeal
{
    public:
        BankDeal(int, BankWindow &, BankDatabase &);
        int getAccountNumber() const;
        BankWindow &getBankWindow() const;
        BankDatabase &getBankDatabase() const;
        virtual void doRun() = 0;
        virtual ~BankDeal() { }
    private:
        int accountNumber;
        BankWindow &bankWindow;
            BankDatabase &bankDatabase;
};
#endif
```

2. BankDeal.cpp 文件

本文件主要为函数构造以及相关函数的继承、定义。代码如下：

```
#include "BankDeal.h"
#include "BankWindow.h"
#include "BankDatabase.h"
```

```
// 构造函数
BankDeal::BankDeal( int userAccountNumber, BankWindow &bankWindow,
BankDatabase &bankDatabase )
: accountNumber( userAccountNumber ),
bankWindow( bankWindow ),
bankDatabase( bankDatabase )
{
}
// 获取账号
int BankDeal::getAccountNumber() const
{
    return accountNumber;
}
// 获取操作窗口
BankWindow &BankDeal::getBankWindow() const
{
    return bankWindow;
}
// 获取数据库链接
BankDatabase &BankDeal::getBankDatabase() const
{
    return bankDatabase;
}
```

3. BalanceSearch.h 文件

本文件主要为余额查询函数的声明。代码如下：

```
#ifndef BALANCE_SEARCH_H
#define BALANCE_SEARCH_H
#include "BankDeal.h"
class BalanceSearch : public BankDeal
{
    public:
        BalanceSearch(int, BankWindow &, BankDatabase &);
            virtual void doRun();
};
#endif
```

4. BalanceSearch.cpp 文件

本文件主要为余额查询函数的相关定义。代码如下：

```
#include "BalanceSearch.h"
#include "BankWindow.h"
#include "BankDatabase.h"
// 构造函数
BalanceSearch::BalanceSearch(int userAccountNumber,
BankWindow &bankWindow, BankDatabase &bankDatabase)
: BankDeal(userAccountNumber, bankWindow, bankDatabase)
{
}
// 重写执行
void BalanceSearch::doRun()
```

```
{
    BankDatabase &bankDatabase = getBankDatabase();
    BankWindow &bankWindow = getBankWindow();
    // 可用余额
    double availableBalance =
    bankDatabase.getAvailableBalance(getAccountNumber());
    // 总余额
    double totalBalance = bankDatabase.getTotalBalance(getAccountNumber());
    // 显示余额相关信息
    bankWindow.showEachLine("*********** 余额查询结果 ***********");
    bankWindow.showMessage(" - 可用余额: ");
    bankWindow.showTotalMoney(availableBalance);
    bankWindow.showMessage("\n - 总余额: ");
    bankWindow.showTotalMoney(totalBalance);
        bankWindow.showEachLine("");
}
```

5. MoneyDraw.h 文件

本文件主要为取款函数的声明。代码如下：

```
#ifndef MONEYD_RAW_H
#define MONEYD_RAW_H
#include "BankDeal.h"
class BankInputDevice;
class BankMachine;
// 取款
class MoneyDraw : public BankDeal
{
    public:
        MoneyDraw(int, BankWindow &, BankDatabase &, BankInputDevice &,
BankMachine &);
        virtual void doRun();
    private:
        int amount;
        BankInputDevice &bankInputDevice;
        BankMachine &bankMachine;
            int showMoneyOptions() const;
};
#endif
```

6. MoneyDraw.cpp 文件

本文件主要为取款函数的定义。代码如下：

```
#include "MoneyDraw.h"
#include "BankWindow.h"
#include "BankDatabase.h"
#include "BankInputDevice.h"
#include "BankMachine.h"
// 第 5 个选项为取消键
const static int CANCELED = 5;
// 构造函数
MoneyDraw::MoneyDraw(int userAccountNumber, BankWindow &bankWindow,
```

```
BankDatabase &bankDatabase, BankInputDevice &bankInputDevice,BankMachine
&bankMachine)
: BankDeal(userAccountNumber, bankWindow, bankDatabase),
bankInputDevice(bankInputDevice), bankMachine(bankMachine)
{
}
// 取款
void MoneyDraw::doRun()
{
    bool isProvideCash = false;
    bool isDealCancel = false;
    BankDatabase &bankDatabase = getBankDatabase();
    BankWindow &bankWindow = getBankWindow();
    do
    {
        int chooseItem = showMoneyOptions();
        if (chooseItem != CANCELED)
        {
            amount = chooseItem;
            double availableBalance =
bankDatabase.getAvailableBalance(getAccountNumber());
            if (amount <= availableBalance)
            {
                if (bankMachine.isCashEnough(amount))
                {
                    bankDatabase.makeMoneyDraw(getAccountNumber(), amount);
                    bankMachine.takeMoney(amount);
                    isProvideCash = true;
                    bankWindow.showEachLine("@@ 请取走您的现金 ...");
                }
                else
                {
                    bankWindow.showEachLine("@@ 可用余额不足 ...");
                }
            }
            else
            {
                bankWindow.showEachLine("@@ 可用余额不足 ...");
            }
        }
        else
        {
            bankWindow.showEachLine("@@ 取消交易 ...");
            isDealCancel = true;
        }
    }
    while (!isProvideCash && !isDealCancel);
}
// 显示可取金额菜单选项
int MoneyDraw::showMoneyOptions() const
{
    int userChoice = 0;
    BankWindow &bankWindow = getBankWindow();
    int amounts[] = { 0, 100, 200, 500, 1000};
```

```
    while (userChoice == 0)
    {
        bankWindow.showEachLine("*********** 可取现金选项 ***********");
        bankWindow.showEachLine("                    1 - 100");
        bankWindow.showEachLine("                    2 - 200");
        bankWindow.showEachLine("                    3 - 500");
        bankWindow.showEachLine("                    4 - 1000");
        bankWindow.showEachLine("                    5 - 取消");
        bankWindow.showEachLine("*********************************");
        bankWindow.showMessage("-->> 请输入您的选项 [1-5]: ");
        int input = bankInputDevice.getDeviceInput();
        switch (input)
        {
            case 1:
            case 2:
            case 3:
            case 4:
                userChoice = amounts[input];
                break;
            case CANCELED:
                userChoice = CANCELED;
                break;
            default:
                bankWindow.showEachLine("\n@@ 输入错误，请重试...");
        }
    }
    return userChoice;
}
```

【代码剖析】

本文件主要为取款操作相应的函数定义实现。在代码中，首先进行函数的构造，接着通过 doRun()函数执行取款的相应判断：若可用余额不足，则提示"可用余额不足"；若余额足够取用，则可正常取款；若中途改变主意，可执行取消交易操作。最后是显示可取金额菜单选项函数 showMoneyOptions()的定义，通过 while 循环打印出取款菜单操作指令，接着通过 switch 分支选择结构根据用户的操作选项执行相应的功能。

7. MoneySave.h 文件

本文件主要包含存款函数的声明。代码如下：

```
#ifndef MONEY_SAVE_H
#define MONEY_SAVE_H
#include "BankDeal.h"
class BankInputDevice;
class AccessWindow;
class MoneySave : public BankDeal
{
    public:
        MoneySave(int, BankWindow &, BankDatabase &,BankInputDevice &, AccessWindow &);
        virtual void doRun();
    private:
        double amount;
        BankInputDevice &bankInputDevice;
```

```
        AccessWindow &depositWindow;
        double moneySaveTips() const;
};
#endif
```

8. MoneySave.cpp 文件

本文件主要包含存款函数的定义实现。代码如下：

```cpp
#include "MoneySave.h"
#include "BankWindow.h"
#include "BankDatabase.h"
#include "BankInputDevice.h"
#include "AccessWindow.h"
// 取消交易
const static int CANCELED = 0;
// 构造函数
MoneySave::MoneySave(int userAccountNumber, BankWindow &bankWindow,
BankDatabase &bankDatabase, BankInputDevice &bankInputDevice,
AccessWindow &accessWindow)
: BankDeal(userAccountNumber, bankWindow, bankDatabase),
bankInputDevice(bankInputDevice), depositWindow(accessWindow)
{
}
// 存款执行
void MoneySave::doRun()
{
    BankDatabase &bankDatabase = getBankDatabase();
    BankWindow &bankWindow = getBankWindow();
    amount = moneySaveTips();
    if (amount != CANCELED)
    {
        bankWindow.showMessage("@@ 请将 ");
        bankWindow.showTotleMoney(amount);
        bankWindow.showEachLine(" 现金存入系统! ");
        bool isReceived = depositWindow.isReceived();
        if (isReceived)
        {
            bankWindow.showEachLine("@@ 系统已收到您的现金."
            "\n@@ 注意: 在系统完成确认前, 刚存入的现金暂不可取用! ");
            bankDatabase.makeMoneySave(getAccountNumber(), amount);
        }
        else
        {
            bankWindow.showEachLine("@@ 系统未收到您的现金, 请重试 ...");
        }
    }
    else
    {
        bankWindow.showEachLine("@@ 交易取消...");
    }
}
// 提示用户输入存款额
double MoneySave::moneySaveTips() const
```

```
{
    BankWindow &bankWindow = getBankWindow();
    bankWindow.showMessage("-->> 请输入您存入的金额 [0 - 取消交易]: ");
    int input = bankInputDevice.getDeviceInput();
        if (input == CANCELED)
        {
            return CANCELED;
        }
        else
        {
            return static_cast<double>(input);
        }
}
```

【代码剖析】

本段代码主要包含了存款操作的相应函数的定义及实现。在代码中，首先进行函数的构造，接着在 doRun()函数中，通过 if...else 语句的嵌套进行相应的操作提示，然后在提示用户输入存款额函数 moneySaveTips()中，引导用户输入待存金额，并对输入进行检测。

21.4.2 相关设备模拟

本模块分别通过 AccessWindow.h、AccessWindow.cpp、BankWindow.h、BankWindow.cpp、BankInputDevice.h、BankInputDevice.cpp 这 6 个代码文件声明、定义并实现了本案例中银行交易过程中的交易窗口、操作界面和输入设备等相关设备模拟业务流程功能。

1. AccessWindow.h 文件

本文件为交易成功窗口函数的声明。代码如下：

```
#ifndef ACCESS_WINDOW_H
#define ACCESS_WINDOW_H
class AccessWindow
{
    public:
        bool isReceived() const;
};
#endif
```

2. AccessWindow.cpp 文件

本文件为交易成功窗口函数的定义。代码如下：

```
#include "AccessWindow.h"
// 系统是否收到现金
bool AccessWindow::isReceived() const
{
    return true;
}
```

3. BankWindow.h 文件

本文件为操作窗口函数的声明。代码如下：

```
#ifndef BANK_WINDOW_H
#define BANK_WINDOW_H
#include <string>
using std::string;
// 操作窗口
class BankWindow
{
    public:
        void showMessage(string) const;
        void showEachLine(string) const;
        void showTotalMoney(double) const;
};
#endif
```

4. BankWindow.cpp 文件

本文件为操作窗口函数的定义实现。代码如下：

```
#include <iostream>
#include <iomanip>
#include "BankWindow.h"
using namespace std;
// 在当前行显示信息
void BankWindow::showMessage( string message ) const
{
    cout << message;
}
// 换行显示信息
void BankWindow::showEachLine( string message ) const
{
    cout << message << endl;
}
// 显示总金额
void BankWindow::showTotalMoney( double amount ) const
{
    cout << fixed << setprecision( 2 ) << amount << " 元";
}
```

5. BankInputDevice.h 文件

本文件为输入设备函数的声明。代码如下：

```
#ifndef BANK_INPUT_DEVICE_H
#define BANK_INPUT_DEVICE_H
class BankInputDevice
{
    public:
        int getDeviceInput() const;
};
#endif
```

6. BankInputDevice.cpp 文件

本文件为输入设备函数的定义实现。代码如下：

```cpp
#include <iostream>
using namespace std;
#include "BankInputDevice.h"
// 获取输入
int BankInputDevice::getDeviceInput() const
{
    char ch;
    int input;
    cin >> input;
    while (true)
    {
        if (input >= 0 && input <= 1000000000)
        {
            return input;
        }
        else
        {
            // 消除其他字符误录的影响
            while ((ch = getchar()) != '\n')
            {
                continue;
            }
            cout << "-->> 输入有误! 请重新输入: " << endl;
            cin.clear();
            cin >> input;
        }
    }
    return input;
}
```

21.4.3 交易设备、数据库和账户等具体实现

本模块分别通过 BankMachine.h、BankMachine.cpp、BankDatabase.h、BankDatabase.cpp、BankAccount.h、BankAccount.cpp 这 6 个代码文件定义和实现了本案例中交易系统的交易设备、数据库和账户等功能函数的具体操作。

1. BankMachine.h 文件

本文件为交易设备函数的声明。代码如下：

```cpp
#ifndef BANK_MACHINE_H
#define BANK_MACHINE_H
class BankMachine
{
    public:
        BankMachine();
        void takeMoney(int);
        // 是否充足
```

```
        bool isCashEnough(int) const;
    private:
        const static int INITIAL_COUNT = 500;
        int count;
};
#endif
```

2. BankMachine.cpp 文件

本文件为交易设备函数的定义实现。代码如下：

```cpp
#include "BankMachine.h"
// 构造函数
BankMachine::BankMachine()
{
    count = INITIAL_COUNT;
}
//
void BankMachine::takeMoney( int amount )
{
    int billsRequired = amount / 20;
    count -= billsRequired;
}
// 余额是否充足
bool BankMachine::isCashEnough( int amount ) const
{
    int billsRequired = amount / 20;
    if (count >= billsRequired)
    {
        return true;
    }
    else
    {
        return false;
    }
}
```

3. BankDatabase.h 文件

本文件为数据库相关函数的声明。代码如下：

```cpp
#ifndef BANK_DATABASE_H
#define BANK_DATABASE_H
#include <vector>
using std::vector;
#include "BankAccount.h"
class BankDatabase
{
    public:
        BankDatabase();
        bool verification(int, int);
        double getAvailableBalance(int);
        double getTotalBalance(int);
        void makeMoneySave(int, double);
```

```
            void makeMoneyDraw(int, double);
        private:
        vector< BankAccount > bankAccounts;
        BankAccount * getBankAccount(int);
};
#endif
```

4. BankDatabase.cpp 文件

本文件为数据库相关函数的定义实现。代码如下：

```
#include "BankDatabase.h"
// 构造函数及初始化
BankDatabase::BankDatabase()
{
        // 创建默认账号和信息
        BankAccount account1(123456, 123456, 20000.0, 24000.0);
    bankAccounts.push_back(account1);
}
// 检索账号信息
BankAccount * BankDatabase::getBankAccount(int accountNumber)
{
    for (size_t i = 0; i < bankAccounts.size(); i++)
    {
        if (bankAccounts[i].getAccountNumber() == accountNumber)
        {
            return &bankAccounts[i];
        }
    }
    return NULL;
}
// 账号校验
bool BankDatabase::verification(int userAccountNumber,int userPassword)
{
    BankAccount * const userAccountPtr = getBankAccount(userAccountNumber);
    if (userAccountPtr != NULL)
    {
        return userAccountPtr->isPasswordCorrect(userPassword);
    }
    else
    {
        return false;
    }
}
// 获取特定账号的可用余额
double BankDatabase::getAvailableBalance(int userAccountNumber)
{
    BankAccount * const userAccountPtr = getBankAccount(userAccountNumber);
    return userAccountPtr->getAvailableBalance();
}
// 获取特定账号的总余额
double BankDatabase::getTotalBalance(int userAccountNumber)
{
    BankAccount * const userAccountPtr = getBankAccount(userAccountNumber);
```

```
                return userAccountPtr->getTotalBalance();
}
// 存款
void BankDatabase::makeMoneySave(int userAccountNumber, double amount)
{
    BankAccount * const userAccountPtr = getBankAccount(userAccountNumber);
    userAccountPtr->makeMoneySave(amount);
}
// 取款
void BankDatabase::makeMoneyDraw(int userAccountNumber, double amount)
{
    BankAccount * const userAccountPtr = getBankAccount(userAccountNumber);
    userAccountPtr->makeMoneyDraw(amount);
}
```

【代码剖析】

本段代码主要为数据库以及账号相关函数的定义与实现。在代码中，首先进行函数的构造及初始化，创建一个默认的账号信息，接着定义函数 getBankAccount()用于对账号信息进行检索；定义函数 verification()用于账号的校验；定义函数 getAvailableBalance()用于获取特定账号的可用余额；定义函数 getTotalBalance()用于获取特定账号的总余额；定义 makeMoneySave()函数用于执行存款操作；定义函数 makeMoneyDraw()用于执行取款操作。

5. BankAccount.h 文件

本文件主要为存款信息相应函数的声明。代码如下：

```
#ifndef BANK_ACCOUNT_H
#define BANK_ACCOUNT_H
class BankAccount
{
    public:
        BankAccount(int, int, double, double);
    int getAccountNumber() const;
    double getAvailableBalance() const;
    double getTotalBalance() const;
        bool isPasswordCorrect(int) const;
        void makeMoneySave(double);
        void makeMoneyDraw(double);
    private:
        int accountNumber;
        int accountPassword;
        double availableBalance;
        double totalBalance;
};
#endif
```

6. BankAccount.cpp 文件

本文件主要为存款信息相应函数的定义与实现。代码如下：

```
#include "BankAccount.h"
BankAccount::BankAccount( int number, int password, double availableBalance,
double allBalance )
```

```
 : accountNumber(number),
accountPassword(password),availableBalance(availableBalance),totalBalance
(allBalance)
{
}
// 密码是否正确
bool BankAccount::isPasswordCorrect( int userPassword ) const
{
    if (userPassword == accountPassword)
    {
        return true;
    }
    else
    {
        return false;
    }
}
// 可用余额
double BankAccount::getAvailableBalance() const
{
    return availableBalance;
}
// 所有余额
double BankAccount::getTotalBalance() const
{
    return totalBalance;
}
// 存款
void BankAccount::makeMoneySave( double amount )
{
    totalBalance += amount;
}
// 取款
void BankAccount::makeMoneyDraw( double amount )
{
    availableBalance -= amount;
    totalBalance -= amount;
}
// 获取账号
int BankAccount::getAccountNumber() const
{
    return accountNumber;
}
```

21.4.4 设备处理、交易处理、操作处理和验证处理等功能

本模块分别通过 BankSystem.h 和 BankSystem.cpp 这 2 个代码文件实现了所有交易过程中的设备处理、交易处理、操作处理、验证处理等功能。

1. BankSystem.h 文件

本文件主要为交易过程中相应的处理函数的声明。代码如下：

```
#ifndef BANK_SYSTEM_H
#define BANK_SYSTEM_H
#include "BankWindow.h"
#include "BankInputDevice.h"
#include "BankMachine.h"
#include "AccessWindow.h"
#include "BankDatabase.h"
class BankDeal;
class BankSystem
{
    public:
        BankSystem();
        void run();
    private:
        bool accountVerification;
        int currentCardNumber;
        BankWindow bankWindow;
        BankInputDevice bankInputDevice;
            BankMachine bankMachine;
            BankDatabase bankDatabase;
            AccessWindow depositWindow;
            BankDeal *makeBankDeal(int);
            void verfication();
            void doDeal();
            int showSystemMenu() const;
};
#endif
```

2. BankSystem.cpp 文件

本文件主要为交易过程中各种处理函数的定义与实现。代码较长，分为两部分。

(1) 登录验证。代码如下：

```
#include "BankSystem.h"
#include "BankDeal.h"
#include "BalanceSearch.h"
#include "MoneyDraw.h"
#include "MoneySave.h"
// 菜单选项
enum MenuOption { BALANCE_SEARCH = 1, MONEY_DRAW, MONEY_SAVE, EXIT_SYSTEM };
// 构造函数
BankSystem::BankSystem(): accountVerification(false),currentCardNumber(0)
{
}
// 运行主程序
void BankSystem::run()
{
    while (true)
    {
        while (!accountVerification)
        {
            bankWindow.showEachLine("******* 欢迎进入银行交易系统 *******");
            // 登录验证
```

```
                verification();
        }
        // 验证成功，下次登录初始化
        doDeal();
        accountVerification = false;
        currentCardNumber = 0;
        bankWindow.showEachLine("@@ 系统退出，谢谢使用！");
        break;
    }
}
// 登录及验证
void BankSystem::verification()
{
    bankWindow.showMessage(" - 请输入您的账号：");
    int accountNumber = bankInputDevice.getDeviceInput();
    bankWindow.showMessage(" - 请输入您的密码：");
    int accountPassword = bankInputDevice.getDeviceInput();
    // 与数据库进行匹配
    accountVerification = bankDatabase.verification(accountNumber, accountPassword);
    // 检测验证情况
    if (accountVerification)
    {
        currentCardNumber = accountNumber;
    }
    else
    {
        bankWindow.showEachLine("@@ 账号或密码错误！请重试...");
    }
}
```

【代码剖析】

本段代码主要为用户登录验证相关处理功能的实现。其中函数 run()打印出系统的欢迎界面，调用函数 verification()进行登录验证，首先通过输入端获取用户输入的账号及密码，再通过数据库进行匹配，若验证成功，则说明账号密码正确；若失败，则说明账号密码错误，并弹出提示信息。

(2) 交易过程。代码如下：

```
// 开始进行交易
void BankSystem::doDeal()
{
    bool isExisted = false;
    BankDeal *currentDeal;
    while (!isExisted)
    {
        // 显示主菜单
        int mainMenuSelection = showSystemMenu();
        switch (mainMenuSelection)
        {
            case BALANCE_SEARCH:
            case MONEY_DRAW:
            case MONEY_SAVE:
                currentDeal = makeBankDeal(mainMenuSelection);
```

```
            currentDeal->doRun();
            delete currentDeal;    // 释放内存
            break;
        case EXIT_SYSTEM:
            bankWindow.showEachLine("\n@@ 退出系统...");
            isExisted = true;
            break;
        default:
        bankWindow.showEachLine("\n@@ 您的输入错误！请重新选择.");
            break;
        }
    }
}
// 显示系统主菜单
int BankSystem::showSystemMenu() const
{
    bankWindow.showEachLine("************* 主菜单 *************");
    bankWindow.showEachLine("            1 - 查询余额");
    bankWindow.showEachLine("            2 - 取款");
    bankWindow.showEachLine("            3 - 存款");
    bankWindow.showEachLine("            4 - 退出");
    bankWindow.showEachLine("********************************");
    bankWindow.showMessage("-->> 请输入您的选择: ");
    return bankInputDevice.getDeviceInput();
}
// 选项功能实现
BankDeal *BankSystem::makeBankDeal(int type)
{
    BankDeal *tempDeal = NULL;
    switch (type)
    {
        case BALANCE_SEARCH:
            tempDeal = new BalanceSearch(currentCardNumber,bankWindow, bankDatabase);
            break;
        case MONEY_DRAW:
            tempDeal = new MoneyDraw(currentCardNumber, bankWindow,
            bankDatabase, bankInputDevice, bankMachine);
            break;
        case MONEY_SAVE:
            tempDeal = new MoneySave(currentCardNumber, bankWindow,
            bankDatabase, bankInputDevice, depositWindow);
            break;
    }
    return tempDeal;
}
```

【代码剖析】

本段代码主要实现了用户进行存款、取款等操作的交易过程。其中函数 doDeal()中通过 while 循环调用函数 showSystemMenu()显示出程序主菜单操作指引，接着通过 switch 分支选择结构根据用户的输入调用 makeBankDeal()函数来分别实现相应的余额查询、取款及存款操作。

21.4.5 主程序运行入口

main.cpp 文件是该案例的主程序运行入口，主要包含主程序运行初始化、系统菜单显示、选项选择并执行等主体功能。

main.cpp 文件具体代码如下：

```cpp
#include "BankSystem.h"
// 程序主入口
int main()
{
    BankSystem bankSystem;
    bankSystem.run();
    return 0;
}
```

21.5 系 统 运 行

项目运行效果如下。

(1) 通过 Visual Studio 2017 开发环境打开文件 BankSystem.sln，对该文件进行编译、运行，打开程序的欢迎主界面，用户可根据提示输入操作指令，如图 21-4 所示。

(2) 根据提示输入账号密码，验证通过即可进行存取的相关操作。例如，输入默认账号 123456，密码 123456，如图 21-5 所示。

图 21-4 程序欢迎主界面　　　　　　图 21-5 登录

(3) 登录验证成功后即可进入系统的主界面，并显示出相应的功能菜单，如图 21-6 所示。

(4) 输入操作指令 1，可以对账户的余额进行查询操作，如图 21-7 所示。

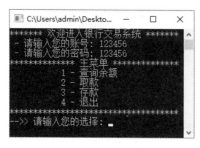

图 21-6 功能菜单　　　　　　图 21-7 查询余额

(5) 输入操作指令 2，可执行取款的相应操作。根据取款的菜单指令可取出不同数额的钱，例如输入 1 取出 100，如图 21-8 所示。

(6) 输入操作指令 3，可执行存款的相应操作。根据操作提示，可存入不同数额的钱，例如存入 100 元，如图 21-9 所示。

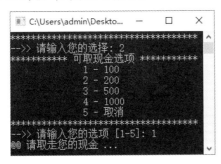

图 21-8　取款

图 21-9　存款

(7) 输入操作指令 4，可以退出程序。

21.6　项目总结

通过该案例的学习，读者可熟悉 C++语言的面向对象操作，完成逻辑封装较为完整的编程任务，提高自身编程技能，其主要表现在如下几个方面。

(1) 掌握使用 C++面向对象的设计方法和思路。

(2) 学习面向对象语言的编程技巧和特点。

(3) 熟练掌握预处理指令、对象封装、继承、类初始化、委托机制等综合性编程技能。

(4) 掌握 Public、Protected、Private 等不同类型属性、成员函数的作用域和功能隐藏机制。

(5) 掌握 C++流操作、函数作用域、类作用域、变量作用域等特性。

第 22 章

项目实训 4——开发学校职工信息管理系统

本章以 C++语言技术为基础，通过使用 Visual Studio 2017 开发环境，以 Win32 控制台应用程序为例开发了一个学校职工信息管理系统的演示版本。通过对本系统的学习，读者能够真正掌握软件开发的流程及 C++在实际项目中涉及的重要技术。

本章要点(已掌握的在方框中打钩)

- ☐ 了解本项目的需求分析和系统功能结构设计。
- ☐ 掌握职工信息的数据结构的基类属性和成员方法相关代码设计。
- ☐ 掌握行政人员类、教师类和兼职人员类的声明、定义和实现相关代码设计。
- ☐ 掌握系统职工信息增删改查功能的声明、定义相关代码设计。
- ☐ 掌握系统增删改查以及菜单功能的实现相关代码设计。
- ☐ 掌握主程序运行入口相关代码设计。

22.1 需 求 分 析

需求调查是任何一个软件项目的第一个工作。通过分析，本案例介绍一个学校的职工信息管理系统，是一个 C++语言版本的控制台应用程序，在 Visual Studio 2017 环境下开发完成。系统功能主要包括学校职工信息的查询、增加、修改和删除功能。运行项目主程序后直接进入系统菜单选项界面，用户选择对应功能编号后，输入相应的交互提示信息，进行相应的功能操作。整个项目将职工的共有属性抽象出一个公共基类，使用不同的职工子类继承于基类，同时实现不同操作。系统的主菜单主要包含 5 个功能点。

(1) 添加职工信息。在主菜单界面用户输入数字 1 后，根据系统的交互提示输入待添加的职工类型、职务、编号、性别、工龄等信息后，向系统添加新职工信息。如果职工信息存在，则添加失败；否则，添加并保存信息，同时展示添加后的所有职工信息。

(2) 修改职工信息。在主菜单界面用户输入数字 2 后，根据系统的交互提示输入待修改的职工编号或者姓名后，显示可以修改的信息关键字(职工类型、职务、编号、性别、工龄等)，同时修改对应的职工信息。如果职工信息不存在，则修改失败；否则，提示修改成功，并展示修改后的职工信息。

(3) 删除职工信息。在主菜单界面用户输入数字 3 后，根据系统的交互提示输入待删除的职工编号或者姓名，删除系统中存在的职工信息。如果职工信息不存在，则删除失败，系统重新提示操作键；否则，提示删除成功，同时展示删除操作完成后的所有职工信息。

(4) 查询职工信息。在主菜单界面用户输入数字 4 后，查询整个系统的职工信息，系统界面按行打印展示出相应的职工信息，信息内容主要包括职工类型、职务、编号、性别、工龄、薪资等。

(5) 退出系统。在主菜单界面用户输入数字 5 后，退出整个系统。

根据上述需求分析，学校职工信息管理系统功能模块如图 22-1 所示。

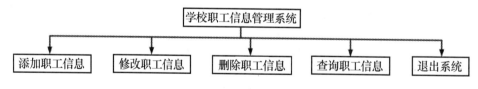

图 22-1 学校职工信息管理系统功能模块

22.2 功 能 分 析

经过需求分析，了解了学校职工信息管理系统所实现的主要功能。为了代码的简洁和易维护，将各个功能分为多个模块。该案例的代码清单包含 13 个头文件和 8 个实现代码文件，分别定义和实现了职工信息管理系统的增、删、改、查等主要功能。

1. 职工信息的数据结构的基类属性和成员方法

BaseStaff.h 和 BaseStaff.cpp 文件分别声明和定义了该案例中职工信息的数据结构的基类属性和成员方法。

2. 行政人员类、教师类和兼职人员类的声明、定义和实现

ClericalStaff.h、ClericalStaff.cpp、Teacher.h、Teacher.cpp、PartTimer.h 和 PartTimer.cpp 这 6 个代码文件分别是行政人员类、教师类和兼职人员类的声明、定义和实现，这 3 个类都继承于 BaseStaff 基类。

3. 系统职工信息增删改查功能的声明、定义

SystemFunctions.h 代码文件是整个系统功能点的基类声明和定义文件，AddStaffInfos.h、DeleteStaffInfos.h、UpdateStaffInfos.h、SearchStaffInfos.h 和 SystemExit.h 这 5 个代码文件分别是系统职工信息增删改查功能的声明、定义的基础方法，这 5 个类都继承于 SystemFunctions 基类。

4. 系统增删改查以及菜单功能的实现

StaffManage.h、StaffManage.cpp、StaffSystem.h、StaffSystem.cpp、SystemMenu.h 和 SystemMenu.cpp 这 6 个代码文件分别是系统增删改查功能的定义和实现、系统菜单功能点封装、组织和实现文件。

5. 主程序运行入口

main.cpp 文件是该案例的主程序运行入口，主要包含主程序运行初始化、系统菜单显示、选项选择并执行等主体功能。

其中详细的函数功能描述参见代码文件中的注释。

通过上述功能分析，得出学校职工信息管理系统的系统类图，如图 22-2～图 22-4 所示。

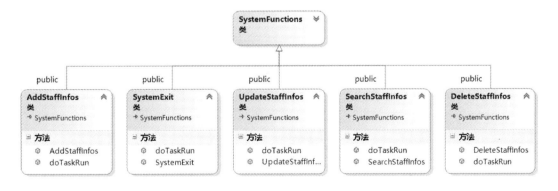

图 22-2　学校职工信息管理系统的系统类图 1

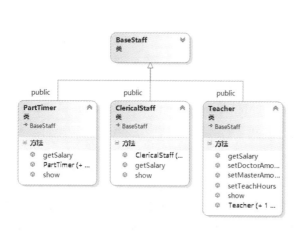

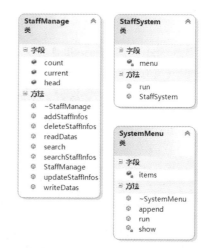

图 22-3　学校职工信息管理系统的系统类图 2　　　　图 22-4　学校职工信息管理系统的系统类图 3

22.3　开发前的准备工作

进行系统开发之前，需要做如下准备工作。

1. 搭建开发环境

在本机搭建安装 Visual Studio 2017 开发环境，有关具体安装操作步骤，请参阅相关资料。

2. 创建项目

在 Visual Studio 2017 开发环境中创建"SchoolStaffSystem"Win32 控制台应用程序项目，具体操作步骤，请参阅相关资料。

22.4　系统代码编写

在学校职工信息管理系统中，根据功能分析中划分的职工信息的数据结构的基类属性和成员方法，行政人员类、教师类和兼职人员类的声明、定义和实现，系统职工信息增删改查功能的声明、定义，系统增删改查以及菜单功能的实现，以及主程序运行入口这些模块分别编写代码。

22.4.1　职工信息的数据结构的基类属性和成员方法

本模块通过 BaseStaff.h 和 BaseStaff.cpp 文件分别声明和定义了该案例中职工信息的数据结构的基类属性和成员方法。

1. BaseStaff.h 文件

本文件主要为职工基类的相关属性的声明。代码如下：

```
#ifndef BASE_STAFF_H
#define BASE_STAFF_H
#include <string>
#include <iostream>
using namespace std;
// 职工基类
class BaseStaff
{
    public:
        void setStaffNumber();
        string getStaffNumber() const;
        void setStaffName();
        string getStaffName() const;
        void setStaffSex();
        int getStaffSex() const;
        void setStaffWorkYears();
        int getStaffWorkYears() const;
        friend void operator<<(ostream& out, BaseStaff* a);
        // 文件操作，成员属性设置为 public
        int staffSex;
        int staffWorkYears;
        int staffSalary;
        int staffProfessionType;
        int staffDuty;
        int staffJobWage;
        int staffType;
        int staffBaseSalary;
        int baseYearSalary;
        int staffTeachHours;
        int baseTeachHourSalary;
        int baseMasterSalary;
        int masterAmounts;
        int baseDoctorSalary;
        int doctorAmounts;
        string staffNumber;
        string staffName;
        BaseStaff* next;
            virtual int getSalary() = 0;
            virtual void show() = 0;
    };
#endif
```

2. BaseStaff.cpp 文件

本文件主要为职工基类的相关属性及方法的具体定义。代码如下：

```
#include "BaseStaff.h"
void BaseStaff::setStaffNumber()
{
    cout << "==>> 职工编号: ";
    cin >> this->staffNumber;
}
string BaseStaff::getStaffNumber() const
{
```

```
    return this->staffNumber;
}
void BaseStaff::setStaffName()
{
    cout << "==>> 姓名: ";
    cin >> this->staffName;
}
string BaseStaff::getStaffName() const
{
    return this->staffName;
}
void BaseStaff::setStaffSex()
{
    char ch;
    cout << "==>> 性别 [1-男, 2-女]: ";
    cin >> this->staffSex;
    while (staffSex != 1 && staffSex != 2)
    {
        if (cin.fail())
        {
            // 消除其他字符误录的影响
            while ((ch = getchar()) != '\n')
            {
                continue;
            }
            cout << "==>> 性别输入错误! 请重新输入: ";
            cin.clear();
            cin >> this->staffSex;
            continue;
        }
        else
        {
            cout << "==>> 您输入了错误的类别, 请重新输入: " << endl;
            setStaffSex();
        }
    }
}
int BaseStaff::getStaffSex() const
{
    return this->staffSex;
}
void BaseStaff::setStaffWorkYears()
{
    char ch;
    cout << "==>> 工龄: ";
    cin >> this->staffWorkYears;
    while (staffWorkYears < 0 || staffWorkYears > 80)
    {
        if (cin.fail())
        {
            // 消除其他字符误录的影响
            while ((ch = getchar()) != '\n')
            {
                continue;
```

```
        }
        cout << "==>> 工龄输入错误! 请重新输入: ";
        cin.clear();
        cin >> this->staffWorkYears;
        continue;
    }
    else
    {
        cout << "==>> 您输入了错误的类别, 请重新输入: " << endl;
        setStaffWorkYears();
    }
    }
}
int BaseStaff::getStaffWorkYears() const
{
    return this->staffWorkYears;
}
void operator<<(ostream& out, BaseStaff* baseStaffPtr)
{
    baseStaffPtr->show();
}
```

22.4.2 各人员类的声明、定义和实现

本模块通过 ClericalStaff.h、ClericalStaff.cpp、Teacher.h、Teacher.cpp、PartTimer.h 和 PartTimer.cpp 这 6 个代码文件分别对行政人员类、教师类和兼职人员类进行了声明、定义和实现, 这 3 个类都继承于 BaseStaff 基类。

1. ClericalStaff.h 文件

本文件主要对行政人员类进行了声明。代码如下:

```
#ifndef CLERICAL_STAFF_H
#define CLERICAL_STAFF_H
#include <iostream>
#include <string>
#include "BaseStaff.h"
using namespace std;
// 行政人员
class ClericalStaff :public BaseStaff
{
    public:
        ClericalStaff();
        ClericalStaff(int n);
        int getSalary();
        void show();
};
#endif
```

2. ClericalStaff.cpp 文件

本文件主要对行政人员类相关的属性及方法进行了定义。代码如下:

```cpp
#include "ClericalStaff.h"
ClericalStaff::ClericalStaff()
{
    staffBaseSalary = 3000;
    baseYearSalary = 200;
}
ClericalStaff::ClericalStaff(int n)
{
    staffBaseSalary = 3000;
    baseYearSalary = 200;
    staffProfessionType = 2;
    staffDuty = n;
    setStaffNumber();
    setStaffName();
    setStaffSex();
    setStaffWorkYears();
    switch (staffDuty)
    {
        case 1:
            staffJobWage = 0;
            break;
        case 2:
            staffJobWage = 2000;
            break;
        case 3:
            staffJobWage = 4000;
            break;
    }
}
int ClericalStaff::getSalary()
{
    staffSalary = (staffBaseSalary + baseYearSalary * staffWorkYears +
staffJobWage);
    return staffSalary;
}
void ClericalStaff::show()
{
    cout << "**************** 职工信息 ****************" << endl;
    cout << "职工编号: " << getStaffNumber() << endl;
    cout << "姓名: " << getStaffName() << endl;
    if (getStaffSex() == 1)
    {
        cout << "性别: 男" << endl;
    }
    if (getStaffSex() == 2)
    {
        cout << "性别: 女" << endl;
    }
    switch (staffDuty)
    {
        case 1:
            cout << "职务: 一般行政人员" << endl;
            break;
```

```
        case 2:
            cout << "职务: 科级干部" << endl;
            break;
        case 3:
            cout << "职务: 处级干部" << endl;
            break;
    }
    cout << "工龄: " << getStaffWorkYears() << endl;
        cout << "工资: " << getSalary() << endl;
        cout << "****************************************" << endl;
}
```

【代码剖析】

本文件主要是对行政人员的相关属性及方法进行具体的定义。在代码中，首先对行政人员的薪资等进行设置，其中 getSalary()函数用于计算职工的最终薪资，show()函数用于打印出行政人员的基本信息及工龄工资。

3. Teacher.h 文件

本文件用于对教师类相关属性及方法进行声明。代码如下：

```
#ifndef TEACHER_H
#define TEACHER_H
#include <iostream>
#include <string>
#include "BaseStaff.h"
using namespace std;
// 教师
class Teacher :public BaseStaff
{
    public:
        Teacher(int n);
        Teacher();
        int getSalary();
        void show();
            void setTeachHours();
            void setMasterAmount();
            void setDoctorAmount();
};
#endif
```

4. Teacher.cpp 文件

本文件主要对教师类的相关属性及方法进行定义，代码较长，分为以下几个部分。

(1) 教师薪资及基本信息打印。代码如下：

```
#include "Teacher.h"
Teacher::Teacher(int n)
{
    staffProfessionType = 3;
    staffBaseSalary = 3000;
    baseYearSalary = 200;
    baseMasterSalary = 500;
```

```
        baseDoctorSalary = 800;
        staffType = n;
        setStaffNumber();
        setStaffName();
        setStaffSex();
        setStaffWorkYears();
        switch (staffType)
        {
            case 1:
                baseTeachHourSalary = 200;
                masterAmounts = 0;
                doctorAmounts = 0;
                setTeachHours();
                break;
            case 2:
                baseTeachHourSalary = 300;
                doctorAmounts = 0;
                setTeachHours();
                setMasterAmount();
                break;
            case 3:
                baseTeachHourSalary = 500;
                setTeachHours();
                setMasterAmount();
                setDoctorAmount();
                break;
        }
}
//用于输入对象的创建
Teacher::Teacher()
{
    staffBaseSalary = 3000;
    baseYearSalary = 200;
    baseMasterSalary = 500;
    baseDoctorSalary = 800;
}
int Teacher::getSalary()
{
    staffSalary = (staffBaseSalary + staffWorkYears * baseYearSalary +
masterAmounts *
    baseMasterSalary + doctorAmounts*baseMasterSalary);
    return staffSalary;
}
void Teacher::show()
{
    cout << "*************** 职工信息 ***************" << endl;
    cout << "职工编号: " << getStaffNumber() << endl;
    cout << "姓名: " << getStaffName() << endl;
    if (getStaffSex() == 1)
    {
        cout << "性别: 男" << endl;
    }
    if (getStaffSex() == 2)
    {
```

```
        cout << "性别: 女" << endl;
    }
    switch (staffType)
    {
    case 1:
        cout << "职务: 讲师" << endl;
        break;
    case 2:
        cout << "职务: 副教授/教授" << endl;
        cout << "所带硕士生人数: " << masterAmounts << endl;
        break;
    case 3:
        cout << "职务: 博士生导师" << endl;
        cout << "所带硕士生人数: " << masterAmounts << endl;
        cout << "所带博士生人数: " << masterAmounts << endl;
        break;
    }
    cout << "工龄: " << getStaffWorkYears() << endl;
        cout << "工资: " << getSalary() << endl;
        cout << "*******************************************" << endl;
}
```

【代码剖析】

本段代码主要是对教师的相关属性及方法进行具体的定义。在代码中，首先对教师的薪资等进行设置，其中 getSalary()函数用于计算教师的最终薪资，show()函数用于打印各级别教师的基本信息，所带硕士生、博士生人数以及工龄工资。

(2) 学时以及所带学生人数设置。代码如下：

```
void Teacher::setTeachHours()
{
    char ch;
    cout << "==>> 请输入学时数: ";
    cin >> staffTeachHours;
    if (cin.fail() || staffTeachHours < 0)
    {
    // 消除其他字符误录的影响
    while ((ch = getchar()) != '\n')
    {
        continue;
    }
    cout << "-->> 输入学时数错误! 请重新输入: " << endl;
    cin.clear();
    cin >> masterAmounts;
    }
}
void Teacher::setMasterAmount()
{
    char ch;
    cout << "==>> 请输入硕士生数: ";
    cin >> masterAmounts;
    if (cin.fail() || masterAmounts < 0)
    {
```

```
        // 消除其他字符误录的影响
        while ((ch = getchar()) != '\n')
        {
            continue;
        }
        cout << "-->> 输入硕士人数错误! 请重新输入: " << endl;
        cin.clear();
        cin >> masterAmounts;
    }
}
void Teacher::setDoctorAmount()
{
    char ch;
    cout << "==>> 请输入博士生数: ";
    cin >> doctorAmounts;
    if (cin.fail() || doctorAmounts < 0)
    {
        // 消除其他字符误录的影响
        while ((ch = getchar()) != '\n')
        {
            continue;
        }
        cout << "-->> 输入博士人数错误! 请重新输入: " << endl;
        cin.clear();
        cin >> doctorAmounts;
    }
}
```

【代码剖析】

本段代码主要完成对教师学时数以及所带硕士生、博士生人数的设置。其中 setTeachHours()
函数用于对输入学时数进行检测，若输入有误则进行提示并重新输入；setMasterAmount()函
数用于对输入的硕士生人数进行检测，若输入有误则进行提示并重新输入；setDoctorAmount()
函数用于对输入的博士生人数进行检测，若输入有误则进行提示并重新输入。

5. PartTimer.h 文件

本文件主要是对兼职人员的相关属性及方法进行声明。代码如下：

```
#ifndef PARTTIMER_H
#define PARTTIMER_H
#include <iostream>
#include <string>
#include "BaseStaff.h"
using namespace std;
// 兼职人员
class PartTimer :public BaseStaff
{
    public:
        PartTimer();
        PartTimer(int n);
        int getSalary();
        void show();
};
#endif
```

6. PartTimer.cpp 文件

本文件主要是对兼职人员的相关属性及方法进行定义。代码如下：

```cpp
#include "PartTimer.h"
PartTimer::PartTimer()
{
    this->staffProfessionType = 1;
    staffSalary = 3000;
    setStaffNumber();
    setStaffName();
    setStaffSex();
}
PartTimer::PartTimer(int n)
{
    staffSalary = 3000;
}
int PartTimer::getSalary()
{
    return staffSalary;
}
void PartTimer::show()
{
    cout << "**************** 职工信息 ****************" << endl;
    cout << "职工编号: " << getStaffNumber() << endl;
    cout << "姓名: " << getStaffName() << endl;
    if (getStaffSex() == 1)
    {
        cout << "性别: 男" << endl;
    }
    if (getStaffSex() == 2)
    {
        cout << "性别: 女" << endl;
    }
    cout << "职务: 临时人员" << endl;;
    cout << "工资: " << getSalary() << endl;
    cout << "*******************************************" << endl;
}
```

22.4.3 系统职工信息增删改查功能的声明、定义

本模块中 SystemFunctions.h 代码文件是整个系统功能点的基类声明和定义文件，AddStaffInfos.h、DeleteStaffInfos.h、UpdateStaffInfos.h、SearchStaffInfos.h 和 SystemExit.h 这 5 个代码文件分别实现系统职工信息增删改查功能的声明、定义的基础方法，这 5 个类都继承于 SystemFunctions 基类。

1. SystemFunctions.h 文件

本文件主要是系统功能区相应函数的声明与定义。代码如下：

```cpp
#ifndef SYSTEM_FUNCTIONS_H
#define SYSTEM_FUNCTIONS_H
```

```
#include <string>
using namespace std;
// 系统功能区
class SystemFunctions
{
    public:
        SystemFunctions(string c) :systemFunction(c)
        {
        }
        string getSystemFunction()
        {
            return systemFunction;
        }
        virtual bool doTaskRun() = 0;  //if return true , then exit program
        virtual ~SystemFunctions() {}
    private:
        string systemFunction;
};
#endif
```

2. AddStaffInfos.h 文件

本文件主要为添加职工信息功能函数的定义。代码如下：

```
#ifndef ADD_STAFF_INFOS_H
#define ADD_STAFF_INFOS_H
#include "SystemFunctions.h"
#include "StaffManage.h"
// 添加职工信息
class AddStaffInfos :public SystemFunctions
{
    public:
        AddStaffInfos()
        : SystemFunctions("添加职工信息")
        {
        };
        // 执行任务
        bool doTaskRun()
        {
            staffManage.addStaffInfos();
            return false;
        }
};
#endif
```

3. DeleteStaffInfos.h 文件

本文件主要为删除职工信息功能函数的定义。代码如下：

```
#ifndef DELETE_STAFF_INFOS_H
#define DELETE_STAFF_INFOS_H
#include "SystemFunctions.h"
#include "StaffManage.h"
class DeleteStaffInfos :public SystemFunctions
{
```

```
    public:
        DeleteStaffInfos() :SystemFunctions("删除职工信息") {};
        bool doTaskRun()
        {
            staffManage.deleteStaffInfos();
            return false;
        }
};
#endif
```

4. UpdateStaffInfos.h 文件

本文件用于对职工信息更新功能函数进行定义。代码如下:

```
#ifndef UPDATE_STAFF_INFOS_H
#define UPDATE_STAFF_INFOS_H
#include "SystemFunctions.h"
#include "StaffManage.h"
// 更新信息
class UpdateStaffInfos :public SystemFunctions
{
    public:
        UpdateStaffInfos()
        :SystemFunctions("更新职工信息")
        {
        };
        bool doTaskRun()
        {
            staffManage.updateStaffInfos();
            return false;
        }
};
#endif
```

5. SearchStaffInfos.h 文件

本文件用于对职工信息查询功能函数进行定义。代码如下:

```
#ifndef SEARCH_STAFF_INFOS_H
#define SEARCH_STAFF_INFOS_H
#include "SystemFunctions.h"
#include "StaffManage.h"
// 查询职工信息
class SearchStaffInfos :public SystemFunctions
{
    public:
        SearchStaffInfos() :SystemFunctions("查询职工信息") {};
        bool doTaskRun()
        {
            staffManage.searchStaffInfos();
            return false;
        }
};
#endif
```

6. SystemExit.h 文件

本文件主要用于数据保存以及系统退出功能函数的定义。代码如下：

```
#ifndef SYSTEM_EXIT_H
#define SYSTEM_EXIT_H
#include <iostream>
using namespace std;
#include "SystemFunctions.h"
#include "StaffManage.h"
// 退出系统，保存数据
class SystemExit :public SystemFunctions
{
    public:
        SystemExit() :SystemFunctions("退出") {}
        bool doTaskRun()
        {
            cout << "系统已退出，信息保存在本地 staffDatas.dat 文件中 ..." << endl;
            staffManage.writeDatas();
            return true;
        }
};
#endif
```

22.4.4 系统增删改查以及菜单功能的实现

本模块通过 StaffManage.h 、 StaffManage.cpp 、 StaffSystem.h 、 StaffSystem.cpp 、 SystemMenu.h 和 SystemMenu.cpp 这 6 个代码文件分别进行系统增删改查功能的定义和实现、系统菜单功能点封装、组织和实现。

1. StaffManage.h 文件

本文件主要是对总体职工管理类的相关函数进行声明。代码如下：

```
#ifndef STAFF_MANAGE_H
#define STAFF_MANAGE_H
#include <string>
#include <fstream>
#include "BaseStaff.h"
#include "PartTimer.h"
#include "Teacher.h"
#include "ClericalStaff.h"
using namespace std;
// 总体职工管理类
class StaffManage
{
    public:
        int count;
        StaffManage() { count = 0; }
        void addStaffInfos();
        void updateStaffInfos();
```

```
        void deleteStaffInfos();
        void searchStaffInfos();
            void readDatas();
            void writeDatas();
            BaseStaff* search(string c);
            BaseStaff* head;
            BaseStaff* current;
            virtual ~StaffManage();
};
extern StaffManage staffManage;
#endif
```

2. StaffManage.cpp 文件

本文件主要是对总体职工管理类的相关函数进行定义，代码较长，分为以下几个部分。

(1)　数据查询和数据添加。代码如下：

```cpp
#include <string>
#include <iostream>
#include "StaffManage.h"
using namespace std;
StaffManage staffManage;
StaffManage::~StaffManage()
{
    if (count == 0)
    {
        delete(head);
        delete(current);
    }
    else
    {
        while (head->next != NULL)
        {
            BaseStaff* headPtr = head;
            head = head->next;
            delete(headPtr);
        }
    }
}
// 数据查询
BaseStaff* StaffManage::search(string searchKey)
{
    BaseStaff* baseStaffPtr = head;
    while (baseStaffPtr != NULL)
    {
        if (baseStaffPtr->getStaffNumber() == searchKey|| baseStaffPtr->getStaffName() == searchKey)
        {
            return baseStaffPtr;
        }
        baseStaffPtr = baseStaffPtr->next;
    }
    if (baseStaffPtr == NULL)
    {
```

```
            return NULL;
        }
        return baseStaffPtr;
    }
    // 数据添加
    void StaffManage::addStaffInfos()
    {
        char ch;
        int inputType;
        count++;
        cout << "************** 选择职工类型 **************" << endl;
        cout << "              1 - 兼职人员" << endl;
        cout << "              2 - 行政人员" << endl;
        cout << "              3 - 教师" << endl;
        cout << "*****************************************" << endl;
        cout << "请输入您的选择: ";
        cin >> inputType;
        while ((inputType != 1 && inputType != 2 && inputType != 3))
        {
            // 消除其他字符误录的影响
            while ((ch = getchar()) != '\n')
            {
                continue;
            }
            cout << "==>> 职工类型输入错误! 请重新输入: ";
            cin.clear();
            cin >> inputType;
            continue;
        }
        if (inputType == 1)
        {
            cout << "*********************************************" << endl;
            if (count == 1)
            {
                head = new PartTimer();
                head->next = NULL;
                current = head;
                staffManage.writeDatas();
                cout << "@@@@ 增加职工信息成功!" << endl;
                return;
            }
            else
            {
                BaseStaff* partTimerPtr = new PartTimer();
                BaseStaff* baseStaffPtr = head;
                while (baseStaffPtr != NULL)
                {
                    if (baseStaffPtr->getStaffName() == partTimerPtr->getStaffName()
                    || baseStaffPtr->getStaffNumber() == partTimerPtr->getStaffNumber())
                    {
                        cout << "@@@@ 此用户名/姓名已经存在!" << endl;
                        delete (partTimerPtr);
                        return;
                    }
```

```
            baseStaffPtr = baseStaffPtr->next;
        }
        current->next = partTimerPtr;
        current = current->next;
        current->next = NULL;
        staffManage.writeDatas();
        cout << "@@@@ 增加职工信息成功!" << endl;
        return;
    }
}
if (inputType == 2)
{
    cout << "*****************************************" << endl;
    cout << "               1: 一般行政人员" << endl;
    cout << "               2: 科级干部" << endl;
    cout << "               3: 处级干部" << endl;
    cout << "*****************************************" << endl;
    cout << "请输入您的选择: ";
    int cadreType;
    cin >> cadreType;
    while ((cadreType != 1 && cadreType != 2 && cadreType != 3))
    {
        // 消除其他字符误录的影响
        while ((ch = getchar()) != '\n')
        {
            continue;
        }
        cout << "==>> 输入有误! 请重新输入: ";
        cin.clear();
        cin >> cadreType;
        continue;
    }
    if (count == 1)
    {
        head = new ClericalStaff(cadreType);
        current = head;
        current->next = NULL;
        staffManage.writeDatas();
        cout << "@@@@ 增加职工信息成功!" << endl;
    }
    else
    {
        BaseStaff* clericalStaffPtr = new ClericalStaff(cadreType);
        BaseStaff* baseStaffHeadPtr = head;
        while (baseStaffHeadPtr != NULL)
        {
            if (baseStaffHeadPtr->getStaffName() == clericalStaffPtr->getStaffName()
            || baseStaffHeadPtr->getStaffNumber() == clericalStaffPtr->getStaffNumber())
            {
                cout << "@@@@ 此用户名/姓名已经存在! " << endl;
                delete (clericalStaffPtr);
                return;
```

```
            }
            baseStaffHeadPtr = baseStaffHeadPtr->next;
        }
        current->next = clericalStaffPtr;
        current = current->next;
        current->next = NULL;
        staffManage.writeDatas();
        cout << "@@@@ 增加职工信息成功!" << endl;
    }
    return;
}
if (inputType == 3)
{
    cout << "*******************************************" << endl;
    cout << "            1 - 讲师" << endl;
    cout << "            2 - 副教授/教授" << endl;
    cout << "            3 - 博士生导师" << endl;
    cout << "*******************************************" << endl;
    cout << "请输入您的选择: " << endl;
    int titleType;
    cin >> titleType;
    while (titleType != 1 && titleType != 2 && titleType != 3)
    {
        // 消除其他字符误录的影响
        while ((ch = getchar()) != '\n')
        {
            continue;
        }
        cout << "==>> 输入有误! 请重新输入: ";
        cin.clear();
        cin >> titleType;
        continue;
    }
    if (count == 1)
    {
        head = new Teacher(titleType);
        current = head;
        current->next = NULL;
        staffManage.writeDatas();
        cout << "@@@@ 增加职工信息成功!" << endl;
    }
    else
    {
        BaseStaff* teacherPtr = new Teacher(titleType);
        BaseStaff* headPtr = head;
        while (headPtr != NULL)
        {
            if (headPtr->getStaffNumber() == teacherPtr->getStaffNumber()
            || headPtr->getStaffName() == teacherPtr->getStaffName())
            {
                cout << "@@@@ 此用户名/姓名已经存在 ! " << endl;
                delete (teacherPtr);
                return;
            }
```

```
            headPtr = headPtr->next;
        }
        current->next = teacherPtr;
        current = current->next;
        current->next = NULL;
            staffManage.writeDatas();
            cout << "@@@@ 增加职工信息成功!" << endl;
        }
        return;
    }
}
```

【代码剖析】

本段代码主要包含了对职工信息的查询以及添加功能函数的定义。其中 search()函数用于对数据进行查询操作；addStaffInfos()函数用于对数据进行添加操作，在函数体中首先打印出菜单选项，并输出提示引导用户选择指令，接着通过 while 循环对输入进行验证并弹出错误提示，然后通过 if 语句对用户输入指令进行判断：若为 1，则添加相应的兼职人员基本信息；若为 2，则打印行政人员类别菜单，接着再通过嵌套 if 语句对相应的行政人员基本信息进行添加；若为 3，则打印待添加教师的类别，通过嵌套 if 语句对相应的教师进行添加。

(2)　数据查询、数据删除和数据更新。代码如下：

```
// 数据查询
void StaffManage::searchStaffInfos()
{
     string inputStr;
   cout << "==>> 请输入姓名或者职工编号: " << endl;
   cin >> inputStr;
   BaseStaff* baseStaffPtr = search(inputStr);
   if (baseStaffPtr == NULL)
   {
       cout << "@@@@ 没有此职工..." << endl;
   }
   else
   {
       cout << baseStaffPtr;
   }
}
// 数据删除
void StaffManage::deleteStaffInfos()
{
   string inputStr;
   count--;
   cout << "==>> 请输入姓名或者职工编号" << endl;
   cin >> inputStr;
   BaseStaff* baseStaffPtr = search(inputStr);
   if (baseStaffPtr == NULL)
   {
       cout << "@@@@ 没有此职工..." << endl;
   }
   else if (baseStaffPtr == head)
   {
```

```
        BaseStaff* tempPtr = head;
        head = head->next;
        delete(tempPtr);
        staffManage.writeDatas();
        cout << "@@@@ 删除成功! " << endl;
    }
    else
    {
        BaseStaff* headPtr = head;
        while (headPtr->next != baseStaffPtr)
        {
            headPtr = headPtr->next;
        }
        headPtr->next = baseStaffPtr->next;
        delete(baseStaffPtr);
        staffManage.writeDatas();
        cout << "@@@@ 删除成功! " << endl;
    }
}
// 数据更新
void StaffManage::updateStaffInfos()
{
    string inputStr;
    cout << "==>> 请输入姓名或者职工编号" << endl;
    cin >> inputStr;
    BaseStaff* baseStaffPtr = search(inputStr);
    if (baseStaffPtr == NULL)
    {
        cout << "@@@@ 没有此职工 ..." << endl;
    }
    else
    {
        cout << "*******************************************" << endl;
        cout << "==>> 请重新输入此职工信息: " << endl;
            this->addStaffInfos();
            staffManage.writeDatas();
            cout << "@@@@ 职工信息修改成功! " << endl;
    }
}
```

【代码剖析】

本段代码主要包含数据查询函数 searchStaffInfos()、数据删除函数 deleteStaffInfos()以及数据更新函数 updateStaffInfos()的定义。其中数据查询函数 searchStaffInfos()用于对某名职工的相关信息进行查询;数据删除函数 deleteStaffInfos()用于对指定职工信息进行删除操作,若不存在该职工则进行提示;数据更新函数 updateStaffInfos()用于对指定职工的信息进行修改,若不存在该职工,则进行提示。

(3) 读取数据。代码如下:

```
// 读取数据
void StaffManage::readDatas()
{
        fstream inFile;
```

```
        inFile.open("staffDatas.dat", ios::in);
if (!inFile)
{
    cerr << "@@@@ 打开文件失败!" << endl;
    exit(1);
}
while (!inFile.eof())
{
    if (inFile.peek() == EOF)
    {
        inFile.close();
        break;
        // goto label;
    }
    else
    {
        int i;
        inFile >> i;
        count++;
        if (count == 1)
        {
            switch (i)
            {
                case 1:
                {
                    PartTimer* partTimerPtr = new PartTimer(0);
                    head = partTimerPtr;
                    current = partTimerPtr;
                    current->next = NULL;
                    current->staffProfessionType = i;
                    inFile >> current->staffNumber >> current->staffName
                    >> current->staffSex >> current->staffSalary;
                    break;
                }
                case 2:
                {
                    ClericalStaff* clericalPtr = new ClericalStaff();
                    head = clericalPtr;
                    current = clericalPtr;
                    current->next = NULL;
                    current->staffProfessionType = i;
                    inFile >> current->staffDuty;
                    if (clericalPtr->staffDuty == 1)
                    {
                        inFile >> current->staffNumber >> current->staffName
                        >> current->staffSex >> current->staffWorkYears
                        >> current->staffSalary;
                    }
                    else
                    {
                        inFile >> current->staffJobWage >> current->staffNumber
                        >> current->staffName >> current->staffSex
                        >> current->staffWorkYears >> current->staffSalary;
                    }
```

```
            break;
        }
        case 3:
        {
            Teacher* teacherPtr = new Teacher();
            head = teacherPtr;
            current = teacherPtr;
            current->next = NULL;
            current->staffProfessionType = i;
            inFile >> current->staffType;
            if (current->staffType == 1)
            {
                inFile >> current->staffTeachHours >> current->staffNumber
                >> current->staffName >> current->staffSex
                >> current->staffSalary;
            }
            else if (teacherPtr->staffType == 2)
            {
                inFile >> current->staffTeachHours >> current->masterAmounts
                >> current->staffNumber >> current->staffName
                >> current->staffSex >> current->staffWorkYears
                >> current->staffSalary;
            }
            else
            {
                inFile >> current->staffTeachHours >> current->masterAmounts
                >> current->doctorAmounts >> current->staffNumber
                >> current->staffName >> current->staffSex
                >> current->staffWorkYears >> current->staffSalary;
            }
            break;
        }
    }
}
else
{
    switch (i)
    {
        case 1:
        {
            PartTimer* partTimerPtr = new PartTimer(0);
            partTimerPtr->staffProfessionType = i;
            inFile >> partTimerPtr->staffNumber
            >> partTimerPtr->staffName
            >> partTimerPtr->staffSex
            >> partTimerPtr->staffSalary;
            current->next = partTimerPtr;
            current = partTimerPtr;
            current->next = NULL;
            break;
        }
        case 2:
        {
            ClericalStaff* clericalPtr = new ClericalStaff();
```

```cpp
            clericalPtr->staffProfessionType = i;
            inFile >> clericalPtr->staffDuty;
            if (clericalPtr->staffDuty == 1)
            {
                inFile >> clericalPtr->staffNumber
                >> clericalPtr->staffName
                >> clericalPtr->staffSex
                >> clericalPtr->staffWorkYears
                >> clericalPtr->staffSalary;
            }
            else
            {
                inFile >> clericalPtr->staffJobWage
                >> clericalPtr->staffNumber
                >> clericalPtr->staffName
                >> clericalPtr->staffSex
                >> clericalPtr->staffWorkYears
                >> clericalPtr->staffSalary;
            }
        current->next = clericalPtr;
        current = clericalPtr;
        current->next = NULL;
        break;
    }
    case 3:
    {
        Teacher* teacherPtr = new Teacher();
        teacherPtr->staffProfessionType = i;
        inFile >> teacherPtr->staffType;
        if (teacherPtr->staffType == 1)
        {
            inFile >> teacherPtr->staffTeachHours
            >> teacherPtr->staffNumber
            >> teacherPtr->staffName
            >> teacherPtr->staffSex
            >> teacherPtr->staffWorkYears
            >> teacherPtr->staffSalary;
        }
        else if (teacherPtr->staffType == 2)
        {
            inFile >> teacherPtr->staffTeachHours
            >> teacherPtr->masterAmounts
            >> teacherPtr->staffNumber
            >> teacherPtr->staffName
            >> teacherPtr->staffSex
            >> teacherPtr->staffWorkYears
            >> teacherPtr->staffSalary;
        }
        else
        {
            inFile >> teacherPtr->staffTeachHours
            >> teacherPtr->masterAmounts
            >> teacherPtr->doctorAmounts
            >> teacherPtr->staffNumber
```

```
                        >> teacherPtr->staffName
                        >> teacherPtr->staffSex
                        >> teacherPtr->staffWorkYears
                        >> teacherPtr->staffSalary;
                    }
                    current->next = teacherPtr;
                    current = teacherPtr;
                    current->next = NULL;
                    break;
                }
            }
        }
    }
}
// label: inFile.close();
}
```

【代码剖析】

本段代码主要包含读取数据函数 readDatas()的具体定义。在代码中，首先打开文件 staffDatas.dat，若打开失败则进行提示，接着通过 while 循环对该文件进行判断；若文件没有读到结尾就继续进行读取，在 while 循环中，通过 if…else 语句嵌套 switch 分支选择语句来分别读取不同种类职工以及某职工的不同级别的相应数据。

(4) 保存数据。代码如下：

```
// 保存数据
void StaffManage::writeDatas()
{
    fstream outFile;
    outFile.open("staffDatas.dat", ios::out | ios::trunc);
    if (!outFile)
    {
        cerr << "@@@@ 打开文件失败！ " << endl;
        exit(1);
    }
    BaseStaff* headPtr = head;
    while (headPtr->next != NULL)
    {
        if (headPtr->staffProfessionType == 1)
        {
            outFile << headPtr->staffProfessionType << " "
            << headPtr->getStaffNumber() << " "
            << headPtr->getStaffName() << " "
            << headPtr->getStaffSex() << " "
            << headPtr->getSalary() << endl;
        }
        else if (headPtr->staffProfessionType == 2)
        {
            if (headPtr->staffDuty == 1)
            {
                outFile << headPtr->staffProfessionType << " "
                << headPtr->staffDuty << " "
                << headPtr->getStaffNumber() << " "
                << headPtr->getStaffName() << " "
```

```
                        << headPtr->getStaffSex() << " "
                        << headPtr->getStaffWorkYears() << " "
                        << headPtr->getSalary() << endl;
            }
            else
            {
                outFile << headPtr->staffProfessionType << " "
                        << headPtr->staffDuty << " "
                        << headPtr->staffJobWage << " "
                        << headPtr->getStaffNumber() << " "
                        << headPtr->getStaffName() << " "
                        << headPtr->getStaffSex() << " "
                        << headPtr->getStaffWorkYears() << " "
                        << headPtr->getSalary() << endl;
            }
        }
        else
        {
            if (headPtr->staffType == 1)
            {
                outFile << headPtr->staffProfessionType << " "
                        << headPtr->staffType << " "
                        << headPtr->staffTeachHours << " "
                        << headPtr->getStaffNumber() << " "
                        << headPtr->getStaffName() << " "
                        << headPtr->getStaffSex() << " "
                        << headPtr->getStaffWorkYears() << " "
                        << headPtr->getSalary() << endl;
            }
            else if (headPtr->staffType == 2)
            {
                outFile << headPtr->staffProfessionType << " "
                        << headPtr->staffType << " "
                        << headPtr->staffTeachHours << " "
                        << headPtr->masterAmounts << " "
                        << headPtr->getStaffNumber() << " "
                        << headPtr->getStaffName() << " "
                        << headPtr->getStaffSex() << " "
                        << headPtr->getStaffWorkYears() << " "
                        << headPtr->getSalary() << endl;
            }
            else
            {
                outFile << headPtr->staffProfessionType << " "
                        << headPtr->staffType << " "
                        << headPtr->staffTeachHours << " "
                        << headPtr->masterAmounts << " "
                        << headPtr->doctorAmounts << " "
                        << headPtr->getStaffNumber() << " "
                        << headPtr->getStaffName() << " "
                        << headPtr->getStaffSex() << " "
                        << headPtr->getStaffWorkYears() << " "
                        << headPtr->getSalary() << endl;
            }
```

```
        }
        headPtr = headPtr->next;
    }
    if (headPtr->staffProfessionType == 1)
    {
        outFile << headPtr->staffProfessionType << " "
        << headPtr->getStaffNumber() << " "
        << headPtr->getStaffName() << " "
        << headPtr->getStaffSex() << " "
        << headPtr->getSalary();
    }
    else if (headPtr->staffProfessionType == 2)
    {
        if (headPtr->staffDuty == 1)
        {
            outFile << headPtr->staffProfessionType << " "
            << headPtr->staffDuty << " "
            << headPtr->getStaffNumber() << " "
            << headPtr->getStaffName() << " "
            << headPtr->getStaffSex() << " "
            << headPtr->getStaffWorkYears() << " "
            << headPtr->getSalary();
        }
        else
        {
            outFile << headPtr->staffProfessionType << " "
            << headPtr->staffDuty << " "
            << headPtr->staffJobWage << " "
            << headPtr->getStaffNumber() << " "
            << headPtr->getStaffName() << " "
            << headPtr->getStaffSex() << " "
            << headPtr->getStaffWorkYears() << " "
            << headPtr->getSalary();
        }
    }
    else
    {
        if (headPtr->staffType == 1)
        {
            outFile << headPtr->staffProfessionType << " "
            << headPtr->staffType << " "
            << headPtr->staffTeachHours << " "
            << headPtr->getStaffNumber() << " "
            << headPtr->getStaffName() << " "
            << headPtr->getStaffSex() << " "
            << headPtr->getStaffWorkYears() << " "
            << headPtr->getSalary();
        }
        else if (headPtr->staffType == 2)
        {
            outFile << headPtr->staffProfessionType << " "
            << headPtr->staffType << " "
            << headPtr->staffTeachHours << " "
            << headPtr->masterAmounts << " "
```

```
                    << headPtr->getStaffNumber() << " "
                    << headPtr->getStaffName() << " "
                    << headPtr->getStaffSex() << " "
                    << headPtr->getStaffWorkYears() << " "
                    << headPtr->getSalary();
        }
        else
        {
            outFile << headPtr->staffProfessionType << " "
            << headPtr->staffType << " "
            << headPtr->staffTeachHours << " "
            << headPtr->masterAmounts << " "
            << headPtr->doctorAmounts << " "
            << headPtr->getStaffNumber() << " "
            << headPtr->getStaffName() << " "
            << headPtr->getStaffSex() << " "
                << headPtr->getStaffWorkYears() << " "
                << headPtr->getSalary();
            }
        }
        outFile.close();
}
```

【代码剖析】

本段代码主要包含保存数据函数 writeDatas()的具体定义。与读取数据函数的操作刚好相反，在代码中首先打开文件 staffDatas.dat，接着通过 if…else 嵌套语句将不同种类的职工信息及每个职工不同级别相应的基本信息保存到该文件中。

3. StaffSystem.h 文件

本文件主要包含职工系统运行相应函数的声明。代码如下：

```
#ifndef STAFF_SYSTEM_H
#define STAFF_SYSTEM_H
#include "SystemMenu.h"
class StaffSystem
{
    public:
        StaffSystem();
            void run();
        private:
            SystemMenu menu;
};
#endif
```

4. StaffSystem.cpp 文件

本文件主要包含职工系统运行相应函数的定义。代码如下：

```
#include <iostream>
#include "StaffSystem.h"
#include "AddStaffInfos.h"
#include "UpdateStaffInfos.h"
#include "DeleteStaffInfos.h"
```

```
#include "SearchStaffInfos.h"
#include "SystemExit.h"
using namespace std;
StaffSystem::StaffSystem()
{
    menu.append(new AddStaffInfos());
    menu.append(new UpdateStaffInfos());
    menu.append(new DeleteStaffInfos());
    menu.append(new SearchStaffInfos());
    menu.append(new SystemExit());
}
void StaffSystem::run()
{
    staffManage.readDatas();
    menu.run();
}
```

5. SystemMenu.h 文件

本文件主要包含系统菜单相应函数的声明。代码如下：

```
#ifndef SYSTEM_MENU_H
#define SYSTEM_MENU_H
#include <vector>
#include "SystemFunctions.h"
// 系统菜单
class SystemMenu
{
    public:
        void append(SystemFunctions* systemFunctions);
        void run();
        virtual ~SystemMenu();
    private:
        void show();
        vector<SystemFunctions*> items;
};
#endif
```

6. SystemMenu.cpp 文件

本文件主要包含系统菜单相应函数的定义。代码如下：

```
#include <iostream>
#include "SystemMenu.h"
using namespace std;
void SystemMenu::append(SystemFunctions* systemFunctions)
{
    this->items.push_back(systemFunctions);
}
void SystemMenu::run()
{
    int index;
    int chooseItem;
    char ch;
    this->show();
```

```
        cout << "==>> 请输入您的选择: ";
        cin >> index;
        while (true)
        {
            if ((index < 1) || (index > (int)items.size()))
            {
                // 消除其他字符误录的影响
                while ((ch = getchar()) != '\n')
                {
                    continue;
                }
                cout << "==>> 菜单选择错误! 请重新输入: ";
                cin.clear();
                cin >> index;
                continue;
            }
            bool isOk = items[index - 1]->doTaskRun();
            if (isOk == 0)
            {
                cout << "==>> 是否继续? 1-是, 2-否: ";
                cin >> chooseItem;
                if (chooseItem == 2)
                {
                    break;
                }
                else
                {
                    // 消除其他字符误录的影响
                    while ((ch = getchar()) != '\n')
                    {
                        continue;
                    }
                    cin.clear();
                }
            }
            else
            {
                return;
            }
        }
}
void SystemMenu::show()
{
    cout << "*********** 学校职工管理系统 ************" << endl;
    int i = 0;
    for (auto &item : items)
    {
        cout << "\t    " << ++i << " - " <<
        item->getSystemFunction() << endl;
    }
    cout << "*****************************************" << endl;
}
SystemMenu::~SystemMenu()
{
    for (auto &item : items)
    {
```

```
        delete item;
    }
}
```

22.4.5 主程序运行入口

main.cpp 文件是该案例的主程序运行入口，主要包含主程序运行初始化、系统菜单显示、选项选择并执行等主体功能。

main.cpp 文件具体代码如下：

```cpp
#include "StaffSystem.h"
int main()
{
    StaffSystem staffSystem;
    staffSystem.run();
}
```

22.5 系 统 运 行

项目运行效果如下。

(1) 通过 Visual Studio 2017 开发环境打开文件 SchoolStaffSystem.sln，对该文件进行编译、运行，打开程序的主界面，用户可以根据提示输入操作指令，如图 22-5 所示。

(2) 输入操作指令 1，可执行职工信息添加功能。进入相应的菜单后，先选择需要添加的职工类型，接着在相应的子菜单中再选择级别的细分，最后根据提示输入相应的职工编号、姓名、性别及工龄。例如添加行政人员，输入指令 2，添加一般行政人员，输入指令 1，接着输入职工编号 10001、姓名"张三"、性别"男"以及工龄"2"，完成一般行政人员的添加，如图 22-6 所示。

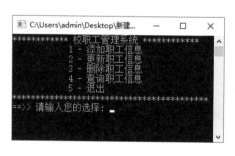

图 22-5 程序的主界面

图 22-6 添加职工信息

(3) 输入操作指令 2，可执行职工信息修改功能。根据系统提示输入职工姓名或者编号，对该职工的相应信息进行修改，例如对职工"张三"基本信息进行修改：将职工类型改为"兼职人员"，性别改为"女"，如图 22-7 所示。

(4) 输入操作指令 3，可执行职工信息删除功能。根据系统提示输入职工姓名或者编号即可对该职工信息进行删除操作，例如输入"张三"，执行删除操作，如图 22-8 所示。

图 22-7 修改职工信息

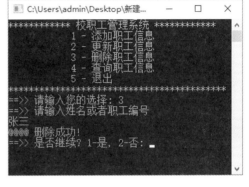
图 22-8 删除职工信息

(5) 输入操作指令 4，可执行职工信息查询功能。根据提示输入职工姓名或者编号即可对该职工的信息进行查询，例如输入"张三"执行查询操作，如图 22-9 所示。

图 22-9 查询职工信息

(6) 输入操作指令 5，即可退出程序。

22.6 项 目 总 结

通过该案例的学习，读者可以熟悉 C++语言的类继承操作，完成基本的编程任务，提高自身编程技能，其主要表现在如下几个方面。

(1) 掌握使用 C++语言构建一个较复杂的信息管理系统的一般方法。

(2) 学习面向对象语言的编程技巧和特点。

(3) 熟练掌握对象公共属性抽取、封装、继承、组合以及类的构造函数、工具函数和子类重写等相关编程技能。

(4) 掌握 C++多态机制及虚函数的编程方法和处理思路。

(5) 掌握链表、指针和文件等操作数据的思路和方法。